한번에 끝내주기!

택시운전
자격시험 총정리문제

광주 전라 제주

대한민국 대표브랜드 | 국가자격 시험문제 전문출판 | 에듀크라운 국가자격시험문제 전문출판 | 크라운출판사 자동차운전면허서적사업부
최고의 적중률!! 최고의 합격률!!
http://www.crownbook.com

택시운전 자격증을 취득하기 전에

택시운전 자격증을 취득하여 취업에 영광이 있으시기를 기원합니다.

여러분들이 취득하려는 택시운전 자격증은 제 1종 및 2종 보통 이상의 운전면허를 소지하고 1년 이상의 운전경험이 있어야만 취득이 가능합니다. 또한 계속해서 얼마나 운전을 안전하게 운행했는지 등의 결격사항이 없어야 택시운전 자격증을 취득할 수 있습니다.

다수의 승객을 승차시키고 영업운전을 해야 하는 택시 여객자동차는 사람의 생명을 가장 소중하게 생각해야 하는 일이기 때문에 반드시 안전하고 신속하게 목적지까지 운송해야 하는 사명감이 있습니다. 따라서 택시운전 자격증을 취득하려고 하면, 법령지식, 차량지식, 운전기술 및 매너 등 그에 따른 운전전문가로서 타의 모범이 되는 운전자여야만 합니다.

이 택시운전 자격시험 문제집은 여러분들이 가장 빠른 시간내에 이 자격증을 쉽게 취득할 수 있게 시험에 출제되는 항목에 맞춰서 법규 요약 및 출제 문제를 이해하기 쉽게 요약·수록하였으며, 출제 문제에 해설을 달아 정답을 찾을 수 있게 하였습니다. 또한 택시운송사업 발전과 국민의 교통편의 증진을 위한 정책으로 「택시운송사업의 발전에 관한 법규」가 제정되면서 택시운전 자격시험에 이 분야도 모두 수록했습니다.

끝으로 이 시험에 누구나 쉽게 합격할 수 있도록 최선의 노력을 기울여 만들었으니 빠른 시일내에 자격증을 취득하여 가장 모범적인 운전자로서 친절한 서비스와 행복을 제공하는 운전자가 되어 국위선양과 함께 신나는 교통문화질서 정착에 앞장서 주시기를 바랍니다. 감사합니다.

– 엮은이 씀 –

택시운전 자격증 시험문제
차 례

택시운전 자격시험 안내

01. 자격 취득 절차

① 응시 조건/시험 일정 확인 → ② 시험 접수 → ③ 시험 응시

※합격 시 → ④ 자격증 교부, ※불합격 시 → ① 응시 조건/시험 일정 확인

02. 응시 자격안내

1) 1종 및 제2종 ('08.06.22부) 보통 운전면허 이상 소지자

2) 시험 접수일 현재 연령이 만 20세 이상인 자

3) 운전경력이 1년 이상인 자 (시험일 기준 운전면허 보유기간이며, 취소·정지 기간 제외)

4) 택시운전 자격 취소 처분을 받은 지 1년 이상 경과한 자

5) 여객자동차운수사업법 제 24조 제3항 및 제4항에 해당하지 않는 자

6) 운전적성정밀검사 (한국교통안전공단 시행) 적합 판정자

여객자동차운수사업법 제24조 제3항 및 제4항
③ 여객자동차운송사업의 운전자격을 취득하려는 사람이 다음 각 호의 어느 하나에 해당하는 경우 제1항에 따른 자격을 취득할 수 없다. 1. 다음 각 목의 어느 하나에 해당하는 죄를 범하여 금고(禁錮) 이상의 실형을 선고받고 그 집행이 끝나거나(집행이 끝난 것으로 보는 경우를 포함한다) 면제된 날부터 2년이 지나지 아니한 사람 ㉮「특정강력범죄의 처벌에 관한 특례법」 제2조제1항 각 호에 따른 죄 ㉯「특정범죄 가중처벌 등에 관한 법률」 제5조의2부터 제5조의5까지, 제5조의8, 제5조의9 및 제11조에 따른 죄 ㉰「마약류 관리에 관한 법률」에 따른 죄 ㉱「형법」 제332조(제329조부터 제331조까지의 상습범으로 한정한다), 제341조에 따른 죄 또는 그 각 미수죄, 제363조에 따른 죄 2. 제1호 각 목의 어느 하나에 해당하는 죄를 범하여 금고 이상의 형의 집행유예를 선고받고 그 집행유예기간 중에 있는 사람 3. 제2항에 따른 자격시험일 전 5년간 다음 각 목의 어느 하나에 해당하는 사람 ㉮「도로교통법」 제93조제1항제1호부터 제4호까지에 해당하여 운전면허가 취소된 사람 ㉯「도로교통법」 제43조를 위반하여 운전면허를 받지 아니하거나 운전면허의 효력이 정지된 상태로 같은 법 제2조제21호에 따른 자동차 등을 운전하여 벌금형 이상의 형을 선고받거나 같은 법 제93조제1항제19호에 따라 운전면허가 취소된 사람 ㉰ 운전 중 고의 또는 과실로 3명 이상이 사망(사고발생일부터 30일 이내에 사망한 경우를 포함한다)하거나 20명 이상의 사상자가 발생한 교통사고를 일으켜 「도로교통법」 제93조제1항제10호에 따라 운전면허가 취소된 사람 4. 제2항에 따른 자격시험일 전 3년간 「도로교통법」 제93조제1항제5호 및 제5호의2에 해당하여 운전면허가 취소된 사람 ④ 구역 여객자동차운송사업 중 대통령령으로 정하는 여객자동차운송사업의 운전자격을 취득하려는 사람이 다음 각 호의 어느 하나에 해당하는 경우 제3항에도 불구하고 제1항에 따른 자격을 취득할 수 없다. 〈개정 2012. 12. 18., 2016. 12. 2.〉 1. 다음 각 목의 어느 하나에 해당하는 죄를 범하여 금고 이상의 실형을 선고받고 그 집행이 끝나거나(집행이 끝난 것으로 보는 경우를 포함한다) 면제된 날부터 최대 20년의 범위에서 범죄의 종류·죄질, 형기의 장단 및 재범위험성 등을 고려하여 대통령령으로 정하는 기간이 지나지 아니한 사람 ㉮ 제3항제1호 각 목에 따른 죄 ㉯「성폭력범죄의 처벌 등에 관한 특례법」 제2조제1항제2호부터 제4호까지, 제3조부터 제9조까지 및 제15조(제13조의 미수범은 제외한다)에 따른 죄 ㉰「아동·청소년의 성보호에 관한 법률」 제2조제2호에 따른 죄 2. 제1호에 따른 죄를 범하여 금고 이상의 형의 집행유예를 선고받고 그 집행유예기간 중에 있는 사람

03. 시험 접수 및 시험 응시안내

1) 시험 접수

① 인터넷 접수 (https://lic2.kotsa.or.kr)

　*인터넷 접수 시, 사진은 그림파일 JPG로 스캔하여 등록

② 방문접수 : 전국 18개 시험장

　*현장 방문접수 시 응시 인원 마감 등으로 시험 접수가 불가할 수 있으니 인터넷으로 시험 접수 현황을 확인하고 방문

③ 시험응시 수수료 : 11,500원

④ 시험응시 준비물 : 운전면허증, 6개월 이내 촬영한 3.5 x 4.5cm 컬러사진 (미제출자에 한함)

2) 시험 응시

① 각 지역 본부 시험장 (시험시작 20분 전까지 입실)

② 시험 과목 (4과목, 회차별 70문제)

　1회차 : 09:20 ~ 10:40

　2회차 : 11:00 ~ 12:20

　3회차 : 14:00 ~ 15:20

　4회차 : 16:00 ~ 17:20

　*지역 본부에 따라 시험 횟수가 변경될 수 있음

04. 합격 기준 및 합격 발표

1) 합격기준 : 총점 100점 중 60점 (총 70문제 중 42문제)이상 획득 시 합격

2) 합격 발표 : 시험 종료 후 시험 시행 장소에서 합격자 발표

05. 자격증 발급

1) 신청 대상 및 기간 : 택시운전자격 필기시험에 합격한 사람으로서, 합격자 발표일로부터 30일 이내

2) 자격증 신청 방법 : 인터넷·방문 신청

① 인터넷 신청 : 신청일로부터 5~10일 이내 수령 가능 (토·일요일, 공휴일 제외)

② 방문 발급 : 한국교통안전공단 전국 14개 지역별 접수·교부 장소

3) 준비물

① 운전면허증

② 택시운전 자격증 발급신청서 1부 (인터넷의 경우 생략)

③ 자격증 교부 수수료 : 10,000원 (인터넷의 경우 우편료를 포함하여 온라인 결제)

06. 시험 과목 및 출제 기준

구 분	과 목	출 제 범 위	문항수	비고
교통 및 여객자동차 운수사업 법규	여객자동차 운수사업 법령 및 택시운송사업의 발전에 관한 법규	목적 및 정의	20	
		여객자동차운수사업법, 택시운송사업의 발전에 관한 법규 등		
		운수종사자의 자격요건 및 운전자격의 관리		
		보칙 및 벌칙		
	도로교통법령	총칙		
		보행자의 통행방법		
		차마의 통행방법		
		운전자 및 고용주 등의 의무		
		교통안전교육		
		운전면허		
		범칙행위 및 범칙금액		
		안전표지(총칙)		
	교통사고처리특례법령	특례의 적용		
		중대 교통사고 유형 및 대처법		
		교통사고 처리의 이해		
안전운행	안전운전의 기술	인지판단의 기술	20	객관식 70문항
		안전운전의 5가지 기본 기술		
		방어운전의 기본 기술		
		시가지 도로에서의 안전운전		
		지방 도로에서의 안전운전		
		고속도로에서의 안전 운전		
		야간, 악천후 시의 운전		
		경제운전		
		기본 운행 수칙		
		계절별 안전운전		
	자동차의 구조 및 특성	동력전달장치		
		현가장치		
		조향장치		
		제동장치		
	자동차 관리	자동차 점검		
		주행 전후 안전수칙		
		자동차 관리요령		
		LPG 자동차		
		운행 시 자동차 조작 요령		
	자동차 응급조치 요령	상황별 응급조치		
		장치별 응급조치		
	자동차 검사 및 보험	자동차 검사		
		자동차 보험 및 공제		
운송서비스	여객운수종사자의 기본자세	서비스의 개념과 특징	20	
		승객만족		
		승객을 위한 행동 예절		
	운송사업자 및 운수종사자 준수사항	운송사업자 준수사항		
		운수종사자 준수사항		
	운수종사자가 알아야 할 응급처치 방법 등	운전예절		
		운전자 상식		
		응급처치방법		
지리 (16개 지역 중 1개 지역 선택 후 응시)	시(도)내 주요지리	주요 관공서 및 공공건물 위치	10	
		주요 기차역, 고속도로 등 교통시설		
		공원 및 문화유적지		
		유원지 및 위락시설		
		주요 호텔 및 관광 명소 등		

제1장 여객자동차 운수사업법규 및 택시운송사업의 발전에 관한 법규

제1절 목적 및 정의

01. 목적 (법 제1조)

① 여객자동차 운수사업에 관한 질서 확립
② 여객의 원활한 운송
③ 여객자동차 운수사업의 종합적인 발달 도모
④ 공공복리 증진

02. 정의 (법 제2조)

① 자동차(제1호)

자동차관리법 제3조(자동차의 종류)에 따른 승용자동차와 승합자동차 및 특수자동차(자동차대여사업용 캠핑용 자동차)

② 여객자동차운수사업(제2호)

여객자동차운송사업, 자동차대여사업, 여객자동차터미널사업 및 여객자동차운송플랫폼사업

③ 여객자동차운송사업(제3호)

다른 사람의 수요에 응하여 자동차를 사용하여 유상으로 여객을 운송하는 사업

④ 여객자동차운송플랫폼사업(제7호)

여객의 운송과 관련한 다른 사람의 수요에 응하여 이동 통신 단말 장치, 인터넷 홈페이지 등에서 사용되는 응용 프로그램(운송플랫폼)을 제공하는 사업을 말한다.

⑤ 관할관청(규칙 제2조제1호)

관할이 정해지는 국토교통부장관, 대도시권광역교통위원회나 특별시장 · 광역시장 · 특별자치시장 · 도지사 또는 특별자치도지사

⑥ 정류소(규칙 제2조제2호)

여객이 승차 또는 하차할 수 있도록 노선 사이에 설치한 장소

⑦ 택시 승차대(규칙 제2조제3호)

택시운송사업용 자동차에 승객을 승차 · 하차시키거나 승객을 태우기 위하여 대기하는 장소 또는 구역을 말한다.

제2절 여객자동차운수사업법

01. 여객자동차운송사업의 종류

① 노선 여객자동차운송사업(영 제3조제1호)

자동차를 정기적으로 운행하려는 구간을 정하여 여객을 운송하는 사업

① 시내버스운송사업 : 주로 특별시 · 광역시 · 특별자치시 또는 시의 단일 행정 구역에서 운행 계통을 정하고 국토교통부령으로 정하는 자동차를 사용하여 여객을 운송하는 사업으로 운행 형태에 따라 광역급행형 · 직행좌석형 · 좌석형 및 일반형 등으로 구분

② 농 · 어촌버스운송사업 : 주로 군(광역시의 군은 제외)의 단일 행정 구역에서 운행 계통을 정하고 국토교통부령으로 정하는 자동차를 사용하여 여객을 운송하는 사업으로 운행 형태에 따라 직행좌석형, 좌석형 및 일반형 등으로 구분

③ 마을버스운송사업 : 주로 시 · 군 · 구의 단일 행정 구역에서 기점 · 종점의 특수성이나 사용되는 자동차의 특수성 등으로 인하여 다른 노선여객자동차운송사업자가 운행하기 어려운 구간을 대상으로 국토교통부령으로 정하는 자동차를 사용하여 여객을 운송하는 사업

④ 시외버스운송사업 : 운행 계통을 정하고 국토교통부령으로 정하는 자동차를 사용하여 여객을 운송하는 사업으로서 시내버스운송사업, 농어촌버스운송사업, 마을버스운송사업에 속하지 아니하는 사업으로 운행행태에 따라 고속형 · 직행형 및 일반형 등으로 구분

② 구역 여객자동차운송사업(영 제3조제2호)

사업구역을 정하여 그 사업구역 안에서 여객을 운송하는 사업

① 전세버스운송사업 : 운행 계통을 정하지 아니하고 전국을 사업구역으로 하여 1개의 운송계약에 따라 국토교통부령으로 정하는 자동차를 사용하여 여객을 운송하는 사업

② 특수여객자동차운송사업 : 운행 계통을 정하지 아니하고 전국을 사업구역으로 하여 1개의 운송 계약에 따라 특수한 자동차를 사용하여 장례에 참여하는 자와 시체(유골 포함)를 운송하는 사업

③ 일반택시운송사업 : 운행 계통을 정하지 아니하고 사업구역에서 1개의 운송 계약에 따라 자동차를 사용하여 여객을 운송하는 사업. 이 경우 경형 · 소형 · 중형 · 대형 · 모범형 및 고급형으로 구분

④ 개인택시운송사업 : 운행 계통을 정하지 아니하고 사업구역에서 1개의 운송 계약에 따라 자동차 1대를 사업자가 직접 운전(질병 등 국토교통부령이 정하는 사유가 있는 경우를 제외)하여 여객을 운송하는 사업. 이 경우 경형 · 소형 · 중형 · 대형 · 모범형 및 고급형으로 구분

02. 택시운송사업의 구분 (규칙 제9조제1항)

경형	• 배기량 1,000cc 미만의 승용 자동(승차 정원 5인승 이하의 것만 해당한다)를 사용하는 택시운송사업 • 길이 3.6m 이하이면서 너비 1.6m 이하인 승용 자동차(승차 정원 5인승 이하의 것만 해당한다)를 사용하는 택시운송사업
소형	• 배기량 1,600cc 미만의 승용 자동차(승차 정원 5인승 이하의 것만 해당한다)를 사용하는 택시운송사업 • 길이 4.7m 이하이거나 너비 1.7m 이하인 승용 자동차(승차 정원 5인승 이하의 것만 해당한다)를 사용하는 택시운송사업
중형	• 배기량 1,600cc 이상의 승용 자동차(승차 정원 5인승 이하의 것만 해당한다)를 사용하는 택시운송사업 • 길이 4.7m 초과이면서 너비 1.7m를 초과하는 승용 자동차(승차 정원 5인승 이하의 것만 해당한다)를 사용하는 택시운송사업
대형	• 배기량 2,000cc 이상의 승용 자동차(승차 정원 6인승 이상 10인승 이하의 것만 해당한다)를 사용하는 택시운송사업 • 배기량 2,000cc 이상이고 승차 정원 13인승 이하인 승합자동차를 사용하는 택시운송사업(광역시의 군이 아닌 군 지역의 택시운송사업에는 해당하지 않음)
모범형	배기량 1,900cc 이상의 승용 자동차(승차 정원 5인승 이하의 것만 해당한다)를 사용하는 택시운송사업
고급형	배기량 2,800cc 이상의 승용 자동차를 사용하는 택시운송사업

03. 택시운송사업의 사업구역 (규칙 제10조)

1 택시운송사업의 사업구역은 특별시·광역시·특별자치시·특별자치도 또는 시·군 단위로 한다. 다만, 대형 택시운송사업과 고급형 택시운송사업의 사업구역은 특별시·광역시·도 단위로 한다. (제1항)

2 택시운송사업자가 다음의 어느 하나에 해당하는 경우에는 해당 사업구역에서 하는 영업으로 본다. (제7항)

① 해당 사업구역에서 승객을 태우고 사업구역 밖으로 운행하는 영업
② 해당 사업구역에서 승객을 태우고 사업구역 밖으로 운행한 후 해당 사업구역으로 돌아오는 도중에 사업구역 밖에서 승객을 태우고 해당 사업구역에서 내리는 일시적인 영업
③ 주요 교통 시설이 소속 사업구역과 인접하여 소속 사업구역에서 승차한 여객을 그 주요 교통 시설에 하차시킨 경우에는 주요 교통 시설 사업 시행자가 여객자동차운송사업의 사업구역을 표시한 승차대를 이용하여 소속 사업구역으로 가는 여객을 운송하는 영업

※ 사업구역과 인접한 주요 교통 시설 및 범위(규칙 제13조)
① 고속철도 역의 경계선을 기준으로 10킬로미터
② 국제 정기편 운항이 이루어지는 공항의 경계선을 기준으로 50킬로미터
③ 여객이용시설이 설치된 무역항의 경계선을 기준으로 50킬로미터
④ 복합환승센터의 경계선을 기준으로 10킬로미터

04. 택시운송사업의 사업구역 지정·변경 등 (법 제3조의4)

국토교통부장관은 심의위원회의 심의를 거쳐 대통령령으로 정하는 여객자동차운송사업의 사업구역을 지정하거나 변경할 수 있다. 국토교통부장관이 사업구역을 지정하거나 변경하려는 경우에는 관련 지방자치단체의 장과 협의하여야 하며 주민이나 이해 관계자의 의견을 청취할 수 있다.

1 사업구역심의위원회의 기능 (법 제3조의2)
여객자동차운송사업의 사업구역 지정·변경에 관한 사항을 심의한다.

2 사업구역심의위원회의 구성 (영 제3조의3)
사업구역심의위원회의 위원은 다음의 사람 중, 전문 분야와 성별을 고려하여 국토교통부장관이 임명하거나 위촉한다. 임기는 2년이며 한

차례에 한정하여 연임이 가능하다.
① 국토교통부에서 택시운송사업 관련 업무를 담당하는 4급 이상 공무원
② 특별시·광역시·특별자치시·도 또는 특별자치도(이하 "시·도"라 한다)에서 택시운송사업 관련 업무를 담당하는 4급 이상 공무원
③ 택시운송사업에 5년 이상 종사한 사람
④ 그 밖에 택시운송사업 분야에 관한 학식과 경험이 풍부한 사람

3 사업구역심의위원회가 사업구역 지정·변경을 심의할 때 고려할 사항 (법 제3조의2제2항)
① 지역 주민의 교통 편의 증진에 관한 사항
② 지역 간 교통량(출근·퇴근 시간대의 교통 수요 포함)에 관한 사항
③ 사업구역 간 운송 사업자(여객자동차운송사업의 면허를 받거나 등록을 한 자)의 균형적인 발전에 관한 사항
④ 운송 사업자 간 과도한 경쟁 유발 여부에 관한 사항
⑤ 사업구역별 요금·요율에 관한 사항
⑥ 운송 사업자 및 운수 종사자(자격을 갖추고 운전 업무에 종사하고 있는 자)의 매출 및 소득 수준에 관한 사항
⑦ 사업구역별 총량에 관한 사항

4 시·도지사는 지역 주민의 편의를 위하여 필요하다고 인정하면 지역 여건에 따라 사업구역을 별도로 정할 수 있다. 이 경우 시·도지사는 별도로 정하려는 사업구역이 그 시·도지사의 관할 범위를 벗어나는 경우에는 관련 시·도지사와 협의해야 한다. (규칙 제10조제2항)

05. 여객자동차운송사업의 결격사유 (법 제6조)

다음에 해당하는 자는 여객자동차운수사업의 면허를 받거나 등록을 할 수 없다. 법인의 경우 그 임원 중에 해당하는 자가 있는 경우에도 또한 같다.
① 피성년후견인
② 파산선고를 받고 복권되지 않은 자
③ 이 법을 위반하여 징역 이상의 실형을 선고받고 그 집행이 끝나거나(집행이 끝난 것으로 보는 경우 포함) 면제된 날부터 2년이 지나지 않은 자
④ 이 법을 위반하여 징역 이상의 형의 집행 유예를 선고받고 그 집행 유예 기간 중에 있는 자
⑤ 여객자동차운송사업의 면허나 등록이 취소된 후 그 취소일부터 2년이 지나지 않은 자. 다만, '피성년후견인' 또는 '파산선고를 받고 복권되지 아니한 자'에 해당하여 면허나 등록이 취소된 경우는 제외한다.

06. 개인택시운송사업의 면허 신청 (규칙 제18조)

개인택시운송사업의 면허를 받으려는 자는 관할관청이 공고하는 기간 내에 다음의 각 서류를 관할관청에 제출해야 한다.
① 개인택시운송사업 면허신청서
② 건강진단서
③ 택시운전자격증 사본
④ 반명함판 사진 1장 또는 전자적 파일 형태의 사진 (인터넷으로 신청하는 경우에 한정)
⑤ 그 밖에 관할관청이 필요하다고 인정하여 공고하는 서류

07. 사업의 상속 신고 (규칙 제37조)

여객자동차운송사업의 상속 신고를 하려는 자는 다음의 각 서류를 관할관청에 제출하여야 한다.
① 여객자동차운송사업 상속 신고서

② 피상속인이 사망하였음을 증명할 수 있는 서류

③ 피상속인과의 관계를 증명할 수 있는 서류

④ 신고인과 같은 순위의 다른 상속인이 있는 경우에는 그 상속인의 동의서

08. 자동차 표시(법 제17조)

운송사업자는 여객자동차운송사업에 사용되는 자동차의 바깥쪽에 다음 사항을 표시하여야 한다.

1 표시 대상 : 택시운송사업용 자동차(규칙 제39조)

※ 대형(승합자동차를 사용하는 경우로 한정) 및 고급형 택시운송사업용 자동차는 제외한다. (제1항)

① 자동차의 종류(경형, 소형, 중형, 대형, 모범)

② 관할관청(특별시 · 광역시 · 특별자치시 및 특별자치도는 제외)

③ 플랫폼 운송가맹사업자 상호(운송가맹점으로 가입한 개인택시운송사업자만 해당)

④ 그 밖에 시 · 도지사가 정하는 사항(플랫폼 운송가맹점으로 가입한 택시운송사업자는 제외)

2 표시 방법 (제2항)

외부에서 알아보기 쉽도록 차체 면에 인쇄하는 등 항구적인 방법으로 표시하여야 하며, 구체적인 표시 방법 및 위치 등은 관할관청이 정한다.

09. 교통사고 시 조치

1 사업용 자동차의 고장, 교통사고 또는 천재지변으로 인해 다음 상황 발생 시 조치 사항(법 제19조제1항)

① 사상자가 발생하는 경우 : 신속히 유류품 관리

② 사업용 자동차의 운행을 재개할 수 없는 경우 : 대체 운송 수단을 확보하여 여객에게 제공하는 등 필요한 조치를 할 것. 다만, 여객이 동의하는 경우는 그러하지 아니함.

③ 국토교통부령으로 정하는 바에 따른 조치(규칙 제41조제1항)

㉠ 신속한 응급수송수단의 마련

㉡ 가족이나 그 밖의 연고자에 대한 신속한 통지

㉢ 유류품의 보관

㉣ 목적지까지 여객을 운송하기 위한 대체운송수단의 확보와 여객에 대한 편의 제공

㉤ 그 밖에 사상자의 보호 등 필요한 조치

2 중대한 교통사고(법 제19조제2항, 영 제11조)

① 전복 사고

② 화재가 발생한 사고

③ 사망자가 2명 이상, 사망자 1명과 중상자 3명 이상, 중상자 6명 이상의 사람이 죽거나 다친 사고

3 중대한 교통사고 발생 시 조치 사항(규칙 제41조제2항)

24시간 이내에 사고의 일시 · 장소 및 피해 사항 등 사고의 개략적인 상황을 관할 시 · 도지사에게 보고한 후 72시간 이내에 사고보고서를 작성하여 관할 시 · 도지사에게 제출하여야 함. 다만, 개인택시운송사업자의 경우에는 개략적인 상황 보고를 생략할 수 있음.

10. 운수종사자의 준수사항(법 제26조제1항)

1 운수종사자는 다음의 어느 하나에 해당하는 행위를 하여서는 아니 된다.

① 정당한 사유 없이 여객의 승차를 거부하거나 여객을 중도에서 내리게 하는 행위. (구역 여객자동차운송사업 중 일반택시운송사업 및 개인택시운송사업은 제외)

② 부당한 운임 또는 요금을 받는 행위 (구역 여객자동차운송사업 중 일반택시운송사업 및 개인택시운송사업은 제외)

③ 일정한 장소에 오랜 시간 정차하여 여객을 유치하는 행위

④ 문을 완전히 닫지 아니한 상태에서 자동차를 출발시키거나 운행하는 행위

⑤ 여객이 승하차하기 전에 자동차를 출발시키거나 승하차할 여객이 있는데도 정차하지 아니하고 정류소를 지나치는 행위

⑥ 안내방송을 하지 아니하는 행위(국토교통부령으로 정하는 자동차 안내방송 시설이 설치되어 있는 경우만 해당)

⑦ 여객자동차운송사업용 자동차 안에서 흡연하는 행위

⑧ 휴식시간을 준수하지 아니하고 운행하는 행위

⑨ 택시요금미터를 임의로 조작 또는 훼손하는 행위

⑩ 그 밖에 안전운행과 여객의 편의를 위하여 운수종사자가 지키도록 국토교통부령으로 정하는 사항을 위반하는 행위

2 운송사업자의 운수종사자는 운송수입금의 전액에 대하여 다음의 각 사항을 준수하여야 한다. (법 제21조제1항제1호, 제2호)

① 1일 근무 시간 동안 택시요금미터에 기록된 운송 수입금의 전액을 운수 종사자의 근무 종료 당일 운송 사업자에게 수납할 것

② 일정 금액의 운송 수입금 기준액을 정하여 수납하지 않을 것

3 운수종사자는 차량의 출발 전에 여객이 좌석안전띠를 착용하도록 음성방송이나 말로 안내하여야 한다. (규칙 제58조의2)

11. 여객자동차운송사업의 운전업무 종사자격

1 여객자동차운송사업의 운전업무에 종사하려는 사람이 갖추어야 할 항목(규칙 제49조제1항)

① 사업용 자동차를 운전하기에 적합한 운전면허를 보유하고 있을 것

② 20세 이상으로서 해당 자동차 운전경력이 1년 이상일 것

③ 국토교통부장관이 정하는 운전 적성에 대한 정밀검사 기준에 맞을 것

④ ①~③의 요건을 갖춘 사람은 운전자격시험에 합격한 후 자격을 취득하거나 교통안전체험교육을 이수하고 자격을 취득할 것 (실시 기관 : 한국교통안전공단)

⑤ 시험의 실시, 교육의 이수 및 자격의 취득 등에 필요한 사항은 국토교통부령으로 정한다.

2 여객자동차운송사업의 운전자격을 취득할 수 없는 사람(법 제24조)

① 다음의 어느 하나에 해당하는 죄를 범하여 금고 이상의 실형을 선고받고 그 집행이 끝나거나 (집행이 끝난 것으로 보는 경우를 포함) 면제된 날부터 2년이 지나지 아니한 사람

㉠ 살인, 약취 · 유인 및 인신매매, 강간과 추행죄, 성폭력 범죄, 아동 · 청소년의 성보호 관련 죄, 강도죄, 범죄 단체 등 조직

㉡ 약취 · 유인, 도주차량운전자, 상습강도 · 절도죄, 강도상해, 보복범죄, 위험운전 치사상

㉢ 마약류 관리에 관한 법률에 따른 죄, 형법에 따른 상습죄 또는 그 각 미수죄

② ①의 어느 하나에 해당하는 죄를 범하여 금고 이상의 형의 집행유예를 선고받고 그 집행 유예 기간 중에 있는 사람

③ 자격시험일 전 5년간 다음에 해당하여 운전면허가 취소된 사람

㉠ 음주운전 금지 위반

㉡ 무면허운전 금지 위반

㉢ 운전 중 고의 또는 과실로 3명 이상이 사망(사고 발생일부터 30일 이내에 사망한 경우를 포함)하거나 20명 이상의 사상자가 발생한 교통사고를 일으킨 사람

④ 자격시험일 전 3년간 공동 위험 행위 및 난폭운전에 해당하여 운전면허가 취소된 사람

❸ **일반택시운송사업 또는 개인택시운송사업의 운전자격을 취득할 수 없는 사람(영 제16조)**
① 다음의 죄를 범하여 금고 이상의 실형을 선고받고 그 집행이 끝나거나 (집행이 끝난 것으로 보는 경우를 포함) 면제된 날부터 20년의 범위에서 대통령령으로 정하는 기간이 지나지 아니한 사람
ㄱ 위 ❷의 ①에 따른 죄(예시 : 살인죄, 도주차량운전자의 가중처벌)
ㄴ 성폭력 범죄의 처벌 등에 관한 특례법 제2조제1항제2호(추행 등 약취·유인죄)부터 제4호(강도강간)까지, 제3조(특수강도강간 등)부터 제9조(강간 등 살인·치사)까지 및 제15조(미수범 제외)에 따른 죄
ㄷ 아동·청소년의 성보호에 관한 법률 제2조제2호(아동·청소년대상 성범죄)에 따른 죄
② 죄를 범하여 금고 이상의 형의 집행유예를 선고받고 그 집행유예기간 중에 있는 사람

❹ **운전적성정밀검사의 대상(규칙 제49조제3항)**
① 신규 검사(제1호)
ㄱ 신규로 여객자동차운송사업용 자동차를 운전하려는 자
ㄴ 여객자동차운송사업용 자동차 또는 화물자동차운송사업용 자동차의 운전 업무에 종사하다가 **퇴직한 자**로서 신규 검사를 받은 날부터 3년이 지난 후 재취업하려는 자. 다만, 재취업일까지 무사고로 운전한 자는 제외한다.
ㄷ 신규 검사의 적합 판정을 받은 자로서 운전적성정밀검사를 받은 날부터 3년 이내에 취업하지 아니한 자. 다만, 신규 검사를 받은 날부터 취업일까지 무사고로 운전한 사람은 제외한다.
② 특별 검사(제2호)
ㄱ 중상 이상의 사상 사고를 일으킨 자
ㄴ 과거 1년간 도로교통법 시행규칙에 따른 운전면허 행정 처분 기준에 따라 계산한 누산점수가 81점 이상인 자
ㄷ 질병, 과로, 그 밖의 사유로 안전 운전을 할 수 없다고 인정되는 자인지 알기 위하여 운송사업자가 신청한 자
③ 자격 유지 검사(제3호)
ㄱ 65세 이상 70세 미만인 사람 (자격 유지 검사의 적합 판정을 받고 3년이 지나지 아니한 사람은 제외)
ㄴ 70세 이상인 사람 (자격 유지 검사의 적합판정을 받고 1년이 지나지 아니한 사람은 제외)
※ 자격유지검사는 검사 대상이 된 날부터 3개월 이내에 받아야 한다.(규칙 제49조제7항)

12. 택시운전자격의 취득 (규칙 제50조)

일반택시운송사업, 개인택시운송사업 및 수요응답형 여객자동차운송사업(승용자동차를 사용하는 경우만 해당)의 운전업무에 종사할 수 있는 자격을 취득하려는 자는 한국교통안전공단이 시행하는 시험에 합격하여야 한다.

❶ **자격시험의 실시 방법 및 시험 과목 등(규칙 제52조)**
① 실시방법 : 필기시험
② 시험과목 : 교통 및 운수관련 법규, 안전운행 요령, 운송서비스 및 지리에 관한 사항
③ 합격자 결정 : 필기시험 총점의 6할 이상을 얻을 것

❷ **자격시험의 응시(규칙 제53조)**
① 자격시험에 응시하려는 사람은 택시운전자격시험 응시원서에 다음의 서류를 첨부하여 한국교통안전공단에 제출하여야 한다.
ㄱ 운전면허증
ㄴ 운전경력증명서
ㄷ 운전적성 정밀검사 수검사실 증명서
② 택시운전자격이 취소된 날부터 1년이 지나지 아니한 자는 운전자격시험에 응시할 수 없다. 다만, 정기 적성검사를 받지 아니하였다는 이유로 운전면허가 취소되어 운전자격이 취소된 경우에는 그러하지 아니하다.

❸ **자격시험의 특례(규칙 제54조)**
① 한국교통안전공단은 다음에 해당하는 자에 대하여는 필기시험의 과목 중 안전운행 요령 및 운송서비스의 과목에 관한 시험을 면제할 수 있다.
ㄱ 택시운전자격을 취득한 자가 택시운전자격증명을 발급한 일반택시운송사업조합의 **관할구역 밖의 지역**에서 택시운전업무에 종사하려고 운전자격시험에 다시 응시하는 자
ㄴ 운전자격시험일부터 계산하여 과거 4년간 사업용 자동차를 3년 이상 무사고로 운전한 자
ㄷ 무사고 운전자 또는 유공 운전자의 표시장을 받은 자
② 필기시험의 일부를 면제받으려는 자는 응시원서에 이를 증명할 수 있는 서류를 첨부하여 한국교통안전공단에 제출하여야 한다.

❹ **택시운전자격의 등록 등(규칙 제55조)**
① 한국교통안전공단은 운전자격시험을 실시한 날부터 15일 이내에 한국교통안전공단의 인터넷 홈페이지에 합격자를 공고하여야 한다.
② 운전자격 시험에 합격한 사람은 합격자 발표일 또는 수료일부터 30일 이내에 운전자격증 발급신청서에 사진 2장을 첨부하여 한국교통안전공단에 운전자격증의 발급을 신청해야 한다.
③ 신청을 받은 한국교통안전공단은 택시운전자격 등록대장에 그 사실을 적은 후 택시운전자격증을 발급하여야 한다.

❺ **운전자격증명의 발급 등(규칙 제55조의2)**
① 운송사업자 또는 운수종사자는 운전업무 종사자격을 증명하는 증표(운전자격증명)의 발급을 신청하려면, 운전자 발급 신청서에 사진 2장을 첨부하여 한국안전교통공단, 일반택시운송사업조합 또는 개인택시운송사업조합에 제출하여야 한다.
② 신청을 받은 운전자격증명 발급 기관은 신청인에게 운전자격증명을 발급하여야 한다.

13. 택시운전자격의 게시 및 관리(규칙 제57조)

① 여객자동차운송사업의 운수종사자는 운전업무 종사자격을 증명하는 증표를 발급받아 해당 사업용 자동차 안에 항상 게시하여야 한다.(법 제24조의2제1항)
② 운전자격증명을 게시할 때는 승객이 쉽게 볼 수 있는 위치에 항상 게시하여야 한다.(규칙 제57조제1항)
③ 택시운전자격증은 **취득한 해당 시·도에서만 재발급**할 수 있다.
④ 운수종사자가 퇴직하는 경우에는 본인의 운전자격증명을 운송사업자에게 반납하여야 하며, 운송사업자는 지체 없이 해당 운전자격증명 발급 기관에 그 운전자격증명을 제출하여야 한다.(규칙 제57조제2항)
⑤ 관할관청은 운송사업자에게 다음의 어느 하나에 해당하는 사유가 생긴 경우에는 그 사람으로부터 운전자격 증명을 회수하여 폐기한 후 운전자격증명 발급 기관에 그 사실을 지체 없이 통보하여야 한다.(규칙 제57조제3항)

ⓙ 대리 운전을 시킨 사람의 대리 운전이 끝난 경우에는 그 대리 운전자 (개인택시운송사업자만 해당)
ⓛ 사업의 양도 · 양수인가를 받은 경우에는 그 양도자
ⓒ 사업을 폐업한 경우에는 그 폐업 허가를 받은 사람
ⓔ 운전 자격이 취소된 경우에는 그 취소 처분을 받은 사람

14. 택시운전자격의 취소 등의 처분 기준 (규칙 제59조)

1 일반 기준 (규칙 별표5 제1호)

① 위반 행위가 둘 이상인 경우로서 그에 해당하는 각각의 처분 기준이 다른 경우에는 그 중 무거운 처분 기준에 따른다. 다만, 둘 이상의 처분 기준이 모두 자격정지인 경우에는 각 처분 기준을 합산한 기간을 넘지 아니하는 범위에서 무거운 처분 기준의 2분의 1 범위에서 가중할 수 있다. 이 경우 그 가중한 기간을 합산한 기간은 6개월을 초과할 수 없다.

② 위반 행위의 횟수에 따른 행정 처분의 기준은 최근 1년간 같은 위반 행위로 행정 처분을 받은 경우에 적용한다. 이 경우 행정 처분 기준의 적용은 같은 위반 행위에 대한 행정 처분일과 그 처분 후의 위반 행위가 다시 적발된 날을 기준으로 한다.

③ 처분관할관청은 자격정지 처분을 받은 사람이 다음의 어느 하나에 해당하는 경우에는 ① 및 ②에 따른 처분을 2분의 1 범위에서 늘리거나 줄일 수 있다. 이 경우 늘리는 경우에도 그 늘리는 기간은 6개월을 초과할 수 없다.

가중 사유	ⓙ 위반 행위가 사소한 부주의나 오류가 아닌 고의나 중대한 과실에 의한 것으로 인정되는 경우 ⓛ 위반의 내용 정도가 중대하여 이용객에게 미치는 피해가 크다고 인정되는 경우
감경 사유	ⓙ 위반 행위가 고의나 중대한 과실이 아닌 사소한 부주의나 오류로 인한 것으로 인정되는 경우 ⓛ 위반의 내용 정도가 경미하여 이용객에게 미치는 피해가 적다고 인정되는 경우 ⓒ 위반 행위를 한 사람이 처음 해당 위반 행위를 한 경우로서 최근 5년 이상 해당 여객자동차운송사업의 모범적인 운수종사자로 근무한 사실이 인정되는 경우 ⓔ 그 밖에 여객자동차운수사업에 대한 정부 정책상 필요하다고 인정되는 경우

④ 처분관할관청은 자격정지 처분을 받은 사람이 정당한 사유 없이 기일 내에 운전 자격증을 반납하지 아니할 때에는 해당 처분을 2분의 1의 범위에서 가중하여 처분하고, 가중 처분을 받은 사람이 기일 내에 운전 자격증을 반납하지 아니할 때에는 자격취소 처분을 한다.

2 개별 기준 (규칙 별표5 제2호 나목)

위반 행위	처분기준	
	1차 위반	2차 이상 위반
택시운전자격의 결격사유에 해당하게 된 경우	자격 취소	–
부정한 방법으로 택시운전자격을 취득한 경우	자격 취소	–
일반택시운송사업 또는 개인택시운송사업의 운전 자격을 취득할 수 없는 경우에 해당하게 된 경우	자격 취소	–
다음의 행위로 과태료 처분을 받은 사람이 1년 이내에 같은 위반 행위를 한 경우 ⓙ 정당한 이유 없이 여객의 승차를 거부하거나 여객을 중도에서 내리게 하는 행위 ⓛ 신고하지 않거나 미터기에 의하지 않은 부당한 요금을 요구하거나 받는 행위 ⓒ 일정한 장소에서 장시간 정차하여 여객을 유치하는 행위 [참고] 위의 위반행위로 1년간 3회의 처분을 받은 사람이 같은 위반 행위 시 자격 취소	자격정지 10일	자격정지 20일
운송수입금 납입 의무를 위반하여 운송수입금 전액을 내지 아니하여 과태료 처분을 받은 사람이 그 과태료 처분을 받은 날부터 1년 이내에 같은 위반 행위를 세 번 한 경우	자격정지 20일	자격정지 20일
운송수입금 전액을 내지 아니하여 과태료 처분을 받은 사람이 그 과태료 처분을 받은 날부터 1년 이내에 같은 위반 행위를 네 번 이상 한 경우	자격정지 50일	자격정지 50일
다음의 금지행위 중 어느 하나에 해당하는 행위로 과태료 처분을 받은 사람이 1년 이내에 같은 위반행위를 한 경우		
ⓙ 정당한 이유 없이 여객을 중도에서 내리게 하는 행위	자격정지 10일	자격정지 20일
ⓛ 신고한 운임 또는 요금이 아닌 부당한 운임 또는 요금을 받거나 요구하는 행위	자격정지 10일	자격정지 20일
ⓒ 일정한 장소에서 장시간 정차하거나 배회하면서 여객을 유치하는 행위	자격정지 10일	자격정지 20일
ⓔ 여객의 요구에도 불구하고 영수증 발급 또는 신용카드 결제에 응하지 않은 행위	자격정지 10일	자격정지 10일
[참고] 위의 위반행위로 1년간 3회의 처분을 받은 사람이 같은 위반 행위 시 자격 취소		
중대한 교통사고로 다음의 어느 하나에 해당하는 수의 사상자를 발생하게 한 경우		
ⓙ 사망자 2명 이상	자격정지 60일	자격정지 60일
ⓛ 사망자 1명 및 중상자 3명 이상	자격정지 50일	자격정지 50일
ⓒ 중상자 6명 이상	자격정지 40일	자격정지 40일
교통사고와 관련하여 거짓이나 그 밖의 부정한 방법으로 보험금을 청구하여 금고 이상의 형을 선고받고 그 형이 확정된 경우	자격 취소	–
운전업무와 관련하여 다음의 어느 하나에 해당하는 부정 또는 비위 사실이 있는 경우		
ⓙ 택시운전자격증을 타인에게 대여한 경우	자격취소	–
ⓛ 개인택시운송사업자가 불법으로 타인으로 하여금 대리운전을 하게 한 경우	자격정지 30일	자격정지 30일
택시운전자격정지의 처분 기간 중에 택시운송사업 또는 플랫폼운송사업을 위한 운전 업무에 종사한 경우	자격 취소	–
도로교통법 위반으로 사업용 자동차를 운전할 수 있는 운전면허가 취소된 경우	자격 취소	–
정당한 사유 없이 교육 과정을 마치지 않은 경우	자격정지 5일	자격정지 5일

15. 운수종사자의 교육 등 (법 제25조)

1 교육의 종류 및 교육 대상자 (규칙 제58조 별표4의3)

구 분	내 용	교육시간	주 기
신규교육	새로 채용한 운수종사자 (사업용자동차를 운전하다가 퇴직한 후 2년 이내에 다시 채용된 사람은 제외)	16	
보수교육	무사고 · 무벌점 기간이 5년 이상 10년 미만인 운수종사자	4	격년
	무사고 · 무벌점 기간이 5년 미만인 운수종사자		매년
	법령 위반 운수종사자	8	수시
수시교육	국제 행사 등에 대비한 서비스 및 교통안전 증진 등을 위하여 국토교통부장관 또는 시 · 도지사가 교육을 받을 필요가 있다고 인정하는 운수종사자	4	필요 시

① 무사고 · 무벌점이란 도로교통법에 따른 교통사고와 같은 법에 따른 교통법규 위반 사실이 모두 없는 것을 말한다.

② 보수 교육 대상자 선정을 위한 무사고 · 무벌점 기간은 전년도 10월 말을 기준으로 산정한다.

③ 법령 위반 운수종사자는 운수종사자 준수 사항을 위반하여 과태료 처분을 받은 자(개인택시운송사업자는 과징금 또는 사업정지 처분을 받은 경우를 포함)와 특별 검사 대상이 된 자를 말한다.

④ 법령 위반 운수종사자(특별검사 대상이 된 자는 제외)에 대한 보수 교육은 해당 운수종사자가 과태료, 과징금 또는 사업정지 처분을 받은 날부터 3개월 이내에 실시하여야 한다.

⑤ 새로 채용된 운수종사자가 교통안전법 시행규칙에 따른 심화 교육 과정을 이수한 경우에는 신규 교육을 면제한다.

⑥ 해당 연도의 신규 교육 또는 수시 교육을 이수한 운수종사자(법령 위반 운수종사자는 제외)는 해당 연도의 보수 교육을 면제한다.

2 교육 과목

① 여객자동차운수사업 관계 법령 및 도로교통 관계 법령
② 서비스의 자세 및 운송 질서의 확립
③ 교통안전 수칙 (신규 교육의 경우에는 대열 운행, 졸음 운전, 운전 중 휴대폰 사용 등 교통사고 요인과 관련된 교통안전 수칙을 포함)
④ 응급 처치 방법
⑤ 차량용 소화기 사용법 등 차량 화재 예방 및 대처 방법
⑥ 지속가능 교통물류 발전법에 따른 경제 운전
⑦ 그 밖에 운전 업무에 필요한 사항

16. 보칙 및 벌칙

1 사업용 자동차의 차령(영 제40조 별표2)

차종	사업의 구분			차령
승용 자동차	여객자동차 운송사업용	개인 택시	경형 · 소형	5년
			배기량 2,400cc 미만	7년
			배기량 2,400cc 이상	9년
			환경친화적자동차 (환경친화적 자동차의 개발 및 보급 촉진에 관한 법률에 따른 자동차)	9년
		일반 택시	경형 · 소형	3년 6개월
			배기량 2,400cc 미만	4년
			배기량 2,400cc 이상	6년
			환경친화적자동차	6년
	자동차 대여사업용	경형 · 소형 · 중형		5년
		대형		8년
	특수여객자동차 운송사업용	경형 · 소형 · 중형		6년
		대형		10년
	플랫폼 운송사업용	배기량 2,400cc 미만		4년
		배기량 2,400cc 이상		6년
		환경친화적자동차		6년
승합 자동차	특수여객자동차운송사업용 또는 전세버스 운송사업용			11년
	그 밖의 사업용			9년
특수 자동차	자동차 대여 사업용	캠핑용 자동차		9년

2 과징금(영 제46조 별표5)

(단위 : 만원)

구분	위반내용	위반 횟수	과징금 액수	
			일반택시	개인택시
면허 또는 등록 등	면허 · 허가를 받거나 등록한 업종의 범위를 벗어나 사업을 한 경우	1차 2차 3차 이상	180 360 540	180 360 540
	면허를 받은 사업구역 외의 행정구역에서 사업을 한 경우	1차 2차 3차 이상	40 80 160	40 80 160
	면허를 받거나 등록한 차고를 이용하지 않고 차고지가 아닌 곳에서 밤샘 주차를 한 경우	1차 2차	10 15	10 15
	신고를 하지 않거나 거짓으로 신고를 하고 개인택시를 대리운전하게 한 경우	1차 2차	– 	120 240

운임 및 요금	운임 및 요금에 대한 신고 또는 변경 신고를 하지 않고 운송을 개시한 경우	1차 2차 3차 이상	40 80 160	20 40 80
	미터기를 부착하지 않거나 사용하지 않고 여객을 운송한 경우(구간 운임제 시행 지역은 제외)	1차 2차 3차 이상	40 80 160	40 80 160
차령 초과	차령 또는 운행 거리를 초과하여 운행한 경우	1차 2차	180 360	180 360
자동차의 표시	1년에 3회 이상 사업용 자동차의 표시를 하지 않은 경우		10	10
운전자의 자격요건 등	택시운송사업자가 차내에 운전자 격증명을 항상 게시하지 않은 경우		10	10
	자동차 안에 게시해야 할 사항을 게시하지 않은 경우	1차 2차	20 40	20 40
	운수종사자의 자격요건을 갖추지 않은 사람을 운전업무에 종사하게 한 경우	1차 2차	360 720	360 720
	운수종사자의 교육에 필요한 조치를 하지 않은 경우	1차 2차 3차 이상	30 60 90	
운송 시설 및 여객의 안전 확보	정류소에서 주차 또는 정차 질서를 문란하게 한 경우	1차 2차	20 40	20 40
	속도제한장치 또는 운행기록계가 장착된 운송사업용 자동차를 해당 장치 또는 기기가 정상적으로 작동되지 않은 상태에서 운행한 경우	1차 2차 3차 이상	60 120 180	60 120 180
	차실에 냉방 · 난방 장치를 설치하여야 할 자동차에 이를 설치하지 않고 여객을 운송한 경우	1차 2차 3차 이상	60 120 180	60 120 180
	차량 정비, 운전자의 과로 방지 및 정기적인 차량 운행 금지 등 안전 수송을 위한 명령을 위반하여 운행한 경우	1차 2차	20 40	20 40
	그 밖의 설비 기준에 적합하지 않은 자동차를 이용하여 운송한 경우	1차 2차	20 30	20 30

3 과태료(영 제49조 별표6)

(단위 : 만원)

위 반 행 위	처분기준		
	1회	2회	3회 이상
사고 시의 조치를 하지 않은 경우	50	75	100
운수종사자 취업 현황을 알리지 않거나 거짓으로 알린 경우			
정당한 사유 없이 검사 또는 질문에 불응하거나 이를 방해 또는 기피한 경우			
운수종사자의 요건을 갖추지 않고 여객자동차운송사업 또는 플랫폼운송사업의 운전 업무에 종사한 경우	50	50	50
중대한 교통사고 발생에 따른 보고를 하지 않거나 거짓 보고를 한 경우	20	30	50
여객이 착용하는 좌석 안전띠가 정상적으로 작동될 수 있는 상태를 유지하지 않은 경우			
운수종사자에게 여객의 좌석 안전띠 착용에 관한 교육을 실시하지 않은 경우			
교통안전 정보의 제공을 거부하거나 거짓의 정보를 제공한 경우			
정당한 사유 없이 여객을 중도에서 내리게 하는 경우	20	20	20
부당한 운임 또는 요금을 받거나 요구하는 경우			
일정한 장소에 오랜 시간 정차하거나 배회하면서 여객을 유치하는 경우			

여객의 요구에도 불구하고 영수증 발급 또는 신용카드 결제에 응하지 않는 경우	20	20	20
문을 완전히 닫지 않은 상태 또는 여객이 승하차하기 전에 자동차를 출발시키는 경우	20	20	20
사업용 자동차의 표시를 하지 않은 경우	10	15	20
자동차 안에서 흡연하는 경우	10	10	10
차량의 출발 전에 여객이 좌석 안전띠를 착용하도록 안내하지 않은 경우	3	5	10

제3절 택시운송사업의 발전에 관한 법규

01. 목적 및 정의

1 목적(법 제1조)
택시운송사업의 발전에 관한 사항을 규정함으로써
① 택시운송사업의 건전한 발전을 도모
② 택시운수종사자의 복지 증진
③ 국민의 교통편의 제고에 이바지

2 정의(법 제2조)
① 택시운송사업
여객자동차 운수사업법에 따른 구역 여객자동차운송사업 중,
   ㉠ 일반택시 운송사업 : 운행 계통을 정하지 않고 국토교통부령으로 정하는 사업구역에서 1개의 운송 계약에 따라 국토교통부령으로 정하는 자동차를 사용하여 여객을 운송하는 사업
   ㉡ 개인택시 운송사업 : 운행 계통을 정하지 않고 국토교통부령으로 정하는 사업구역에서 1개의 운송 계약에 따라 국토교통부령으로 정하는 자동차 1대를 사업자가 직접 운전하여 여객을 운송하는 사업
② 택시운송사업면허 : 택시운송사업을 경영하기 위하여 여객자동차운수사업법에 따라 받은 면허
③ 택시운송사업자 : 택시운송사업면허를 받아 택시운송사업을 경영하는 자
④ 택시운수종사자 : 여객자동차운수사업법에 따른 운전 업무 종사 자격을 갖추고 택시운송사업의 운전 업무에 종사하는 사람
⑤ 택시공영차고지 : 택시운송사업에 제공되는 차고지로서 특별시장·광역시장·특별자치시장·도지사·특별자치도지사(이하 시·도지사) 또는 시장·군수·구청장 (자치구의 구청장)이 설치한 것
⑥ 택시공동차고지 : 택시운송사업에 제공되는 차고지로서 2인 이상의 일반택시 운송사업자가 공동으로 설치 또는 임차하거나 조합 또는 연합회가 설치 또는 임차한 차고지

3 국가 등의 책무(법 제3조)
국가 및 지방자치단체는 택시운송사업의 발전과 국민의 교통편의 증진을 위한 정책을 수립하고 시행하여야 한다.

02. 택시정책심의위원회

1 설치 목적 및 소속(법 제5조)
택시운송사업의 중요 정책 등에 관한 사항의 심의를 위하여 국토교통부장관 소속으로 위원회를 둔다.

2 심의 사항(법 제5조제2항)
① 택시운송사업의 면허 제도에 관한 중요 사항
② 사업구역별 택시 총량에 관한 사항
③ 사업구역 조정 정책에 관한 사항
④ 택시운수종사자의 근로 여건 개선에 관한 중요 사항
⑤ 택시운송사업의 서비스 향상에 관한 중요 사항
⑥ 이 법 또는 다른 법률에서 위원회의 심의를 거치도록 한 사항
⑦ 그 밖에 택시운송사업에 관한 중요한 사항으로서 위원장이 회의에 부치는 사항

3 위원회의 구성 : 위원장 1명을 포함한 10명 이내의 위원으로 구성(법 제5조제3항)

4 위원의 위촉(영 제2조제1항)
① 택시운송사업에 5년 이상 종사한 사람
② 교통관련 업무에 공무원으로 2년 이상 근무한 경력이 있는 사람
③ 택시운송사업 분야에 관한 학식과 경험이 풍부한 사람
위의 어느 하나에 해당하는 사람 중, 전문 분야와 성별 등을 고려하여 국토교통부장관이 위촉

5 위원의 임기 : 2년(영 제2조제3항)

03. 택시운송사업 발전 기본 계획의 수립

1 국토교통부장관은 택시운송사업을 체계적으로 육성·지원하고 국민의 교통편의 증진을 위하여 관계 중앙행정기관의 장 및 시·도지사의 의견을 들어 5년 단위의 택시운송 사업 발전 기본 계획을 5년 마다 수립하여야 한다. (법 제6조제1항)

2 택시운송사업 발전 기본 계획에 포함될 사항(법 제2항)
① 택시운송사업 정책의 기본 방향에 관한 사항
② 택시운송사업의 여건 및 전망에 관한 사항
③ 택시운송사업면허 제도의 개선에 관한 사항
④ 택시운송사업의 구조 조정 등 수급 조절에 관한 사항
⑤ 택시운수종사자의 근로 여건 개선에 관한 사항
⑥ 택시운송사업의 경쟁력 향상에 관한 사항
⑦ 택시운송사업의 관리 역량 강화에 관한 사항
⑧ 택시운송사업의 서비스 개선 및 안전성 확보에 관한 사항
⑨ 그 밖에 택시운송사업의 육성 및 발전에 관하여 대통령령으로 정하는 사항
   : 대통령령으로 정하는 사항(영 제5조제2항)
   ㉠ 택시운송사업에 사용되는 자동차 (이하 택시) 수급 실태 및 이용 수요의 특성에 관한 사항
   ㉡ 차고지 및 택시 승차대 등 택시 관련 시설의 개선 계획
   ㉢ 기본 계획의 연차별 집행 계획
   ㉣ 택시운송사업의 재정 지원에 관한 사항
   ㉤ 택시운송사업의 위반 실태 점검과 지도 단속에 관한 사항
   ㉥ 택시운송사업 관련 연구·개발을 위한 전문 기구 설치에 관한 사항

04. 재정 지원(법 제7조)

1 시·도의 지원(제1항)
특별시·광역시·특별자치시·도·특별자치도(이하 시·도)는 택시운송사업의 발전을 위하여 택시운송사업자 또는 택시운수종사자 단체에 다음의 어느 하나에 해당하는 사업에 대하여 조례로 정하는 바에 따라 필요한 자금의 전부 또는 일부를 보조 또는 융자할 수 있다.
① 택시운송사업자에 대한 지원(제1호, 제5호)
   ㉠ 합병, 분할, 분할 합병, 양도·양수 등을 통한 구조 조정 또는 경영 개선 사업

ⓒ 사업구역별 택시 총량을 초과한 차량의 감차 사업

ⓒ 택시의 환경 친화적 자동차의 개발 및 보급 촉진에 관한 법률에 따른 친환경 택시로의 대체 사업

ⓔ 택시운송사업의 서비스 향상을 위한 시설·장비의 확충·개선· 운영 사업

ⓜ 서비스 교육 등 택시운수종사자에게 실시하는 교육 및 연수 사업

ⓗ 그 밖에 택시운송사업의 발전을 위해 국토교통부령으로 정하는 사업

국토교통부령으로 정하는 재정 지원 대상 사업의 범위 (규칙 제7조)
㉮ 택시운수종사자의 근로여건 개선 사업
㉯ 택시운송사업자의 경영개선 및 연구 개발 사업
㉰ 택시운수종사자의 교육 및 연수 사업
㉱ 택시의 고급화 및 낡은 택시의 교체 사업
㉲ 그 밖에 택시운송사업의 육성 및 발전을 위해 국토교통부장관이 필요하다고 인정하는 사업

② 택시운수종사자 단체에 대한 지원
: 서비스 교육 등 택시운수종사자에게 실시하는 교육 및 연수 사업

❷ 국가의 지원(법 제7조제2항)
국가는 다음의 어느 하나에 해당하는 자금의 전부 또는 일부를 시·도에 지원할 수 있다.
① 시·도가 택시운송사업자 또는 택시운수종사자 단체(이하 택시운송사업자등)에 보조한 자금(시설·장비의 운영 사업에 보조한 자금은 제외)
② 택시공영차고지 설치에 필요한 자금

❸ 보조금의 사용 규칙(법 제8조)
① 보조를 받은 택시운송사업자등은 그 자금을 보조받은 목적 외의 용도로 사용하지 못한다.
② 국토교통부장관 또는 시·도지사는 보조를 받은 택시운송사업자등이 그 자금을 적정하게 사용하도록 감독해야 한다.
③ 국토교통부장관 또는 시·도지사는 택시운송사업자등이 거짓이나 그 밖의 부정한 방법으로 보조금을 교부받거나 목적 외의 용도로 사용한 경우 택시운송사업자 등에게 보조금의 반환을 명해야 한다.
④ 국토교통부장관은 택시운송사업자등이 보조금 반환명령을 받고도 반환하지 않는 경우 국세 또는 지방세 체납처분의 예에 따라 이를 징수해야 한다.

05. 신규 택시운송사업 면허의 제한 등(법 제10조)

❶ 다음의 각 사업구역에서는 여객자동차운수사업법에도 불구하고 누구든지 신규 택시운송사업 면허를 받을 수 없다. (제1항)
① 사업구역별 택시 총량을 산정하지 아니한 사업구역
② 국토교통부장관이 사업구역별 택시 총량의 재산정을 요구한 사업구역
③ 고시된 사업구역별 택시 총량보다 해당 사업구역 내의 택시의 대수가 많은 사업구역. 다만, 해당 사업구역이 연도별 감차 규모를 초과하여 감차 실적을 달성한 경우 그 초과분의 범위에서 관할 지방자치단체의 조례로 정하는 바에 따라 신규 택시운송사업 면허를 받을 수 있다.

❷ ❶의 사업구역에서 여객자동차운수사업법에 따라 일반택시운송사업자가 사업 계획을 변경하고자 하는 경우 증차를 수반하는 사업 계획의 변경은 할 수 없다. (제2항)

06. 운송비용 전가 금지 등(법 제12조)

❶ 군(광역시의 군은 제외한다) 지역을 제외한 사업구역의 일반택시운송사업자는 택시의 구입 및 운행에 드는 비용 중 다음의 각 비용을 택시운수종사자에게 부담시켜서는 아니 된다. (제1항)

① 택시 구입비 (신규 차량을 택시운수종사자에게 배차하면서 추가 징수하는 비용 포함)
② 유류비   ③ 세차비
④ 택시운송사업자가 차량 내부에 붙이는 장비의 설치비 및 운영비
⑤ 그 밖에 택시의 구입 및 운행에 드는 비용으로서 대통령령으로 정하는 비용 : 대통령령으로 정하는 비용 - 사고로 인한 차량 수리비, 보험료 증가분 등 교통사고 처리에 드는 비용(해당 교통사고가 음주 등 택시운수종사자의 고의·중과실로 인하여 발생한 것인 경우는 제외)을 말한다.(영 제19조제2항)

❷ 택시운송사업자는 소속 택시운수종사자가 아닌 사람(형식상의 근로 계약에도 불구하고 실질적으로는 소속 택시운수종사자가 아닌 사람을 포함)에게 택시를 제공해서는 안 된다. (제2항)

❸ 택시운송사업자는 택시운수종사자가 안전하고 편리한 서비스를 제공할 수 있도록 택시운수종사자의 장시간 근로 방지를 위하여 노력해야 한다. (제3항)

07. 택시 운행 정보의 관리 등(법 제13조)

❶ 국토교통부장관 또는 시·도지사는 택시 정책을 효율적으로 수행하기 위하여 운행 기록 장치와 택시요금미터를 활용하여 국토교통부령으로 정하는 정보를 수집·관리하는 택시운행정보관리시스템을 구축·운영할 수 있다. (제1항)
① 국토교통부령으로 정하는 정보(규칙 제10조)
ⓒ 운행 기록 장치에 기록된 정보(주행거리, 속도, 위치 정보 등)
ⓒ 택시요금미터에 기록된 정보 (승차 일시, 승차 거리, 요금 정보 등)

❷ 국토교통부장관 또는 시·도지사는 택시운행정보관리시스템을 구축·운영하기 위한 정보를 수집·이용할 수 있다. (제2항)

❸ 택시운행정보관리시스템으로 처리된 전산 자료는 교통사고 예방 등 공공의 목적을 위하여 국토교통부령으로 정하는 바에 따라 공동 이용할 수 있다. (규칙 제11조)
① 전산자료의 공동 이용 - 국토교통부장관 또는 시·도지사는 택시운행정보관리시스템으로 처리된 전체 자료를 택시운송사업자, 여객자동차운수사업자 조합 및 연합회와 공동 이용할 수 있다.

08. 택시운수종사자 복지 기금의 설치(법 제15조)

❶ 목적(제1항)
택시운송사업자 단체 또는 택시운수종사자 단체가 택시운수종사자의 근로 여건 개선 등을 위해 설치할 수 있다.

❷ 기금의 수입 재원(제2항)
① 출연금 (개인·단체·법인으로부터의 출연금에 한정)
② 복지 기금 운용 수익금
③ 액화석유가스를 연료로 사용하는 차량을 판매하여 발생한 수입 중 일부로서 택시운송사업자가 조성하는 수입금
④ 그 밖에 대통령령으로 정하는 수입금
: 택시 표시 등 이용 광고 사업에 따라 발생하는 광고 수입 중 택시운송사업자가 조성하는 수입금

❸ 기금의 용도(제3항)
① 택시운수종사자의 건강 검진 등 건강 관리 서비스 지원
② 택시운수종사자 자녀에 대한 장학 사업
③ 기금의 관리·운용에 필요한 경비
④ 그 밖에 택시운수종사자의 복지 향상을 위하여 필요한 사업으로서 국토교통부장관이 정하는 사업

09. 택시운수종사자의 준수사항 등(법 제16조)

1 택시운수종사자는 다음의 어느 하나에 해당하는 행위를 하여서는 아니 된다. (제1항)

① 정당한 사유 없이 여객의 승차를 거부하거나 여객을 중도에서 내리게 하는 행위

② 부당한 운임 또는 요금을 받는 행위

③ 여객을 합승하도록 하는 행위

④ 여객의 요구에도 불구하고 영수증 발급 또는 신용 카드 결제에 응하지 않는 행위 (영수증발급기 및 신용카드결제기가 설치되어 있는 경우에 한정)

※ 여객의 안전 · 보호조치 이행 등 국토교통부령으로 정하는 기준을 충족한 경우 (규칙 제11조의2)

① 합승을 신청한 여객의 본인 여부를 확인하고 합승을 중개하는 기능

② 탑승하는 시점 · 위치 및 탑승 가능한 좌석 정보를 탑승 전에 여객에게 알리는 기능

③ 동성(同姓) 간의 합승만을 중개하는 기능(경형, 소형 및 중형 택시운송사업에 사용되는 자동차의 경우만 해당)

④ 자동차 안에서 불쾌감을 유발하는 신체 접촉 등 여객의 신변 안전에 위해를 미칠 수 있는 위험상황 발생 시 그 사실을 고객센터 또는 경찰에 신고하는 방법을 탑승 전에 알리는 기능

2 국토교통부장관은 택시운수종사자가 **1**의 각 사항을 위반하면 여객자동차운수사업법에 따른 운전업무종사자격을 취소하거나 6개월 이내의 기간을 정하여 그 자격의 효력을 정지시킬 수 있다. (제2항)

위반행위	처분기준		
	1차 위반	2차 위반	3차 위반
정당한 사유 없이 여객의 승차를 거부하거나 여객을 중도에서 내리게 하는 행위	경고	자격정지 30일	자격취소
부당한 운임 또는 요금을 받는 행위			
여객을 합승하도록 하는 행위		자격정지 10일	자격정지 20일
여객의 요구에도 불구하고 영수증 발급 또는 신용 카드 결제에 응하지 않는 행위			

10. 과태료(법 제23조, 영 제25조, 별표3)

① 운송비용 전가 금지 조항에 해당하는 비용을 택시운수종사자에게 전가시킨 자에게는 1천만 원 이하의 과태료를 부과한다.

② 다음 각 호의 어느 하나에 해당하는 자에게는 1백만 원 이하의 과태료를 부과한다.

㉠ 택시운수종사자 준수사항을 위반한 자

㉡ 보조금의 사용내역 등에 관한 보고나 서류제출을 하지 않거나 거짓으로 한 자

㉢ 택시운송사업자등의 장부 · 서류, 그 밖의 물건에 관한 검사를 정당한 사유 없이 거부 · 방해 또는 기피한 자

③ ①과 ②에 따른 과태료는 대통령령으로 정하는 바에 따라 국토교통부장관이 부과 · 징수한다.

위반행위	과태료 금액 (만원)		
	1회 위반	2회 위반	3회 위반 이상
운송비용 전가 금지 조항에 해당하는 비용을 택시운수종사자에게 전가시킨 경우	500	1,000	1,000
택시운수종사자 준수사항을 위반한 경우	20	40	60
보조금의 사용내역 등에 관한 보고를 하지 않거나 거짓으로 한 경우	25	50	50
보조금의 사용내역 등에 관한 서류 제출을 하지 않거나 거짓 서류를 제출한 경우	50	75	100
택시운송사업자등의 장부 · 서류, 그 밖의 물건에 관한 검사를 정당한 사유 없이 거부 · 방해 또는 기피한 경우	50	75	100

제2장 도로교통법령

제1절 법의 목적 및 용어

01. 목적(법 제1조)

도로에서 일어나는 교통상의

① 위험과 장해를 방지하고 제거하여

② 안전하고 원활한 교통을 확보

02. 용어의 정의(법 제2조)

1 도로(제1호)

① 도로법에 따른 도로 ② 유료도로법에 따른 유료도로

③ 농어촌도로정비법에 따른 농어촌 도로

④ 그 밖에 현실적으로 불특정 다수의 사람 또는 차마가 통행할 수 있도록 공개된 장소로서 안전하고 원활한 교통을 확보할 필요가 있는 장소

2 자동차 전용 도로(제2호)

자동차만 다닐 수 있도록 설치된 도로

3 고속도로(제3호)

자동차의 고속 운행에만 사용하기 위하여 지정된 도로

4 차도(車道)(제4호)

연석선 (차도와 보도를 구분하는 돌 등으로 이어진 선), 안전표지 또는 그와 비슷한 인공 구조물을 이용하여 경계를 표시하여 모든 차가 통행할 수 있도록 설치된 도로의 부분

5 중앙선(제5호)

차마의 통행 방향을 명확하게 구분하기 위하여 도로에 황색 실선이나 황색 점선 등의 안전표지로 표시한 선 또는 중앙 분리대나 울타리 등으로 설치한 시설물 (다만, 가변차로가 설치된 경우에는 신호기가 지시하는 진행 방향의 가장 왼쪽에 있는 황색 점선)

6 차로(제6호)

차마가 한 줄로 도로의 정하여진 부분을 통행하도록 차선으로 구분한 차도의 부분

7 차선(제7호)

차로와 차로를 구분하기 위하여 그 경계지점을 안전표지로 표시한 선

7-1 노면전차 전용로(제7의2)

도로에서 궤도를 설치하고, 안전표지 또는 인공 구조물로 경계를 표시하여 설치한 도시철도법에 따른 노면전차 전용도로, 노면전차 전용차로를 말한다.

8 자전거 도로(제8호)

안전표지, 위험 방지용 울타리나 그와 비슷한 인공 구조물로 경계를 표시하여 자전거 및 개인형 이동 장치가 통행할 수 있도록 설치된 자전거 전용도로, 자전거 보행자 겸용도로, 자전거 전용차로, 자전거 우선 도로를 말한다.

9 자전거 횡단도(제9호)

자전거가 일반도로를 횡단할 수 있도록 안전표지로 표시한 도로의 부분

10 보도(步道)(제10호)

연석선, 안전표지나 그와 비슷한 인공 구조물로 경계를 표시하여 보행자 (유모차, 보행보조용 의자차, 노약자용 보행기 등 행정안전부령으로 정하는 기구 · 장치를 이용하여 통행하는 사람 및 실외 이동 로봇을 포함)가 통행할 수 있도록 한 도로의 부분

11 길 가장자리 구역 (제11호)

보도와 차도가 구분되지 아니한 도로에서 보행자의 안전을 확보하기 위하여 안전표지 등으로 경계를 표시한 도로의 가장자리 부분

12 횡단보도 (제12호)

보행자가 도로를 횡단할 수 있도록 안전표지로 표시한 도로의 부분

13 교차로 (제13호)

십자로, T자로나 그 밖에 둘 이상의 도로(보도와 차도가 구분되어 있는 도로에서는 차도)가 교차하는 부분

13-1 회전교차로 (제13의2)

교차로 중 차마가 원형의 교통섬(차마의 안전하고 원활한 교통처리나 보행자 도로횡단의 안전을 확보하기 위하여 교차로 또는 차도의 분기점 등에 설치하는 섬 모양의 시설)을 중심으로 반시계방향으로 통행하도록 한 원형의 도로를 말한다.

14 안전지대 (제14호)

도로를 횡단하는 보행자나 통행하는 차마의 안전을 위하여 안전표지나 이와 비슷한 인공 구조물로 표시한 도로의 부분

15 신호기 (제15호)

문자 · 기호 또는 등화를 사용하여 진행 · 정지 · 방향 전환 · 주의 등의 신호를 표시하기 위하여 사람이나 전기의 힘으로 조작하는 장치

16 안전표지 (제16호)

주의 · 규제 · 지시 등을 표시하는 표지판이나 도로의 바닥에 표시하는 기호 · 문자 또는 선

17 차마 (제17호)

차와 우마를 말한다.
① 차
  ㉠ 자동차 ㉡ 건설기계 ㉢ 원동기 장치 자전거 ㉣ 자전거
  ㉤ 사람 또는 가축의 힘이나 그 밖의 동력으로 도로에서 운전되는 것 (단, 철길이나 가설된 선을 이용하여 운전되는 것과 유모차, 보행보조용 의자차, 노약자용 보행기, 실외 이동 로봇 등 행정안전부령으로 정하는 기구 · 장치를 제외)
② 우마 – 교통이나 운수에 사용되는 가축

17-1 노면전차 (제17의2)

도시철도법에 따른 노면전차로서 도로에서 궤도를 이용하여 운행되는 차를 말한다.

18 자동차 (제18호)

철길이나 가설된 선을 이용하지 않고 원동기를 사용하여 운전되는 차 (견인되는 자동차도 자동차의 일부)
① 자동차관리법에 따른 다음의 자동차 (원동기 장치 자전거 제외)
  ㉠ 승용 자동차   ㉡ 승합자동차
  ㉢ 화물 자동차   ㉣ 특수 자동차
  ㉤ 이륜자동차
② 건설기계관리법에 따른 다음의 건설 기계
  ㉠ 덤프 트럭   ㉡ 아스팔트 살포기
  ㉢ 노상 안정기   ㉣ 콘크리트 믹서 트럭
  ㉤ 콘크리트 펌프   ㉥ 천공기(트럭 적재식)
  ㉦ 콘크리트 믹서 트레일러 ㉧ 아스팔트 콘크리트 재생기
  ㉨ 도로 보수 트럭   ㉩ 3톤 미만의 지게차

18-1 자율주행시스템 (제18의2)

「자율주행자동차 상용화 촉진 및 지원에 관한 법률」에 따른 자율주행시스템을 말한다. 이 경우 그 종류는 완전 자율주행시스템, 부분 자율주행시스템 등 행정안전부령으로 정하는 바에 따라 세분할 수 있다.

18-2 자율주행자동차 (제18의3)

「자동차관리법」에 따른 자율주행자동차로서 자율주행시스템을 갖추고 있는 자동차를 말한다.

19 원동기 장치 자전거 (제19호)

① 자동차관리법에 따른 이륜자동차 가운데 배기량 125cc 이하(전기를 동력으로 하는 경우에는 최고 정격 출력 11kw 이하)의 이륜자동차
② 그 밖에 배기량 125cc 이하 (전기를 동력으로 하는 경우에는 최고 정격 출력 11kw 이하)의 원동기를 단 차(전기 자전거 및 실외 이동 로봇은 제외)

19-1 개인형 이동장치 (제19의2)

원동기 장치 자전거 중 시속 25킬로미터 이상으로 운행할 경우 전동기가 작동하지 아니하고 차체 중량이 30킬로그램 미만인 것으로서 행정안전부령으로 정하는 것을 말한다.

20 자전거 (제20호)

사람의 힘으로 페달, 손 페달을 사용하여 움직이는 구동 장치와 조향 장치, 제동 장치가 있는 바퀴가 둘 이상인 차(자전거) 및 전기 자전거를 말한다.

21 자동차 등 (제21호)

자동차와 원동기 장치 자전거

21-1 실외 이동 로봇 (제21의3)

지능형 로봇 중 행정안전부령으로 정하는 것을 말한다.

22 긴급 자동차 (제22호)

다음의 자동차로서 그 본래의 긴급한 용도로 사용되고 있는 자동차
① 소방차   ② 구급차   ③ 혈액 공급 차량
④ 그 밖에 대통령령으로 정하는 자동차

23 어린이 통학 버스 (제23호)

다음의 시설 가운데 어린이 (13세 미만인 사람)를 교육 대상으로 하는 시설에서 어린이의 통학 등에 이용되는 자동차와 여객자동차운수사업법에 따른 여객자동차운송사업의 한정 면허를 받아 어린이를 여객 대상으로 하여 운행되는 운송사업용 자동차
① 유아교육법에 따른 유치원, 초 · 중등교육법에 따른 초등학교 및 특수학교
② 영유아보육법에 따른 어린이 집
③ 학원의 설립 · 운영 및 과외 교습에 관한 법률에 따라 설립된 학원
④ 체육시설의 설치 · 이용에 관한 법률에 따라 설립된 체육 시설

24 주차 (제24호)

운전자가 승객을 기다리거나 화물을 싣거나 차가 고장 나거나 그 밖의 사유로 차를 계속 정지 상태에 두는 것 또는 운전자가 차에서 떠나서 즉시 그 차를 운전할 수 없는 상태에 두는 것

25 정차 (제25호)

운전자가 5분을 초과하지 아니하고 차를 정지시키는 것으로서 주차 외의 정지 상태

26 운전 (제26호)

도로(주취 운전, 과로 운전, 교통사고 및 교통사고 발생 시 조치 불이행, 경찰 공무원의 음주 측정 거부 등에 한하여 도로 외의 곳을 포함)에서 차마 또는 노면 전차를 그 본래의 사용 방법에 따라 사용하는 것 (조종 또는 자율주행시스템을 사용하는 것을 포함)

27 초보 운전자 (제27호)

처음 운전면허를 받은 날(2년이 지나기 전에 운전면허의 취소 처분을 받은 경우에는 그 후 다시 운전면허를 받은 날)부터 2년이 지나지 아니한 사람을 말한다. 이 경우 원동기 장치 자전거 면허만 받은 사람이 원동기 장치자전거 면허 외의 운전면허를 받은 경우에는 처음 운전면허를 받은 것으로 본다.

28 서행 (제28호)

운전자가 차 또는 노면전차를 즉시 정지시킬 수 있는 정도의 느린 속도로 진행하는 것

29 앞지르기(제29호)

차 또는 노면전차의 운전자가 앞서가는 다른 차 또는 노면전차의 옆을 지나서 그 차의 앞으로 나가는 것

30 일시정지(제30호)

차 또는 노면전차의 운전자가 그 차 또는 노면전차의 바퀴를 일시적으로 완전히 정지시키는 것

31 보행자 전용도로(제31호)

보행자만 다닐 수 있도록 안전표지나 그와 비슷한 인공 구조물로 표시한 도로

31-1 보행자 우선 도로(제31의2)

차도와 보도가 분리되지 아니한 도로에서 보행자 안전과 편의를 보장하기 위하여 보행자 통행이 차마 통행에 우선하도록 지정된 도로를 말한다.

※ 시·도 경찰청장이나 경찰서장은 보행자 우선 도로에서 보행자를 보호하기 위하여 필요하다고 인정하는 경우에는 차마의 통행 속도를 시속 20km 이내로 제한 가능 (법 제28조의2)

32 모범 운전자(제33호)

무사고 운전자 또는 유공 운전자 표시장을 받거나 2년 이상 사업용 자동차 운전에 종사하면서 교통사고를 일으킨 전력이 없는 사람으로서 경찰청장이 정하는 바에 따라 선발되어 교통안전 봉사 활동에 종사하는 사람

제2절 교통안전시설(법 제4조)

01. 교통신호기

1 신호 또는 지시에 따를 의무(법 제5조)

도로를 통행하는 보행자와 차마 또는 노면전차의 운전자는 교통 안전 시설이 표시하는 신호 또는 지시와 교통정리를 하는 경찰 공무원(의무 경찰을 포함) 또는 경찰 보조자(자치 경찰 공무원 및 경찰 공무원을 보조하는 사람)의 신호나 지시를 따라야 한다.

> **경찰 공무원을 보조하는 사람의 범위(영 제6조)**
> ① 모범 운전자
> ② 군사 훈련 및 작전에 동원되는 부대의 이동을 유도하는 군사 경찰
> ③ 본래의 긴급한 용도로 운행하는 소방차·구급차를 유도하는 소방 공무원

2 신호의 종류와 의미(규칙 제6조제2항, 별표2)

구분		신호의 종류	신호의 뜻
차량신호등	원형등화	녹색의 등화	㉠ 차마는 직진 또는 우회전할 수 있다. ㉡ 비보호좌회전표지 또는 비보호좌회전표시가 있는 곳에서는 좌회전할 수 있다.
		황색의 등화	㉠ 차마는 정지선이 있거나 횡단보도가 있을 때는 그 직전이나 교차로의 직전에 정지해야 하며, 이미 교차로에 차마의 일부라도 진입한 경우에는 신속히 교차로 밖으로 진행해야 한다. ㉡ 차마는 우회전할 수 있고 우회전하는 경우에는 보행자의 횡단을 방해하지 못한다.
		적색의 등화	㉠ 차마는 정지선, 횡단보도 및 교차로의 직전에서 정지해야 한다. ㉡ 차마는 우회전하려는 경우 정지선, 횡단보도 및 교차로의 직전에서 정지 후 신호에 따라 진행하는 다른 차마의 교통을 방해하지 않고 우회전할 수 있다. ㉢ ㉡항에도 불구하고 차마는 우회전 삼색등이 적색의 등화인 경우 우회전할 수 없다.
		황색 등화의 점멸	차마는 다른 교통 또는 안전표지의 표시에 주의하면서 진행할 수 있다.
		적색 등화의 점멸	차마는 정지선이나 횡단보도가 있을 때에는 그 직전이나 교차로의 직전에 일시정지 한 후 다른 교통에 주의하면서 진행할 수 있다.

구분		신호의 종류	신호의 뜻
차량신호등	화살표등화	녹색 화살표의 등화	차마는 화살표시 방향으로 진행할 수 있다.
		황색 화살표의 등화	화살표시 방향으로 진행하려는 차마는 정지선이 있거나 횡단보도가 있을 때는 그 직전이나 교차로의 직전에 정지해야 하며, 이미 교차로에 차마의 일부라도 진입한 경우에는 신속히 교차로 밖으로 진행해야 한다.
		적색 화살표의 등화	화살표시 방향으로 진행하려는 차마는 정지선, 횡단보도 및 교차로의 직전에서 정지해야 한다.
		황색 화살표 등화의 점멸	차마는 다른 교통 또는 안전표지의 표시에 주의하면서 화살표시 방향으로 진행할 수 있다.
		적색 화살표 등화의 점멸	차마는 정지선이나 횡단보도가 있을 때는 그 직전이나 교차로의 직전에 일시정지 한 후 다른 교통에 주의하면서 화살표시 방향으로 진행할 수 있다.
	사각형등화	녹색 화살표의 등화 (하향)	차마는 화살표로 지정한 차로로 진행할 수 있다.
		적색 ×표 표시의 등화	차마는 ×표가 있는 차로로 진행할 수 없다.
		적색×표 표시 등화의 점멸	차마는 ×표가 있는 차로로 진입할 수 없고, 이미 차마의 일부라도 진입한 경우에는 신속히 그 차로 밖으로 진로를 변경하여야 한다.
보행신호등		녹색의 등화	보행자는 횡단보도를 횡단할 수 있다.
		녹색 등화의 점멸	보행자는 횡단을 시작하여서는 안 되고, 횡단하고 있는 보행자는 신속하게 횡단을 완료하거나 그 횡단을 중지하고 보도로 되돌아와야 한다.
		적색의 등화	보행자는 횡단보도를 횡단하여서는 안 된다.
자전거신호등	자전거주행신호등	녹색의 등화	자전거 등은 직진 또는 우회전할 수 있다.
		황색의 등화	㉠ 자전거 등은 정지선이 있거나 횡단보도가 있을 때에는 그 직전이나 교차로의 직전에 정지해야 하며, 이미 교차로에 차마의 일부라도 진입한 경우에는 신속히 교차로 밖으로 진행해야 한다. ㉡ 자전거 등은 우회전할 수 있고 우회전하는 경우에는 보행자의 횡단을 방해하지 못한다.
		적색의 등화	㉠ 자전거 등은 정지선, 횡단보도 및 교차로의 직전에서 정지해야 한다. ㉡ 자전거 등은 우회전하려는 경우 정지선, 횡단보도 및 교차로의 직전에서 정지한 후 신호에 따라 진행하는 다른 차마의 교통을 방해하지 않고 우회전할 수 있다. ㉢ ㉡항에도 불구하고 자전거 등은 우회전 삼색등이 적색의 등화인 경우 우회전할 수 없다.
		황색 등화의 점멸	자전거 등은 다른 교통 또는 안전표지의 표시에 주의하면서 진행할 수 있다.
		적색 등화의 점멸	자전거 등은 정지선이나 횡단보도가 있는 때에는 그 직전이나 교차로의 직전에 일시정지한 후 다른 교통에 주의하면서 진행할 수 있다.
	자전거횡단신호등	녹색의 등화	자전거 등은 자전거횡단도를 횡단할 수 있다.
		녹색 등화의 점멸	자전거 등은 횡단을 시작해서는 안 되고, 횡단하고 있는 자전거 등은 신속하게 횡단을 종료하거나 그 횡단을 중지하고 진행하던 차도 또는 자전거 도로로 되돌아와야 한다.
		적색의 등화	자전거 등은 자전거횡단보도를 횡단해서는 안 된다.
버스신호등		녹색의 등화	버스 전용차로에 차마는 직진할 수 있다.
		황색의 등화	버스 전용차로에 있는 차마는 정지선이 있거나 횡단보도가 있을 때에는 그 직전이나 교차로의 직전에 정지해야 하며, 이미 교차로에 차마의 일부라도 진입한 경우에는 신속히 교차로 밖으로 진행해야 한다.
		적색의 등화	버스 전용차로에 있는 차마는 정지선, 횡단보도 및 교차로의 직전에서 정지해야 한다.
		황색 등화의 점멸	버스 전용차로에 있는 차마는 다른 교통 또는 안전표지의 표시에 주의하면서 진행할 수 있다.
		적색 등화의 점멸	버스 전용차로에 있는 차마는 정지선이나 횡단보도가 있을 때에는 그 직전이나 교차로의 직전에 일시정지 한 후 다른 교통에 주의하면서 진행할 수 있다.

구분	신호의 종류	신호의 뜻
노면전차 신호등	황색 T자형의 등화	노면전차가 직진 또는 좌회전·우회전할 수 있는 등화가 점등될 예정이다.
	황색 T자형 등화의 점멸	노면전차가 직진 또는 좌회전·우회전할 수 있는 등화의 점등이 임박하였다.
	백색 가로 막대형의 등화	노면전차는 정지선, 횡단보도 및 교차로의 직전에서 정지해야 한다.
	백색 가로 막대형 등화의 점멸	노면전차는 정지선이나 횡단보도가 있는 경우에는 그 직전이나 교차로의 직전에 일시정지 한 후 다른 교통에 주의하면서 진행할 수 있다.
	백색 점형의 등화	노면전차는 정지선이 있거나 횡단보도가 있는 경우에는 그 직전이나 교차로의 직전에 정지해야 하며, 이미 교차로에 노면전차의 일부가 진입한 경우에는 신속하게 교차로 밖으로 진행해야 한다.
	백색 점형 등화의 점멸	노면전차는 다른 교통 또는 안전표지의 표시에 주의하면서 진행할 수 있다.
	백색 세로 막대형의 등화	노면전차는 직진할 수 있다.
	백색 사선 막대형의 등화	노면전차는 백색사선막대의 기울어진 방향으로 좌회전 또는 우회전할 수 있다.

3 신호기의 신호와 수신호가 다른 때(법 제5조제2항)

도로를 통행하는 보행자, 차마 또는 노면전차의 운전자는 교통안전시설이 표시하는 신호 또는 지시와 교통정리를 하는 경찰 공무원 또는 경찰 보조자(이하 경찰 공무원 등)의 신호 또는 지시가 서로 다른 경우에는 경찰 공무원 등의 신호 또는 지시에 따라야 한다.

02. 교통안전 표지의 종류 (규칙 제8조)

1 주의 표지

도로 상태가 위험하거나 도로 또는 그 부근에 위험물이 있는 경우에 필요한 안전 조치를 할 수 있도록 이를 도로 사용자에게 알리는 표지

2 규제 표지

도로 교통의 안전을 위하여 각종 제한·금지 등의 규제를 하는 경우에 이를 도로 사용자에게 알리는 표지

3 지시 표지

도로의 통행 방법·통행 구분 등 도로 교통의 안전을 위하여 필요한 지시를 하는 경우에 도로 사용자가 이에 따르도록 알리는 표지

4 보조 표지

주의 표지·규제 표지 또는 지시 표지의 주 기능을 보충하여 도로 사용자에게 알리는 표지

5 노면 표시

도로 교통의 안전을 위하여 각종 주의·규제·지시 등의 내용을 노면에 기호·문자 또는 선으로 도로 사용자에게 알리는 표지

제3절 보행자의 도로 통행 방법

01. 보행자의 통행 (법 제8조)

① 보행자는 보도와 차도가 구분된 도로에서는 언제나 보도로 통행하여야 한다. 다만, 차도를 횡단하는 경우, 도로공사 등으로 보도의 통행이 금지된 경우나 그 밖의 부득이한 경우에는 그러하지 아니하다.

② 보행자는 보도와 차도가 구분되지 아니한 도로 중 중앙선이 있는 도로(일방통행인 경우에는 차선으로 구분된 도로를 포함)에서는 길 가장자리 또는 길 가장자리 구역으로 통행하여야 한다.

③ 보행자는 다음 각 항의 어느 하나에 해당하는 곳에서는 도로의 전부분으로 통행할 수 있다. 이 경우 보행자는 고의로 차마의 진행을 방해하여서는 아니된다.

ㄱ 보도와 차도가 구분되지 아니한 도로 중 중앙선이 없는 도로 (일방통행인 경우에는 차선으로 구분되지 아니한 도로에 한정)

ㄴ 보행자 우선 도로

④ 보행자는 보도에서는 우측통행을 원칙으로 한다.

02. 실외 이동 로봇 운용자의 의무

① 실외 이동 로봇을 운용하는 사람(실외 이동 로봇을 조작·관리하는 사람 포함)은 실외 이동 로봇의 운용 장치와 그 밖의 장치를 정확하게 조작하여야 한다.

② 실외 이동 로봇 운용자는 실외 이동 로봇의 운용 장치를 도로의 교통 상황과 실외 이동 로봇의 구조 및 성능에 따라 차, 노면 전차 또는 다른 사람에게 위험과 장해를 주는 방법으로 운용하여서는 아니 된다.

03. 행렬 등의 통행

1 차도의 우측을 통행하여야 하는 경우(영 제7조)

① 학생의 대열과 그 밖에 보행자의 통행에 지장을 줄 우려가 있다고 인정하는 사람이나 행렬

② 말·소 등의 큰 동물을 몰고 가는 사람

③ 사다리·목재, 그 밖에 보행자의 통행에 지장을 줄 우려가 있는 물건을 운반 중인 사람

④ 도로에서 청소나 보수 등의 작업을 하고 있는 사람

⑤ 기 또는 현수막 등을 휴대한 행렬

⑥ 장의 행렬

2 도로의 중앙을 통행할 수 있는 경우(법 제9조제2항)

행렬 등은 사회적으로 중요한 행사에 따라 시가를 행진하는 경우에는 도로의 중앙을 통행할 수 있다.

04. 보행자의 도로 횡단 (법 제10조 제2항~제5항)

① 보행자는 횡단보도, 지하도·육교나 그 밖의 도로 횡단 시설이 설치되어 있는 도로에서는 그 곳으로 횡단해야 한다. 다만, 지하도나 육교 등의 도로 횡단 시설을 이용할 수 없는 지체 장애인의 경우에는 다른 교통에 방해가 되지 않는 방법으로 도로 횡단 시설을 이용하지 않고 도로를 횡단할 수 있다.

② 횡단보도가 설치되어 있지 않은 도로에서는 가장 짧은 거리로 횡단해야 한다.

③ 보행자는 모든 차와 노면전차의 바로 앞이나 뒤로 횡단하여서는 안 된다. 다만, 횡단보도를 횡단하거나 신호기 또는 경찰 공무원 등의 신호나 지시에 따라 도로를 횡단하는 경우에는 그렇지 않다.

④ 보행자는 안전표지 등에 의하여 횡단이 금지되어 있는 도로의 부분에서는 그 도로를 횡단해서는 안 된다.

제4절 차마의 통행 방법

01. 차마의 통행 구분 (법 제13조)

1 차도 통행의 원칙과 예외(제1항, 제2항)

① 차마의 운전자는 보도와 차도가 구분된 도로에서는 차도를 통행해야 한다. 다만, 도로 외의 곳으로 출입할 때에는 보도를 횡단하여 통행할 수 있다.

② 차마의 운전자는 보도를 횡단하기 직전에 일시정지 하여 좌측 및 우측 부분 등을 살핀 후 보행자의 통행을 방해하지 않도록 횡단해야 한다.

2 우측통행의 원칙 (제3항)

차마의 운전자는 도로(보도와 차도가 구분된 도로에서는 차도)의 중앙(중앙선이 설치되어 있는 경우에는 그 중앙선) 우측 부분을 통행해야 한다.

3 도로의 중앙이나 좌측부분을 통행할 수 있는 경우 (제4항)

① 도로가 일방통행인 경우

② 도로의 파손, 도로 공사나 그 밖의 장애 등으로 도로의 우측 부분을 통행할 수 없는 경우

③ 도로의 우측 부분의 폭이 6m가 되지 않는 도로에서 다른 차를 앞지르려는 경우. 다만, 다음의 경우에는 그렇지 않다.

　㉠ 도로의 좌측 부분을 확인할 수 없는 경우

　㉡ 반대 방향의 교통을 방해할 우려가 있는 경우

　㉢ 안전표지 등으로 앞지르기를 금지하거나 제한하고 있는 경우

④ 도로 우측 부분의 폭이 차마의 통행에 충분하지 않은 경우

⑤ 가파른 비탈길의 구부러진 곳에서 교통의 위험을 방지하기 위하여 시·도 경찰청장이 필요하다고 인정하여 구간 및 통행 방법을 지정하고 있는 경우에 그 지정에 따라 통행하는 경우

02. 차로에 따른 통행

1 차로에 따라 통행할 의무 (법 제14조제2항)

① 차마의 운전자는 차로가 설치되어 있는 도로에서는 특별한 규정이 있는 경우를 제외하고는 그 차로를 따라 통행해야 한다.

② 시·도 경찰청장이 통행 방법을 따로 지정한 경우에는 그 방법으로 통행해야 한다.

2 차로에 따른 통행 구분 (규칙 제16조, 별표9)

① 도로의 중앙에서 오른쪽으로 2이상의 차로(전용차로가 설치되어 운용되고 있는 도로에서는 전용차로를 제외)가 설치된 도로 및 일방통행도로에 있어서 그 차로에 따른 통행차의 기준은 다음의 표와 같다.

도로	차로구분	통행할 수 있는 차종
고속도로 외의 도로	왼쪽 차로	승용 자동차 및 경형·소형·중형 승합 자동차
	오른쪽 차로	대형 승합 자동차, 화물 자동차, 특수 자동차, 건설 기계, 이륜자동차, 원동기 장치 자전거 (개인형 이동장치는 제외)
고속도로	편도 2차로	1차로	앞지르기를 하려는 모든 자동차. 다만, 차량 통행량 증가 등 도로 상황으로 인하여 부득이하게 시속 80킬로미터 미만으로 통행할 수밖에 없는 경우에는 앞지르기를 하는 경우가 아니라도 통행할 수 있다.
		2차로	모든 자동차
	편도 3차로 이상	1차로	앞지르기를 하려는 승용 자동차 및 앞지르기를 하려는 경형·소형·중형 승합자동차. 다만, 차량 통행량 증가 등 도로 상황으로 인하여 부득이하게 시속 80킬로미터 미만으로 통행할 수밖에 없는 경우에는 앞지르기를 하는 경우가 아니라도 통행할 수 있다.
		왼쪽 차로	승용 자동차 및 경형·소형·중형 승합 자동차
		오른쪽 차로	대형 승합 자동차, 화물 자동차, 특수 자동차, 건설 기계

② 모든 차의 운전자는 통행하고 있는 차로에서 느린 속도로 진행하여 다른 차의 정상적인 통행을 방해할 우려가 있는 때에는 그 통행하던 차로의 오른쪽 차로로 통행하여야 한다. (제2항)

③ 차로의 순위는 도로의 중앙선 쪽에 있는 차로부터 1차로로 한다. 다만, 일반통행도로에서는 도로의 왼쪽부터 1차로로 한다. (제3항)

3 전용차로 통행 금지 (법 제15조제3항, 영 제10조, 별표1)

전용 차로로 통행할 수 있는 차가 아닌 차는 전용차로로 통행하여서는 아니 된다. 다만, 다음의 경우에는 그렇지 않다. (영 제10조)

① 긴급 자동차가 그 본래의 긴급한 용도로 운행되고 있는 경우

② 전용차로 통행차의 통행에 장해를 주지 아니하는 범위에서 택시가 승객을 태우거나 내려주기 위하여 일시 통행하는 경우

③ 도로의 파손·공사, 그 밖의 부득이한 장애로 인하여 전용차로가 아니면 통행할 수 없는 경우

전용차로의 종류	통행할 수 있는 차	
	고속도로	고속도로 외의 도로
버스 전용차로	9인승 이상 승용 자동차 및 승합 자동차(승용 자동차 또는 12인승 이하의 승합 자동차는 6명 이상이 승차한 경우로 한정한다)	㉠ 36인승 이상의 대형 승합자동차 ㉡ 36인승 미만의 시내·시외·농어촌 사업용 승합자동차 ㉢ 어린이 통학 버스 (신고필증 교육차에 한함) ㉣ 노선을 지정하여 운행하는 통학·통근용 승합자동차 중 16인승 이상 승합자동차 ㉤ 국제행사 참가인원 수송 등 특히 필요하다고 인정되는 승합자동차 (시·도 경찰청장이 정한 기간 이내로 한정) ㉥ 25인승 이상의 외국인 관광객 수송용 승합자동차 (외국인 관광객이 승차한 경우만 해당)
다인승 전용차로	3명 이상 승차한 승용·승합자동차 (다인승 전용차로와 버스 전용차로가 동시에 설치되는 경우에는 버스 전용차로를 통행할 수 있는 차는 제외)	
자전거 전용차로	자전거 등	

4 차량의 운행 속도 (규칙 제19조)

① 운행 속도 (제1항)

도로 구분		최고 속도	최저 속도
일반 도로	주거 지역·상업 지역 및 공업 지역	매시 50km 이내 (단, 시·도경찰청장이 지정한 노선 구간 : 매시 60km 이내)	－
	이 외의 일반도로	매시 60km 이내 (단, 편도 2차로 이상 : 80km/h)	
자동차 전용 도로		매시 90km	매시 30km
고속도로	편도 1차로	매시 80km	매시 50km
	편도 2차로 이상	매시 100km 승용·승합·화물자동차 (적재중량 1.5톤 이하)	매시 50km
		매시 80km (적재 중량 1.5톤을 초과하는 화물 자동차, 특수 자동차, 위험물 운반 자동차, 건설 기계)	
	경찰청장이 지정·고시한 노선 또는 구간	매시 120km 이내 승용·승합·화물자동차 (적재중량 1.5톤 이하)	매시 50km
		매시 90km (적재중량 1.5톤을 초과하는 화물 자동차, 특수 자동차, 위험물 운반 자동차, 건설 기계)	

② 악천후 시의 감속 운행 속도 (제2항)

최고 속도의 20/100을 감속 운행	최고 속도의 50/100을 감속 운행
㉠ 비가 내려 노면이 젖어있는 경우 ㉡ 눈이 20mm 미만 쌓인 경우	㉠ 폭우·폭설·안개 등으로 가시거리가 100m 이내인 경우 ㉡ 노면이 얼어붙은 경우 ㉢ 눈이 20mm 이상 쌓인 경우

③ 경찰청장 또는 시·도 경찰청장이 가변형 속도 제한 표지로 최고 속도를 정한 경우에는 이에 따라야 하며, 가변형 속도 제한 표지로

정한 최고 속도와 그 밖의 안전표지로 정한 최고 속도가 다를 때에는 가변형 속도 제한 표지에 따라야 한다. (제3항)

03. 안전거리의 확보 등 (법 제19조)

① 모든 차의 운전자는 같은 방향으로 가고 있는 앞차의 뒤를 따르는 경우에는 앞차가 갑자기 정지하게 되는 경우 그 앞차와의 충돌을 피할 수 있는 필요한 거리를 확보해야 한다. (제1항)

② 자동차 등의 운전자는 같은 방향으로 가고 있는 자전거 등의 운전자에 주의하여야 하며, 그 옆을 지날 때에는 자전거 등과의 충돌을 피할 수 있는 필요한 거리를 확보해야 한다. (제2항)

③ 모든 차의 운전자는 차의 진로를 변경하려는 경우에 그 변경하려는 방향으로 오고 있는 다른 차의 정상적인 통행에 장애를 줄 우려가 있을 때는 진로를 변경하여서는 안 된다. (제3항)

④ 모든 차의 운전자는 위험 방지를 위한 경우와 그 밖의 부득이한 경우가 아니면 운전하는 차를 갑자기 정지시키거나 속도를 줄이는 등의 급제동을 하여서는 안 된다. (제4항)

04. 진로 양보의 의무 (법 제20조)

① 모든 차 (긴급 자동차는 제외)의 운전자는 뒤에서 따라오는 차보다 느린 속도로 가려는 경우에는 도로의 우측 가장자리로 피하여 진로를 양보해야 한다. 다만, 통행 구분이 설치된 도로의 경우에는 그렇지 않다. (제1항)

② 좁은 도로에서 긴급 자동차 외의 자동차가 서로 마주보고 진행할 때에는 다음의 각 구분에 따른 자동차가 도로의 우측 가장자리로 피하여 진로를 양보해야 한다. (제2항)

㉠ 비탈진 좁은 도로에서 자동차가 서로 마주보고 진행하는 경우에는 올라가는 자동차

㉡ 비탈진 좁은 도로 외의 좁은 도로에서 사람을 태웠거나 물건을 실은 자동차와 동승자가 없고 물건을 싣지 아니한 자동차가 서로 마주보고 진행하는 경우에는 동승자가 없고 물건을 싣지 아니한 자동차

05. 앞지르기 방법 등 (법 제21조)

1 모든 차의 운전자는 다른 차를 앞지르려면 앞차의 좌측으로 통행해야 한다. (제1항)

2 자전거 등의 운전자는 서행하거나 정지한 다른 차를 앞지르려면 앞차의 우측으로 통행할 수 있다. 이 경우 자전거 등의 운전자는 정지한 차에서 승차하거나 하차하는 사람의 안전에 유의하여 서행하거나 필요한 경우 일시정지 해야 한다. (제2항)

3 앞지르려고 하는 모든 차의 운전자는 다음 사항에 충분히 주의를 기울여야 한다. (제3항)

① 반대 방향의 교통 ② 앞차 앞쪽의 교통 ③ 앞차의 속도·진로

④ 그 밖의 도로 상황에 따라 방향 지시기·등화 또는 경음기를 사용하는 등 안전한 속도와 방법 사용

4 모든 차의 운전자는 앞지르기를 하는 차가 있을 때에는 속도를 높여 경쟁하거나 그 차의 앞을 가로막는 등의 방법으로 앞지르기를 방해해서는 안 된다. (제4항)

5 앞지르기 금지 시기 (법 제22조)

① 앞차를 앞지르지 못하는 경우 (제1항)

㉠ 앞차의 좌측에 다른 차가 앞차와 나란히 가고 있는 경우

㉡ 앞차가 다른 차를 앞지르고 있거나 앞지르려고 하는 경우

② 다른 차를 앞지르지 못하는 경우 (제2항)

㉠ 도로교통법이나 이 법에 따른 명령에 따라 정지하거나 서행하고

있는 차

㉡ 경찰 공무원의 지시에 따라 정지하거나 서행하고 있는 차

㉢ 위험을 방지하기 위하여 정지하거나 서행하고 있는 차

6 앞지르기 금지 장소 (제3항)

모든 차의 운전자는 다음의 어느 하나에 해당하는 곳에서는 다른 차를 앞지르지 못한다.

① 교차로 ② 터널 안 ③ 다리 위

④ 도로의 구부러진 곳, 비탈길의 고갯마루 부근 또는 가파른 비탈길의 내리막 등 시·도 경찰청장이 도로에서의 위험을 방지하고 교통의 안전과 원활한 소통을 확보하기 위하여 필요하다고 인정하는 곳으로서 안전표지로 지정한 곳

06. 철길 건널목의 통과 (법 제24조)

1 일시정지와 안전 확인 (제1항)

① 모든 차 또는 노면전차의 운전자는 철길 건널목(이하 건널목)을 통과하려는 경우에는 건널목 앞에서 일시 정지하여 안전한지 확인한 후에 통과해야 한다.

② 신호기 등이 표시하는 신호에 따르는 경우에는 정지하지 않고 통과할 수 있다.

2 차단기, 경보기에 의한 진입 금지 (제2항)

모든 차 또는 노면전차의 운전자는 건널목의 차단기가 내려져 있거나 내려지려고 하는 경우 또는 건널목의 경보기가 울리고 있는 동안에는 그 건널목으로 들어가서는 안 된다.

3 건널목에서 운행할 수 없게 된 때의 조치 (제3항)

모든 차 또는 노면전차의 운전자는 건널목을 통과하다가 고장 등의 사유로 건널목 안에서 차 또는 노면전차를 운행할 수 없게 된 경우 다음과 같이 조치해야 한다.

① 즉시 승객을 대피시키기

② 비상 신호기 등을 사용하거나 그 밖의 방법으로 철도공무원 또는 경찰공무원에게 그 사실을 알리기

07. 교차로 통행 방법 (법 제25조, 제25조의2)

① 모든 차의 운전자는 교차로에서 우회전을 하려는 경우에는 미리 도로의 우측 가장자리를 서행하면서 우회전해야 한다. 이 경우 우회전하는 차의 운전자는 신호에 따라 정지하거나 진행하는 보행자 또는 자전거 등에 주의해야 한다. (제1항)

② 모든 차의 운전자는 교차로에서 좌회전을 하려는 경우에는 미리 도로의 중앙선을 따라 서행하면서 교차로의 중심 안쪽을 이용하여 좌회전해야 한다. 다만, 시·도 경찰청장이 교차로의 상황에 따라 특히 필요하다고 인정하여 지정한 곳에서는 교차로의 중심 바깥쪽을 통과할 수 있다. (제2항)

③ 자전거 등의 운전자는 교차로에서 좌회전하려는 경우 미리 도로의 우측 가장자리로 붙어 서행하면서 교차로의 가장자리 부분을 이용하여 좌회전해야 한다. (제3항)

④ 우회전이나 좌회전을 하기 위하여 손이나 방향지시기 또는 등화로써 신호를 하는 차가 있는 경우에 그 뒤차의 운전자는 신호를 한 앞차의 진행을 방해해서는 안 된다. (제4항)

⑤ 모든 차 또는 노면전차의 운전자는 신호기로 교통정리를 하고 있는 교차로에 들어가려는 경우에는 진행하려는 진로의 앞쪽에 있는 차 또는 노면전차의 상황에 따라 교차로(정지선이 설치되어 있는 경우에는 그 정지선을 넘은 부분)에 정지하게 되어 다른 차 또는 노면전차의 통행에 방해가 될 우려가 있는 경우에는 그 교차로에 들어가서는 안 된다. (제5항)

⑥ 모든 차의 운전자는 교통정리를 하고 있지 않고 일시정지나 양보를 표시하는 안전표지가 설치되어 있는 교차로에 들어가려고 할 때에는 다른 차의 진행을 방해하지 않도록 일시정지거나 양보해야 한다. (제6항)

⑦ 교통정리가 없는 교차로에서의 양보 운전(법 제26조)
　　㉠ 이미 교차로에 들어가 있는 다른 차가 있을 때에는 그 차에 진로를 양보해야 한다. (제1항)
　　㉡ 통행하고 있는 도로의 폭보다 교차하는 도로의 폭이 넓은 경우에는 서행해야 하며, 폭이 넓은 도로로부터 교차로에 들어가려고 하는 다른 차가 있을 때는 그 차에 진로를 양보해야 한다. (제2항)
　　㉢ 우선순위가 같은 차가 동시에 들어가려고 하는 경우에는 우측도로의 차에 진로를 양보해야 한다. (제3항)
　　㉣ 좌회전하고자 하는 차의 운전자는 그 교차로에서 직진하거나 우회전하려는 다른 차가 있을 때는 그 차에 진로를 양보해야 한다. (제4항)

⑧ 회전교차로 통행방법(제25조의2)
　　㉠ 모든 차의 운전자는 회전교차로에서는 반시계방향으로 통행하여야 한다.
　　㉡ 모든 차의 운전자는 회전교차로에 진입하려는 경우에는 서행하거나 일시정지하여야 하며, 이미 진행하고 있는 다른 차가 있는 때에는 그 차에 진로를 양보하여야 한다.
　　㉢ ㉠ 및 ㉡에 따라 회전교차로 통행을 위하여 손이나 방향지시기 또는 등화로써 신호를 하는 차가 있는 경우 그 뒤차의 운전자는 신호를 한 앞차의 진행을 방해하여서는 아니 된다.

08. 보행자의 보호(법 제27조)

① 모든 차 또는 노면 전차의 운전자는 보행자가 횡단보도를 통행하고 있거나 통행하려고 하는 때에는 보행자의 횡단을 방해하거나 위험을 주지 않도록 그 횡단보도 앞에서 일시정지해야 한다.

② 모든 차 또는 노면 전차의 운전자는 교통정리를 하고 있는 교차로에서 좌회전이나 우회전을 하려는 경우에는 신호기 또는 경찰 공무원 등의 신호나 지시에 따라 도로를 횡단하는 보행자의 통행을 방해해서는 안 된다.

③ 모든 차의 운전자는 교통정리를 하고 있지 않은 교차로 또는 그 부근의 도로를 횡단하는 보행자의 통행을 방해해서는 안 된다.

④ 모든 차의 운전자는 도로에 설치된 안전지대에 보행자가 있는 경우와 차로가 설치되지 않은 좁은 도로에서 보행자의 옆을 지나는 경우 안전한 거리를 두고 서행해야 한다.

⑤ 모든 차 또는 노면 전차의 운전자는 보행자가 횡단보도가 설치되어 있지 않은 도로를 횡단하고 있을 때는 안전거리를 두고 일시정지하여 보행자가 안전하게 횡단할 수 있도록 해야 한다.

⑥ 모든 차 또는 노면 전차의 운전자는 다음 각 항의 어느 하나에 해당하는 곳에서 보행자의 옆을 지나는 경우에는 안전한 거리를 두고 서행하여야 하며, 보행자의 통행에 방해가 될 때에는 서행하거나 일시정지하여 보행자가 안전하게 통행할 수 있도록 하여야 한다.
　　㉠ 보도와 차도가 구분되지 아니한 도로 중 중앙선이 없는 도로
　　㉡ 보행자 우선 도로　　㉢ 도로 외의 곳

⑦ 모든 차 또는 노면전차의 운전자는 어린이 보호구역 내에 설치된 횡단보도 중 신호기가 설치되지 아니한 횡단보도 앞(정지선이 설치된 경우에는 그 정지선)에서는 보행자의 횡단 여부와 관계없이 일시정지하여야 한다.

09. 긴급 자동차의 우선 및 특례

1 긴급 자동차의 우선 통행(법 제29조)
긴급 자동차는 긴급하고 부득이한 경우에는 다음과 같이 통행할 수 있다.

① 도로의 중앙이나 좌측 부분을 통행할 수 있다. (제1항)
② 정지하여야 하는 경우에도 불구하고 긴급하고 부득이한 경우에는 정지하지 않을 수 있다. 이 경우 교통의 안전에 특히 주의하면서 통행해야 한다. (제2항, 제3항)

2 긴급 자동차에 대한 특례(법 제30조)
긴급 자동차에 대하여는 다음을 적용하지 아니한다.
① 자동차 등의 속도제한. 다만, 긴급 자동차에 대해 속도를 규정한 경우에는 적용한다.
② 앞지르기의 금지
③ 끼어들기의 금지

3 긴급 자동차가 접근할 때의 피양 방법(법 제29조)
① 교차로나 그 부근에서 긴급 자동차가 접근하는 경우에는 교차로를 피하여 일시 정지해야 한다. (제4항)
② 교차로나 그 부근 외의 곳에서 긴급 자동차가 접근한 경우에는 긴급 자동차가 우선 통행할 수 있도록 진로를 양보해야 한다. (제5항)
③ 긴급 자동차의 운전자는 긴급 자동차를 그 본래의 긴급한 용도로 운행하지 아니하는 경우에는 경광등을 켜거나, 사이렌을 작동해서는 안 된다. 다만, 범죄 및 화재 예방 등을 위한 순찰·훈련 등을 실시하는 경우에는 제외한다. (제6항)

10. 서행 또는 일시정지 할 장소(법 제31조)

1 서행할 장소(제1항)
① 교통정리를 하고 있지 않은 교차로
② 도로가 구부러진 부근
③ 비탈길의 고갯마루 부근
④ 가파른 비탈길의 내리막
⑤ 시·도 경찰청장이 도로에서의 위험을 방지하고 교통의 안전과 원활한 소통을 확보하기 위해 필요하다고 인정하여 안전표지로 지정한 곳

2 일시정지 할 장소(제2항)
① 교통정리를 하고 있지 않고 좌우를 확인할 수 없거나 교통이 빈번한 교차로
② 시·도 경찰청장이 도로에서의 위험을 방지하고 교통의 안전과 원활한 소통을 확보하기 위해 필요하다고 인정하여 안전표지로 지정한 곳

11. 정차 및 주차(법 제32조)

1 정차 및 주차 금지 장소(제1항)
모든 차의 운전자는 다음의 어느 하나에 해당하는 곳에서는 차를 정차하거나 주차해서는 안 된다. 다만, 법에 따른 명령 또는 경찰 공무원의 지시에 따르는 경우와 위험 방지를 위하여 일시정지 하는 경우에는 그렇지 않다.
① 교차로·횡단보도·건널목이나 보도와 차도가 구분된 도로의 보도(주차장법에 따라 차도와 보도에 걸쳐서 설치된 노상 주차장은 제외)
② 교차로의 가장자리 또는 도로의 모퉁이로부터 5m 이내인 곳
③ 안전지대가 설치된 도로에서는 그 안전지대의 사방으로부터 각각 10m 이내인 곳
④ 버스 여객 자동차의 정류지임을 표시하는 기둥이나 표지판 또는 선이 설치된 곳으로부터 10m 이내인 곳. 다만, 버스 여객 자동차의 운전자가 그 버스 여객 자동차의 운행 시간 중에 운행 노선에 따르는 정류장에서 승객을 태우거나 내리기 위하여 차를 정차하거나 주차하는 경우에는 그렇지 않다.
⑤ 건널목의 가장자리 또는 횡단보도로부터 10m 이내인 곳
⑥ 다음의 각 장소로부터 5m 이내인 곳
　　㉠ 소방용수시설 또는 비상 소화 장치가 설치된 곳

ⓛ 소방시설로서 대통령령으로 정하는 시설이 설치된 곳
⑦ 시·도 경찰청장이 도로에서의 위험을 방지하고 교통의 안전과 원활한 소통을 확보하기 위해 필요하다고 인정하여 지정한 곳
⑧ 시장 등이 어린이 보호구역으로 지정한 곳

❷ 주차 금지 장소 (법 제33조)

모든 차의 운전자는 다음의 어느 하나에 해당하는 곳에서 차를 주차해서는 안 된다.
① 터널 안 및 다리 위
② 다음의 각 곳으로부터 5m 이내인 곳
  ㉠ 도로공사를 하고 있는 경우에는 그 공사 구역의 양쪽 가장자리
  ㉡ 다중이용업소의 영업장이 속한 건축물로 소방본부장의 요청에 의하여 시·도 경찰청장이 지정한 곳
③ 시·도 경찰청장이 도로에서의 위험을 방지하고 교통의 안전과 원활한 소통을 확보하기 위해 필요하다고 인정하여 지정한 곳

12. 차와 노면 전차의 등화

❶ 밤에 켜야 할 등화 (영 제19조제1항)
① 자동차 : 자동차 안전 기준에서 정하는 전조등, 미등, 번호등과 실내 조명등 (실내 조명등은 승합자동차와 여객자동차운수사업법에 따른 여객자동차운송사업용 승용 자동차만 해당)
② 원동기 장치 자전거 : 전조등 및 미등
③ 견인되는 차 : 미등·차폭등 맞 번호등
④ 노면전차 : 전조등, 차폭등, 미등 및 실내조명등
⑤ 그 외의 차 : 시·도 경찰청장이 정하여 고시하는 등화

❷ 도로에서 정차하거나 주차할 때 켜야 하는 등화 (제2항)
① 자동차(이륜자동차는 제외) : 자동차 안전 기준에서 정하는 미등 및 차폭등
② 이륜자동차 및 원동기 장치 자전거 : 미등(후부 반사기를 포함)
③ 노면전차 : 차폭등 및 미등
④ 그 외의 차 : 시·도 경찰청장이 정하여 고시하는 등화

❸ 등화를 켜야 하는 시기 (법 제37조제1항)
① 밤 (해가 진 후 부터 해가 뜨기 전까지)에 도로에서 차 또는 노면 전차를 운행하거나 고장이나 그 밖의 부득이한 사유로 도로에서 차를 정차 또는 주차시키는 경우
② 안개가 끼거나 비 또는 눈이 올 때에 도로에서 차 또는 노면 전차를 운행하거나 고장이나 그 밖의 부득이한 사유로 도로에서 차 또는 노면 전차를 정차 또는 주차하는 경우
③ 터널 안을 운행하거나 고장 또는 그 밖의 부득이한 사유로 터널 안 도로에서 차 또는 노면 전차를 정차 또는 주차하는 경우
※ 차의 신호 : 모든 차의 운전자는 좌회전·우회전·횡단·유턴·서행·정지 또는 후진을 하거나 같은 방향으로 진행하면서 진로를 바꾸려고 하는 경우와 회전교차로에 진입하거나 회전교차로에서 진출하는 경우에는 손이나 방향지시기 또는 등화로써 그 행위가 끝날 때까지 신호를 하여야 한다. (법 제38조제1항)

❹ 밤에 마주보고 진행하는 경우의 등화 조작 (영 제20조)
① 밤에 차가 서로 마주보고 진행하는 경우(제1항제1호)
  ㉠ 전조등의 밝기 줄이기
  ㉡ 불빛의 방향을 아래로 향하기
  ㉢ 잠시 전조등 끄기(도로의 상황으로 보아 마주보고 진행하는 차 또는 노면 전차의 교통을 방해할 우려가 없는 경우는 제외)
② 앞의 차 또는 노면 전차의 바로 뒤를 따라가는 경우(제2호)
  ㉠ 전조등 불빛의 방향을 아래로 향하게 하기
  ㉡ 전조등 불빛의 밝기를 함부로 조작하여 앞의 차 또는 노면 전차의 운전을 방해하지 않을 것

❺ 모든 차 또는 노면 전차의 운전자는 교통이 빈번한 곳에서 운행할 때에는 전조등 불빛의 방향을 계속 아래로 유지해야 한다. 다만, 시·도 경찰청장이 교통의 안전과 원활한 소통을 확보하기 위해 필요하다고 인정하여 지정한 지역에서는 그렇지 않다. (영 제20조제2항)

13. 신호의 시기 및 방법 (영 제21조, 별표2)

신호를 하는 경우	신호를 하는 시기
좌회전·횡단·유턴 또는 같은 방향으로 진행하면서 진로를 왼쪽으로 바꾸려는 때	그 행위를 하려는 지점(좌회전할 경우에는 그 교차로의 가장자리)에 이르기 전 30미터(고속도로에서는 100미터) 이상의 지점에 이르렀을 때
우회전 또는 같은 방향으로 진행하면서 진로를 오른쪽으로 바꾸려는 때	그 행위를 하려는 지점(우회전할 경우에는 그 교차로의 가장자리)에 이르기 전 30미터(고속도로에서는 100미터) 이상의 지점에 이르렀을 때
정지할 때	그 행위를 하려는 때
후진할 때	그 행위를 하려는 때
뒤차에게 앞지르기를 시키려는 때	그 행위를 시키려는 때
서행할 때	그 행위를 하려는 때
회전교차로에 진입하려는 때	그 행위를 하려는 지점에 이르기 전 30미터 이상의 지점에 이르렀을 때
회전교차로에서 진출하려는 때	그 행위를 하려는 때

제5절 운전자, 고용주 등의 의무

01. 운전자의 금지 (법 제43조부터 제46조의3 까지)
① 무면허 운전 등의 금지
② 술에 취한 상태(혈중알코올농도가 0.03% 이상)에서의 운전 금지
③ 과로, 질병 또는 약물 등 정상적인 운전이 불가능한 때의 운전 금지
④ 공동 위험 행위의 금지 : 도로에서 2명 이상이 공동으로 2대 이상의 자동차 등을 정당한 사유 없이 앞뒤로 또는 좌우로 줄지어 통행하면서 다른 사람에게 위해를 끼치거나 교통상의 위험을 발생하게 하는 행위의 금지
⑤ 교통단속용 장비의 기능 방해 금지
⑥ 난폭 운전 금지

02. 운전자의 준수 사항 (법 제49조제1항)
모든 차 또는 노면 전차의 운전자는 다음 사항을 지켜야 한다.

❶ 물이 고인 곳을 운행하는 때에는 고인 물을 튀게 하여 다른 사람에게 피해를 주는 일이 없도록 할 것

❷ 다음의 어느 하나에 해당하는 때에는 일시정지할 것
① 어린이가 보호자 없이 도로를 횡단하는 때, 어린이가 도로에 앉아 있거나 서 있을 때 또는 어린이가 도로에서 놀이를 할 때 등 어린이에 대한 교통사고의 위험이 있는 것을 발견한 경우
② 앞을 보지 못하는 사람이 흰색 지팡이를 가지거나 장애인보조견을 동반하는 등의 조치를 하고 도로를 횡단하고 있는 경우
③ 지하도나 육교 등 도로 횡단시설을 이용할 수 없는 지체장애인이나 노인 등이 도로를 횡단하고 있는 경우

❸ 자동차의 앞면 창유리와 운전석 좌우 옆면 창유리의 가시광선의 투과율이 대통령령으로 정하는 기준보다 낮아 교통안전 등에 지장을 줄 수 있는 차를 운전하지 않을 것. (요인 경호용, 구급용 및 장의용 자동차는 제외)

🚗 **대통령령이 정하는 자동차 창유리 가시광선 투과율의 금지 기준(영 제28조)**
앞면 창유리 : 70% 미만 / 운전석 좌우 옆면 창유리 : 40% 미만

4 교통 단속용 장비의 기능을 방해하는 장치를 한 차나 그 밖에 안전 운전에 지장을 줄 수 있는 것으로서 행정안전부령으로 정하는 기준에 적합하지 않은 장치를 한 차를 운전하지 않을 것. (다만 자율 주행 자동차의 신기술 개발을 위한 장치를 장착하는 경우는 제외)

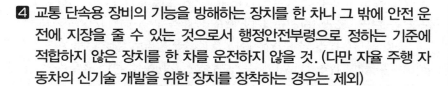
행정안전부령이 정하는 기준에 적합하지 않은 장치(규칙 제29조)
㉠ 경찰관서에서 사용하는 무전기와 동일한 주파수의 무전기
㉡ 긴급 자동차가 아닌 자동차에 부착된 경광등, 사이렌 또는 비상등
㉢ 자동차 및 자동차 부품의 성능과 기준에 관한 규칙에서 정하지 아니한 것으로서 안전 운전에 현저히 장애가 될 정도의 장치

5 도로에서 자동차 등(개인형 이동장치는 제외) 또는 노면전차를 세워둔 채 시비·다툼 등의 행위를 하여 다른 차마의 통행을 방해하지 않을 것

6 운전자가 차 또는 노면전차를 떠나는 경우에는 교통사고를 방지하고 다른 사람이 함부로 운전하지 못하도록 필요한 조치를 할 것

7 운전자는 안전을 확인하지 않고 차 또는 노면전차의 문을 열거나 내려서는 안 되며, 동승자가 교통의 위험을 일으키지 않도록 필요한 조치를 할 것

8 운전자는 정당한 사유 없이 다음의 어느 하나에 해당하는 행위를 하여 다른 사람에게 피해를 주는 소음을 발생시키지 않을 것
① 자동차 등을 급히 출발시키거나 속도를 급격히 높이는 행위
② 자동차 등의 원동기의 동력을 차의 바퀴에 전달시키지 아니하고 원동기의 회전수를 증가시키는 행위
③ 반복적이거나 연속적으로 경음기를 울리는 행위

9 운전자는 승객이 차 안에서 안전 운전에 현저히 장해가 될 정도로 춤을 추는 등 소란 행위를 하도록 내버려두고 차를 운행하지 않을 것

10 운전자는 자동차 등 또는 노면전차의 운전 중에는 휴대용 전화(자동차용 전화를 포함)를 사용하지 않을 것. 다만, 다음의 어느 하나에 해당하는 경우에는 그렇지 않다.
① 자동차 등 또는 노면전차가 정지하고 있는 경우
② 긴급 자동차를 운전하는 경우
③ 각종 범죄 및 재해 신고 등 긴급한 필요가 있는 경우
④ 안전 운전에 장애를 주지 아니하는 장치로서 손으로 잡지 않고도 휴대용 전화(자동차용 전화를 포함)를 사용할 수 있도록 해 주는 장치를 이용하는 경우

11 자동차 등 또는 노면전차의 운전 중에는 방송 등 영상물을 수신하거나 재생하는 장치(운전자가 휴대하는 것을 포함, 이하 영상 표시 장치)를 통하여 운전자가 운전 중 볼 수 있는 위치에 영상이 표시되지 않도록 할 것. 다만, 다음의 어느 하나에 해당하는 경우에는 그렇지 않다.
① 자동차 등 또는 노면전차가 정지하고 있는 경우
② 자동차 등 또는 노면전차에 장착하거나 거치하여 놓은 영상 표시 장치에 다음의 영상이 표시되는 경우
㉠ 지리 안내 영상 또는 교통 정보 안내 영상
㉡ 국가 비상사태·재난 상황 등 긴급한 상황을 안내하는 영상
㉢ 운전을 할 때 자동차 등 또는 노면전차의 좌우 또는 전후방을 볼 수 있도록 도움을 주는 영상

12 자동차 등 또는 노면전차의 운전 중에는 영상 표시 장치를 조작하지 않을 것. 다만, 다음의 어느 하나에 해당하는 경우에는 그렇지 않다.
① 자동차 등과 노면전차가 정지하고 있는 경우
② 노면전차 운전자가 운전에 필요한 영상 표시 장치를 조작하는 경우

13 운전자는 자동차의 화물 적재함에 사람을 태우고 운행하지 않을 것

14 그 밖에 시·도 경찰청장이 교통안전과 교통질서 유지에 필요하다고 인정하여 지정·공고한 사항에 따를 것

03. 특정 운전자의 준수 사항 (법 제50조, 규칙 제31조)

자동차(이륜자동차는 제외)를 운전하는 때에는 좌석 안전띠를 매야 하며, 모든 좌석의 동승자에게도 좌석 안전띠(영유아인 경우에는 유아 보호용 장구를 장착한 후의 좌석 안전띠)를 매도록 해야 한다. 다만, 질병 등으로 인하여 좌석 안전띠를 매는 것이 곤란하거나 다음의 사유가 있는 경우에는 그렇지 않다.
① 부상·질병·장애 또는 임신 등으로 인하여 좌석 안전띠의 착용이 적당하지 않다고 인정되는 자가 자동차를 운전하거나 승차하는 때
② 자동차를 후진시키기 위하여 운전하는 때
③ 신장·비만, 그 밖의 신체의 상태에 의하여 좌석 안전띠의 착용이 적당하지 않다고 인정되는 자가 자동차를 운전하거나 승차하는 때
④ 긴급 자동차가 그 본래의 용도로 운행되고 있는 때
⑤ 경호 등을 위한 경찰용 자동차에 의하여 호위되거나 유도되고 있는 자동차를 운전하거나 승차하는 때
⑥ 국민 투표 운동·선거 운동 및 국민 투표·선거 관리 업무에 사용되는 자동차를 운전하거나 승차하는 때
⑦ 우편물의 집배, 폐기물의 수집 그 밖에 빈번히 승강하는 것을 필요로 하는 업무에 종사하는 자가 해당 업무를 위하여 자동차를 운전하거나 승차하는 때
⑧ 여객자동차운수사업법에 의한 여객자동차운송사업용 자동차의 운전자가 승객의 주취·약물 복용 등으로 좌석 안전띠를 매도록 할 수 없거나 승객에게 좌석 안전띠 착용을 안내하였음에도 불구하고 승객이 착용하지 않는 때

04. 어린이 통학 버스의 특별 보호 (법 제51조)

① 어린이 통학 버스가 도로에 정차하여 어린이나 영유아가 타고 내리는 중임을 표시하는 점멸등 등의 장치를 작동 중일 때에는 어린이 통학버스가 정차한 차로와 그 차로의 바로 옆 차로로 통행하는 차의 운전자는 어린이 통학 버스에 이르기 전에 일시정지하여 안전을 확인한 후 서행해야 한다. (제1항)
② 중앙선이 설치되지 않은 도로와 편도 1차로인 도로에서는 반대 방향에서 진행하는 차의 운전자도 어린이 통학 버스에 이르기 전에 일시정지하여 안전을 확인한 후 서행해야 한다. (제2항)
③ 모든 차의 운전자는 어린이나 영유아를 태우고 있다는 표시를 한 상태로 도로를 통행하는 어린이 통학 버스를 앞지르지 못한다. (제3항)

05. 사고 발생 시의 조치 (법 제54조)

1 차 또는 노면 전차의 운전 등 교통으로 인하여 사람을 사상하거나 물건을 손괴(이하 교통사고)한 경우에는 그 차 또는 노면 전차의 운전자나 그 밖의 승무원(이하 운전자 등)은 즉시 정차하여 다음의 각 조치를 해야 한다. (제1항)
① 사상자를 구호하는 등 필요한 조치
② 피해자에게 인적 사항(성명·전화번호·주소 등) 제공

2 그 차 또는 노면 전차의 운전자 등은 경찰 공무원이 현장에 있을 때에는 그 경찰 공무원에게, 경찰 공무원이 현장에 없을 때는 가장 가까운 국가경찰관서(지구대·파출소 및 출장소 포함)에 다음의 각 사항을 지체 없이 신고해야 한다. 다만, 차 또는 노면전차만 손괴된 것이 분명하고 도로에서의 위험 방지와 원활한 소통을 위해 필요한 조치를 한 경우는 제외한다. (제2항)
① 사고가 일어난 곳
② 사상자 수 및 부상 정도
③ 손괴한 물건 및 손괴 정도
④ 그 밖의 조치 사항 등

❸ 고장 자동차의 표지(규칙 제40조)

① 자동차의 운전자는 고장이나 그 밖의 사유로 고속도로 또는 자동차 전용 도로(이하 고속도로 등)에서 자동차를 운행할 수 없게 되었을 때는 다음 각 호의 표지를 설치하여야 한다.

ㄱ 안전 삼각대

ㄴ 사방 500미터 지점에서 식별할 수 있는 적색의 섬광 신호 · 전기 제등 또는 불꽃 신호. 다만, 밤에 고장이나 그 밖의 사유로 고속 도로 등에서 자동차를 운행할 수 없게 되었을 때로 한정한다.

② 자동차의 운전자는 ①에 따른 표지를 설치하는 경우 그 자동차의 후방에서 접근하는 자동차의 운전자가 확인할 수 있는 위치에 설치 해야 한다.

제6절 고속도로 등 통행 방법

01. 갓길 통행 금지 등(법 제60조)

① 자동차의 운전자는 고속도로 등에서 자동차의 고장 등 부득이한 사 정이 있는 경우를 제외하고는 행정안전부령으로 정하는 차로에 따 라 통행해야 하며, 갓길(「도로법」에 따른 길어깨)로 통행해서는 안 된다. 다만, 다음의 어느 하나에 해당하는 경우에는 그렇지 않다.

ㄱ 긴급 자동차와 고속도로 등의 보수 · 유지 등의 작업을 하는 자동 차를 운전하는 경우

ㄴ 차량 정체 시 신호기 또는 경찰 공무원 등의 신호나 지시에 따라 갓길에서 자동차를 운전하는 경우

② 자동차의 운전자는 고속도로에서 다른 차를 앞지르려면 방향 지시 기, 등화 또는 경음기를 사용하여 행정안전부령으로 정하는 차로로 안전하게 통행해야 한다.

02. 횡단·통행 등의 금지 등(법 제62조, 제63조)

① 자동차의 운전자는 그 차를 운전하여 고속도로 등을 횡단하거나 유 턴 또는 후진해서는 안 된다. 다만, 긴급 자동차 또는 도로의 보 수 · 유지 등의 작업을 하는 자동차 가운데 고속도로 등에서의 위험 을 방지 · 제거하거나 교통사고에 대한 응급 조치 작업을 위한 자동 차로서 그 목적을 위하여 반드시 필요한 경우에는 그렇지 않다.

② 자동차(이륜자동차는 긴급 자동차만 해당) 외의 차마의 운전자 또 는 보행자는 고속도로 등을 통행하거나 횡단해서는 안 된다.

03. 정차 및 주차의 금지(법 제64조)

자동차의 운전자는 고속도로 등에서 차를 정차 또는 주차시켜서는 안 된다. 다만, 다음의 어느 하나에 해당하는 경우에는 그렇지 않다.

① 법령의 규정 또는 경찰 공무원의 지시에 따르거나 위험을 방지하기 위하여 일시 정차 또는 주차시키는 경우

② 정차 또는 주차할 수 있도록 안전표지를 설치한 곳이나 정류장에서 정차 또는 주차시키는 경우

③ 고장이나 그 밖의 부득이한 사유로 길 가장자리 구역(갓길 포함)에 정차 또는 주차시키는 경우

④ 통행료를 내기 위해 통행료를 받는 곳에서 정차하는 경우

⑤ 도로의 관리자가 고속도로 등을 보수 · 유지 또는 순회하기 위해 정 차 또는 주차시키는 경우

⑥ 경찰용 긴급 자동차가 고속도로 등에서 범죄 수사, 교통 단속이나 그 밖의 경찰 임무를 수행하기 위해 정차 또는 주차시키는 경우

⑦ 소방차가 고속도로 등에서 화재 진압 및 인명 구조 · 구급 등 소방 활동, 소방 지원 활동 및 생활 안전 활동을 수행하기 위해 정차 또

는 주차시키는 경우

⑧ 경찰용 긴급 자동차 및 소방차를 제외한 긴급 자동차가 사용 목적을 달성하기 위해 정차 또는 주차시키는 경우

⑨ 교통이 밀리거나 그 밖의 부득이한 사유로 움직일 수 없을 때에 고 속도로 등의 차로에 일시 정차 또는 주차시키는 경우

04. 고속도로 등에서의 준수 사항(법 제67조)

고속도로 등을 운행하는 자동차의 운전자는 교통의 안전과 원활한 소통 을 확보하기 위하여 고장 자동차의 표지를 항상 비치하며, 고장이나 그 밖의 부득이한 사유로 자동차를 운행할 수 없게 되었을 때는 자동차를 도로의 우측 가장자리에 정지시키고 그 표지를 설치해야 한다.

제7절 교통안전 교육

01. 특별 교통안전 의무 교육 대상(법 제73조제2항)

❶ 운전면허취소 처분을 받은 사람으로서 운전면허를 다시 받으려는 사람

※ 다음의 경우에 해당하여 운전면허취소 처분을 받은 사람은 제외

① 적성(정기, 수시) 검사를 받지 아니하거나 불합격한 경우(법 제93 조제1항제9호)

② 운전면허를 실효시킬 목적으로 자진하여 운전면허를 반납하는 경우 (제20호)

❷ 다음의 경우에 해당하여 운전면허효력정지 처분을 받게 되거나 받은 사람으로서 그 정지 기간이 끝나지 않은 사람

① 술에 취한 상태에서 자동차 등을 운전한 경우(법 제93조제1항제1호)

② 공동 위험 행위를 한 경우(제5호)

③ 난폭 운전을 한 경우(제5의2)

④ 운전 중 고의 또는 과실로 교통사고를 일으킨 경우(제10호)

⑤ 자동차 등을 이용하여 특수 상해 · 특수 폭행 · 특수 협박 또는 특수 손괴를 위반하는 행위를 한 경우(제10의2)

❸ 운전면허취소 처분 또는 운전면허효력정지 처분(❷의 ①~⑤까지 위 반자)이 면제된 사람으로서 면제된 날부터 1개월이 지나지 않은 사람

❹ 운전면허효력정지 처분을 받게 되거나 받은 초보 운전자로서 그 정지 기간이 끝나지 않은 사람

❺ 어린이 보호 구역에서 운전 중 어린이를 사상하는 사고를 유발하여 벌점을 받은 날부터 1년 이내의 사람

02. 특별 교통안전 교육(영 제38조)

❶ 특별 교통안전 의무 교육 및 특별 교통안전 권장 교육은 다음의 각 사 항에 대하여 강의 · 시청각 교육 또는 현장 체험 교육 등의 방법으로 3시간 이상 48시간 이하로 각각 실시한다. (제2항)

① 교통질서

② 교통사고와 그 예방

③ 안전 운전의 기초

④ 교통 법규와 안전

⑤ 운전면허 및 자동차 관리

⑥ 그 밖에 교통안전의 확보를 위하여 필요한 사항

❷ 특별 교통안전 의무 교육 및 특별 교통안전 권장 교육은 도로교통공 단에서 실시한다. (제3항)

03. 특별 교통안전 의무 교육의 연기(제5항)

01의 **❷~❺**까지의 규정에 해당하는 사람이 다음의 어느 하나에 해당 하는 사유로 특별 교통안전 의무 교육을 받을 수 없을 때에는 특별 교

통안전 의무 교육 연기 신청서에 그 연기 사유를 증명할 수 있는 서류를 첨부하여 경찰서장에게 제출해야 한다. 이 경우 특별 교통안전 의무 교육을 연기 받은 사람은 그 사유가 없어진 날부터 30일 이내에 특별교통안전 의무 교육을 받아야 한다.
① 질병이나 부상으로 인하여 거동이 불가능한 경우
② 법령에 따라 신체의 자유를 구속당한 경우
③ 그 밖에 부득이하다고 인정할 만한 상당한 이유가 있는 경우

04. 특별 교통안전 권장 교육 (법 제73조제3항)

다음의 어느 하나에 해당하는 사람이 시·도 경찰청장에게 신청하는 경우에는 특별 교통안전 권장 교육을 받을 수 있다. 이 경우 권장 교육을 받기 전 1년 이내에 해당 교육을 받지 않은 사람에 한정한다.
① 교통법규 위반 등 위 앞의 01의 ❷~❹에 따른 사유 외의 사유로 인하여 운전면허효력정지 처분을 받게 되거나 받은 사람
② 교통 법규 위반 등으로 인하여 운전면허효력정지 처분을 받을 가능성이 있는 사람
③ 특별 교통안전 의무 교육을 받은 사람
④ 운전면허를 받은 사람 중 교육을 받으려는 날에 65세 이상인 사람

제8절 운전면허

01. 운전면허 종별에 따라 운전할 수 있는 차량 (규칙 제53조, 별표18)

운전면허		운전할 수 있는 차량
종별	구분	
제1종	대형 면허	① 승용 자동차 ② 승합자동차 ③ 화물 자동차 ④ 건설 기계 ㉠ 덤프 트럭, 아스팔트 살포기, 노상 안정기 ㉡ 콘크리트믹서 트럭, 콘크리트 펌프, 천공기(트럭 적재식) ㉢ 콘크리트믹서 트레일러, 아스팔트콘크리트 재생기 ㉣ 도로보수 트럭, 3톤 미만의 지게차 ⑤ 특수 자동차 (대형 견인차, 소형 견인차 및 구난차는 제외) ⑥ 원동기 장치 자전거
	보통 면허	① 승용 자동차 ② 승차 정원 15명 이하의 승합자동차 ③ 적재 중량 12톤 미만의 화물 자동차 ④ 건설 기계 (도로를 운행하는 3톤 미만의 지게차로 한정) ⑤ 총중량 10톤 미만의 특수 자동차 (구난차 등은 제외) ⑥ 원동기 장치 자전거
	소형 면허	① 3륜 화물 자동차 ② 3륜 승용 자동차 ③ 원동기 장치 자전거
	특수면허 대형 견인차	① 견인형 특수 자동차 ② 제2종 보통 면허로 운전할 수 있는 차량
	특수면허 소형 견인차	① 총중량 3.5톤 이하의 견인형 특수 자동차 ② 제2종 보통 면허로 운전할 수 있는 차량
	특수면허 구난차	① 구난형 특수 자동차 ② 제2종 보통 면허로 운전할 수 있는 차량
제2종	보통면허	① 승용자동차 ② 승차정원 10명 이하의 승합자동차 ③ 적재중량 4톤 이하의 화물자동차 ④ 총중량 3.5톤 이하의 특수자동차(구난차등은 제외한다) ⑤ 원동기장치자전거
	소형면허	① 이륜자동차(측차부를 포함한다) ② 원동기 장치 자전거
	원동기 장치 자전거 면허	원동기 장치 자전거

02. 운전면허를 받을 수 없는 사람 (법 제82조, 영 제42조)

① 18세 미만(원동기 장치 자전거의 경우에는 16세 미만)인 사람
② 교통상의 위험과 장해를 일으킬 수 있는 정신 질환자 또는 뇌전증 환자로서 대통령령으로 정하는 사람
③ 듣지 못하는 사람(제1종 운전면허 중 대형 면허·특수 면허만 해당), 앞을 보지 못하는 사람(한쪽 눈만 보지 못하는 사람의 경우에는 제1종 운전면허 중 대형 면허·특수 면허만 해당)이나 그 밖에 대통령령으로 정하는 신체장애인
④ 양쪽 팔의 팔꿈치관절 이상을 잃은 사람이나 양쪽 팔을 전혀 쓸 수 없는 사람. 다만, 본인의 신체장애 정도에 적합하게 제작된 자동차를 이용하여 정상적인 운전을 할 수 있는 경우에는 그렇지 않다.
⑤ 교통상의 위험과 장해를 일으킬 수 있는 마약·대마·향정신성 의약품 또는 알코올 중독자로서 대통령령으로 정하는 사람
⑥ 제1종 대형 면허 또는 제1종 특수 면허를 받으려는 경우로서 19세 미만이거나 자동차(이륜자동차는 제외)의 운전 경험이 1년 미만인 사람
⑦ 대한민국의 국적을 가지지 않은 사람 중 외국인 등록을 하지 않은 사람(외국인 등록이 면제된 사람은 제외)이나 국내 거소 신고를 하지 않은 사람

03. 응시 제한 기간 (법 제82조제2항)

제한 기간	사유
운전면허가 취소된 날부터 5년간	주취 중 운전, 과로 운전, 공동 위험 행위 운전(무면허 운전 또는 운전면허 결격 기간 중 운전 위반 포함)으로 사람을 사상한 후 구호 및 신고 조치를 하지 않아 취소된 경우
	주취 중 운전 (무면허 운전 또는 운전면허 결격 기간 중 운전 포함)으로 사람을 사망에 이르게 하여 취소된 경우
운전면허가 취소된 날부터 4년간	무면허 운전, 주취 중 운전, 과로 운전, 공동 위험 행위 운전 외의 다른 사유로 사람을 사상한 후 구호 및 신고 조치를 하지 않아 취소된 경우
그 위반한 날부터 3년간	• 주취 중 운전 (무면허 운전 또는 운전면허 결격 기간 중 운전을 위반한 경우 포함)을 하다가 2회 이상 교통사고를 일으켜 운전면허가 취소된 경우 • 자동차를 이용하여 범죄 행위를 하거나 다른 사람의 자동차를 훔치거나 빼앗은 사람이 무면허로 그 자동차를 운전한 경우
운전면허가 취소된 날부터 2년간	• 주취 중 운전 또는 주취 중 음주운전 불응 2회 이상(무면허 운전 또는 운전면허 결격 기간 중 운전을 위반한 경우 포함) 위반하여 취소된 경우 • 위의 경우로 교통사고를 일으킨 경우 • 공동 위험 행위 금지 2회 이상 위반(무면허 운전 또는 운전면허 결격 기간 중 운전 포함) • 무자격자 면허 취득, 거짓이나 부정 면허 취득, 운전면허효력정지 기간 중 운전면허증 또는 운전면허증을 갈음하는 증명서를 발급받아 운전을 하다가 취소된 경우 • 다른 사람의 자동차 등을 훔치거나 빼앗아 운전면허가 취소된 경우 • 운전면허 시험에 대신 응시하여 운전면허가 취소된 경우
그 위반한 날부터 2년간	무면허 운전 등의 금지, 운전면허 응시 제한 기간 규정을 3회 이상 위반하여 자동차등을 운전한 경우
운전면허가 취소된 날부터 1년간	상기 경우가 아닌 다른 사유로 면허가 취소된 경우(원동기 장치 자전거 면허를 받으려는 경우는 6개월로 하되, 공동 위험 행위 운전 위반으로 취소된 경우에는 1년)
그 위반한 날부터 1년간	무면허 운전 등의 금지, 운전면허 응시 제한 기간 규정을 위반하여 자동차등을 운전한 경우
제한 없음	• 적성 검사를 받지 않거나 그 적성 검사에 불합격하여 운전면허가 취소된 사람 • 제1종 운전면허를 받은 사람이 적성 검사에 불합격하여 다시 제2종 운전면허를 받으려는 경우
그 정지 기간	• 운전면허효력정지 처분을 받고 있는 경우
그 금지 기간	• 국제 운전면허증 또는 상호 인정 면허증으로 운전하는 운전자가 운전 금지 처분을 받은 경우

제9절 운전면허의 행정 처분 및 범칙 행위

01. 벌점의 관리 (규칙 제91조, 별표28)

❶ 누산 점수의 관리

법규 위반 또는 교통사고로 인한 벌점은 행정 처분 기준을 적용하고자 하는 당해 위반 또는 사고가 있었던 날을 기준으로 하여 과거 3년간의 모든 벌점을 누산하여 관리한다.

❷ 무위반 · 무사고 기간 경과로 인한 벌점 소멸

처분 벌점이 40점 미만인 경우에 최종의 위반일 또는 사고일로부터 위반 및 사고 없이 1년이 경과한 때에는 그 처분 벌점은 소멸한다.

❸ 벌점 공제

다음의 경우, 특혜점수가 부여되며 기간에 관계없이 정지 또는 취소처분을 받게 될 경우 누산점수에서 공제된다.

① 인적피해가 있는 교통사고를 야기하고 도주한 차량의 운전자(교통사고의 피해자가 아닌 경우로 한정)를 검거하거나 신고 : 40점(40점 단위 공제)

② 경찰청장이 정하여 고시하는 바에 따라 무위반 · 무사고 서약을 하고 1년간 이를 실천한 운전자 : 10점(10점 단위 공제)

ⓣ 다만, 교통사고로 사람을 사망에 이르게 하거나, 음주운전, 난폭운전, 특수상해, 특수폭행, 특수협박, 특수손괴 등 자동차 등을 이용한 범죄 중 어느 하나에 해당하는 사유로 정지처분을 받게 될 경우에는 공제할 수 없다.

02. 벌점 등 초과로 인한 운전면허의 취소·정지

❶ 면허취소

1회의 위반 · 사고로 인한 벌점 또는 연간 누산 점수가 다음의 벌점 또는 누산 점수에 도달한 때에는 그 운전면허를 취소

기간	벌점 또는 누산 점수
1년간	121점 이상
2년간	201점 이상
3년간	271점 이상

❷ 면허정지

운전면허정지 처분은 1회의 위반 · 사고로 인한 벌점 또는 처분 벌점이 40점 이상이 된 때부터 결정하여 집행하되, 원칙적으로 1점을 1일로 계산하여 집행한다.

03. 취소 처분 개별 기준

위반 사항	내 용
교통사고를 일으키고 구호 조치를 하지 않은 때	교통사고로 사람을 죽게 하거나 다치게 하고, 구호조치를 하지 아니한 때
술에 취한 상태에서 운전한 때	• 술에 취한 상태의 기준(혈중알코올농도 0.03% 이상)을 넘어서 운전을 하다가 교통사고로 사람을 죽게 하거나 다치게 한 때 • 혈중알코올농도 0.08% 이상에서 운전한 때 • 술에 취한 상태의 기준을 넘어 운전하거나 술에 취한 상태의 측정에 불응한 사람이 다시 술에 취한 상태(혈중알코올농도 0.03% 이상)에서 운전한 때
술에 취한 상태의 측정에 불응한 때	술에 취한 상태에서 운전하거나 술에 취한 상태에서 운전하였다고 인정할 만한 상당한 이유가 있음에도 불구하고 경찰공무원의 측정 요구에 불응한 때

다른 사람에게 운전면허증 대여 (도난, 분실 제외)	• 면허증 소지자가 다른 사람에게 면허증을 대여하여 운전하게 한 때 • 면허 취득자가 다른 사람의 면허증을 대여 받거나 그 밖에 부정한 방법으로 입수한 면허증으로 운전한 때
결격 사유에 해당	• 교통상의 위험과 장해를 일으킬 수 있는 정신 질환자 또는 뇌전증 환자로서 정상적인 운전을 할 수 없다고 해당분야 전문의가 인정하는 사람 • 앞을 보지 못하는 사람 (한쪽 눈만 보지 못하는 사람의 경우에는 제1종 운전면허 중 대형 면허 · 특수 면허로 한정) • 듣지 못하는 사람 (제1종 운전면허 중 대형 면허 · 특수 면허로 한정) • 양팔의 팔꿈치관절 이상을 잃은 사람, 또는 양팔을 전혀 쓸 수 없는 사람. 다만, 본인의 신체장애 정도에 적합하게 제작된 자동차를 이용하여 정상적으로 운전할 수 있는 경우에는 그러하지 아니하다. • 다리, 머리, 척추 그 밖의 신체장애로 인하여 앉아 있을 수 없는 사람 • 교통상의 위험과 장해를 일으킬 수 있는 마약, 대마, 향정신성 의약품 또는 알코올 중독자로서 정상적인 운전을 할 수 없다고 해당분야 전문의가 인정하는 사람
약물을 사용한 상태에서 자동차 등을 운전한 때	약물 투약 · 흡연 · 섭취 · 주사 등으로 정상적인 운전을 하지 못할 염려가 있는 상태에서 자동차 등을 운전한 때
공동 위험 행위	공동 위험 행위로 구속된 때
난폭 운전	난폭 운전으로 구속된 때
속도 위반	최고 속도보다 100km/h를 초과한 속도로 3회 이상 운전한 때
정기 적성 검사 불합격 또는 정기 적성 검사 기간 1년 경과	정기 적성 검사에 불합격하거나 적성 검사 기간 만료일 다음 날부터 적성 검사를 받지 않고 1년을 초과한 때
수시 적성 검사 불합격 또는 수시 적성 검사 기간 경과	수시 적성 검사에 불합격하거나 수시 적성 검사 기간을 초과한 때
운전면허 행정 처분 기간 중 운전 행위	운전면허 행정 처분 기간 중에 운전한 때
허위 또는 부정한 수단으로 운전면허를 받은 경우	• 허위 · 부정한 수단으로 운전면허를 받은 때 • 운전면허 결격 사유에 해당하여 운전면허를 받을 자격이 없는 사람이 운전면허를 받은 때 • 운전면허 효력의 정지 기간 중에 면허증 또는 운전면허증에 갈음하는 증명서를 교부받은 사실이 드러난 때
등록 또는 임시운행 허가를 받지 않은 자동차를 운전한 때	자동차관리법에 따라 등록되지 않거나 임시 운행 허가를 받지 않은 자동차(이륜자동차 제외)를 운전한 때
자동차 등을 이용하여 형법상 특수 상해 등을 행한 때 (보복 운전)	자동차 등을 이용하여 형법상 특수 상해, 특수 폭행, 특수 협박, 특수 손괴를 행하여 구속된 때
다른 사람을 위하여 운전면허 시험에 응시한 때	운전면허를 가진 사람이 다른 사람을 부정하게 합격시키기 위하여 운전면허 시험에 응시한 때
운전자가 단속 경찰 공무원 등에 대한 폭행	단속하는 경찰 공무원 등 및 시 · 군 · 구 공무원을 폭행하여 형사 입건된 때
연습면허 취소 사유가 있었던 경우	제1종 보통 및 제2종 보통 면허를 받기 이전에 연습 면허의 취소 사유가 있었던 때 (연습 면허에 대한 취소 절차 진행 중 제1종 보통 및 제2종 보통면허를 받은 경우를 포함)

04. 정지 처분 개별 기준

❶ 도로교통법이나 도로교통법에 의한 명령을 위반한 때

위반 사항	벌 점
• 속도위반 (100km/h 초과) • 술에 취한 상태의 기준을 넘어서 운전한 때 (혈중알코올농도 0.03% 이상 0.08% 미만) • 자동차 등을 이용하여 형법상 특수상해 등 (보복 운전)을 하여 입건된 때	100
• 속도위반 (80km/h 초과 100km/h 이하)	80

• 속도위반 (60km/h 초과 80km/h 이하)	60
• 정차 · 주차 위반에 대한 조치 불응 (단체에 소속되거나 다수인에 포함되어 경찰 공무원의 3회 이상의 이동 명령에 따르지 않고 교통을 방해한 경우에 한함) • 공동 위험 행위로 형사 입건된 때 • 난폭 운전으로 형사 입건된 때	
• 안전운전 의무 위반 (단체에 소속되거나 다수인에 포함되어 경찰 공무원의 3회 이상의 안전운전 지시에 따르지 않고 타인에게 위험과 장해를 주는 속도나 방법으로 운전한 경우에 한함) • 승객의 차내 소란 행위 방치 운전 • 출석 기간 또는 범칙금 납부 기간 만료일부터 60일이 경과될 때까지 즉결 심판을 받지 않은 때	40
• 통행 구분 위반 (중앙선 침범에 한함) • 속도위반 (40km/h 초과 60km/h 이하) • 철길 건널목 통과 방법 위반 • 회전 교차로 통행 방법 위반(통행 방향 위반에 한정) • 어린이 통학 버스 특별 보호 위반 • 어린이 통학 버스 운전자의 의무 위반 (좌석 안전띠를 매도록 하지 않은 운전자는 제외) • 고속도로 · 자동차 전용 도로 갓길 통행 • 고속도로 버스 전용 차로 · 다인승 전용 차로 통행 위반 • 운전면허증 등의 제시 의무 위반 또는 운전자 신원 확인을 위한 경찰 공무원의 질문에 불응	30
• 신호 · 지시 위반 • 속도위반 (20km/h 초과 40km/h 이하) • 속도위반 (어린이 보호 구역 안에서 오전 8시부터 오후 8시까지 사이에 제한 속도를 20km/h 이내에서 초과한 경우에 한정) • 앞지르기 금지 시기 · 장소 위반 • 적재 제한 위반 또는 적재물 추락 방지 위반 • 운전 중 휴대용 전화 사용 • 운전 중 운전자가 볼 수 있는 위치에 영상 표시 • 운전 중 영상 표시 장치 조작 • 운행 기록계 미설치 자동차 운전 금지 등의 위반	15
• 통행 구분 위반 (보도 침범, 보도 횡단 방법 위반) • 차로 통행 준수 의무 위반, 지정차로 통행 위반 (진로 변경 금지 장소에서의 진로 변경 포함) • 일반도로 전용차로 통행 위반 • 안전거리 미확보 (진로 변경 방법 위반 포함) • 앞지르기 방법 위반 • 보행자 보호 불이행 (정지선 위반 포함) • 승객 또는 승하차자 추락 방지 조치 위반 • 안전운전 의무 위반 • 노상 시비 · 다툼 등으로 차마의 통행 방해 행위 • 자율주행자동차 운전자의 준수 사항 위반 • 돌 · 유리병 · 쇳조각이나 그 밖에 도로에 있는 사람이나 차마를 손상시킬 우려가 있는 물건을 던지거나 발사하는 행위 • 도로를 통행하고 있는 차마에서 밖으로 물건을 던지는 행위	10

❷ 자동차 등의 운전 중 교통사고를 일으킨 때

구분		벌점	내용
인적 피해 교통 사고	사망 1명마다	90	사고 발생 시부터 72시간 이내에 사망한 때
	중상 1명마다	15	3주 이상의 치료를 요하는 의사의 진단이 있는 사고
	경상 1명마다	5	3주 미만 5일 이상의 치료를 요하는 의사의 진단이 있는 사고
	부상신고 1명마다	2	5일 미만의 치료를 요하는 의사의 진단이 있는 사고

① 교통사고 발생 원인이 불가항력이거나 피해자의 명백한 과실인 때에는 행정 처분을 하지 않음
② 자동차 등 대 사람의 교통사고의 경우 **쌍방과실**인 때에는 그 벌점을 2분의 1로 감경
③ 자동차 등 대 자동차 등의 교통사고의 경우 그 사고 원인 중 중한 위반 행위를 한 운전자만 적용
④ 교통사고로 인한 벌점 산정에 있어서 처분 받은 운전자 본인의 피해에 대하여는 벌점을 산정하지 않음

05. 범칙 행위 및 범칙 금액(영 제93조, 별표8)

범칙 행위	범칙 금액
• 속도위반 (60km/h 초과) • 어린이 통학 버스 운전자의 의무 위반 (좌석 안전띠를 매도록 하지 않은 경우는 제외) • 인적 사항 제공 의무 위반 (주 · 정차된 차만 손괴한 것이 분명한 경우에 한정)	1) 승합 자동차 등 : 13만원 2) 승용 자동차 등 : 12만원
• 속도위반 (40km/h 초과 60km/h 이하) • 승객의 차 안 소란 행위 방치 운전 • 어린이 통학버스 특별 보호 위반	1) 승합 자동차 등 : 10만원 2) 승용 자동차 등 : 9만원
• 안전표지가 설치된 곳에서의 정차 · 주차 금지 위반	1) 승합 자동차 등 : 9만원 2) 승용 자동차 등 : 8만원
• 신호 · 지시 위반 • 중앙선 침범, 통행 구분 위반 • 속도위반 (20km/h 초과 40km/h 이하) • 횡단 · 유턴 · 후진 위반 • 앞지르기 방법 위반 • 앞지르기 금지 시기 · 장소 위반 • 철길 건널목 통과 방법 위반 • 회전교차로 통행방법 위반 • 횡단보도 보행자 횡단 방해 (신호 또는 지시에 따라 도로를 횡단하는 보행자의 통행 방해와 어린이 보호 구역에서의 일시 정지 위반을 포함) • 보행자 전용 도로 통행 위반 (보행자 전용 도로 통행 방법 위반을 포함한다) • 긴급 자동차에 대한 양보 · 일시정지 위반 • 긴급한 용도나 그 밖에 허용된 사항 외에 경광등이나 사이렌 사용 • 승차 인원 초과, 승객 또는 승하차자 추락 방지 조치 위반 • 어린이 · 앞을 보지 못하는 사람 등의 보호 위반 • 운전 중 휴대용 전화사용 • 운전 중 운전자가 볼 수 있는 위치에 영상 표시 • 운전 중 영상 표시 장치 조작 • 운행기록계 미설치 자동차 운전 금지 등의 위반 • 고속도로 · 자동차 전용 도로 갓길 통행 • 고속도로 버스 전용 차로 · 다인승 전용 차로 통행 위반	1) 승합 자동차 등 : 7만원 2) 승용 자동차 등 : 6만원
• 통행 금지 제한 위반 • 일반도로 전용 차로 통행 위반 • 노면전차 전용로 통행 위반 • 고속도로 · 자동차 전용 도로 안전 거리 미확보 • 앞지르기의 방해 금지 위반 • 교차로 통행 방법 위반 • 회전 교차로 진입 · 진행 방법 위반 • 교차로에서의 양보 운전 위반 • 보행자의 통행 방해 또는 보호 불이행 • 정차 · 주차 금지 위반 (안전표지가 설치된 곳에서의 정차 · 주차 금지 위반은 제외) • 주차 금지 위반 • 정차 · 주차 방법 위반 • 경사진 곳에서의 정차 · 주차 방법 위반 • 정차 · 주차 위반에 대한 조치 불응 • 적재 제한 위반, 적재물 추락 방지 위반 또는 영유아나 동물을 안고 운전하는 행위 • 안전 운전 의무 위반 • 도로에서의 시비 · 다툼 등으로 인한 차마의 통행 방해 행위 • 급발진, 급가속, 엔진 공회전 또는 반복적 · 연속적인 경음기 울림으로 인한 소음 발생 행위 • 화물 적재함에의 승객 탑승 운행 행위 • 자율주행자동차 운전자의 준수 사항 위반 • 고속도로 지정차로 통행 위반 • 고속도로 · 자동차 전용 도로 횡단 · 유턴 · 후진 위반 • 고속도로 · 자동차 전용 도로 정차 · 주차 금지 위반 • 고속도로 진입 위반 • 고속도로 · 자동차 전용 도로에서의 고장 등의 경우 조치 불이행	1) 승합 자동차 등 : 5만원 2) 승용 자동차 등 : 4만원

• 혼잡 완화 조치 위반 • 차로 통행 준수 의무 위반, 지정차로 통행 위반, 차로 너비보다 넓은 차 통행 금지 위반 (진로 변경 금지 장소에서의 진로 변경을 포함) • 속도위반 (20km/h 이하)　• 진로 변경 방법 위반 • 급제동 금지 위반　　　　• 끼어들기 금지 위반 • 서행 의무 위반　　　　　• 일시정지 위반 • 방향 전환 · 진로 변경 및 회전 교차로 진입 · 진출 시 신호 불이행 • 운전석 이탈 시 안전 확보 불이행 • 동승자 등의 안전을 위한 조치 위반 • 시 · 도 경찰청 지정 · 공고 사항 위반 • 좌석 안전띠 미착용 • 이륜자동차 · 원동기 장치 자전거(개인형 이동 장치는 제외) 인명 보호 장구 미착용 • 등화 점등 불이행 · 발광 장치 미착용(자전거 운전자는 제외) • 어린이 통학 버스와 비슷한 도색 · 표지 금지 위반	1) 승합 자동차 등 : 3만원 2) 승용 자동차 등 : 3만원
• 최저 속도위반 • 일반 도로 안전 거리 미확보 • 등화 점등 · 조작 불이행 (안개가 끼거나 비 또는 눈이 올 때는 제외) • 불법부착장치 차 운전(교통단속용 장비의 기능을 방해하는 장치를 한 차의 운전은 제외) • 사업용 승합자동차 또는 노면전차의 승차 거부 • 택시의 합승(장기 주차 · 정차하여 승객을 유치하는 경우로 한정) · 승차 거부 · 부당 요금 징수 행위	1) 승합 자동차 등 : 2만원 2) 승용 자동차 등 : 2만원
• 돌, 유리병, 쇳조각, 그 밖에 도로에 있는 사람이나 차마를 손상시킬 우려가 있는 물건을 던지거나 발사하는 행위 • 도로를 통행하고 있는 차마에서 밖으로 물건을 던지는 행위	모든 차마 : 5만원
• 특별 교통안전 교육의 미이수 　– 과거 5년 이내에 술에 취한 상태에서의 운전 금기 규정을 1회 이상 위반하였던 사람으로서 다시 같은 조를 위반하여 운전면허효력정지 처분을 받게 되거나 받은 사람이 그 처분 기간이 끝나기 전에 특별 교통안전 교육을 받지 않은 경우 　– 위의 항목 외의 경우	차종 구분 없음 : 15만원 10만원
• 경찰관의 실효된 면허증 회수에 대한 거부 또는 방해	차종 구분 없음 : 3만원

제3장 🚓 교통사고 처리 특례법령

제1절　특례의 적용

01. 교통사고 처리 특례법의 목적 (법 제1조)

교통사고 처리 특례법은 업무상 과실(業務上過失) 또는 중대한 과실로 교통사고를 일으킨 운전자에 관한 형사처벌 등의 특례를 정함으로써 교통사고로 인해 피해의 신속한 회복을 촉진하고 국민 생활의 편익을 증진함을 목적으로 한다.

02. 교통사고 운전자의 처벌

차의 교통으로 인한 사고가 발생하여 운전자를 형사 처벌하여야 하는 경우에 적용되는 법이다.

① 업무상 과실 또는 중과실로 사람을 사상한 때에는 5년 이하의 금고 또는 2천만 원 이하의 벌금에 처한다. (형법 제268조)

② 건조물 또는 재물을 손괴한 때에는 2년 이하의 금고나 5백만 원 이하의 벌금에 처한다. (도로 교통법 제151조)

③ 교통사고의 조건 : ㉠ 차에 의한 사고, ㉡ 피해의 결과 발생(사람 사상 또는 물건 손괴), ㉢ 교통으로 인하여 발생한 사고

03. 교통사고 처벌의 특례

피해자와 합의(불벌 의사)하거나 종합 보험 또는 공제에 가입한 경우, 다음의 죄에는 특례의 적용을 받아 형사 처벌을 하지 않는다. (공소권 없음, 반의사 불벌죄)

① 업무상 과실 치상죄

② 중과실 치상죄

③ 다른 사람의 건조물이나 그 밖의 재물을 손괴한 경우

※ 보험 또는 공제에 가입된 사실은 보험 회사, 또는 공제 사업자가 작성한 서면에 의하여 증명되어야 한다. (법 제4조제3항)

04. 특례 적용 제외자 (형사 처벌 대상이 되는 경우 = 공소권 있음)

종합 보험(공제)에 가입되었고, 피해자가 처벌을 원하지 않아도 다음의 경우에는 특례의 적용을 받지 못하고 형사 처벌을 받는다.

① 사망 사고

② 교통사고 야기 후 도주 또는 사고 장소로부터 옮겨 유기하고 도주한 경우

③ 차의 교통으로 업무상 과실 치상죄 또는 중과실 치상죄를 범하고, 음주 측정에 불응한 경우(운전자가 채혈 측정을 요청하거나 동의한 경우는 제외)

④ 신호 · 지시 위반 사고

⑤ 중앙선 침범 사고(고속도로 등에서 횡단, 유턴 또는 후진 사고)

⑥ 과속(제한 속도 20km/h 초과) 사고

⑦ 앞지르기 방법 · 금지 시기 · 장소 또는 끼어들기의 금지를 위반하거나 고속도로에서의 앞지르기 방법 위반 사고

⑧ 철길 건널목 통과 방법 위반 사고

⑨ 횡단보도에서 보행자 보호 의무 위반 사고

⑩ 무면허 운전 중 사고

⑪ 주취 · 약물 복용 운전 사고

⑫ 보도 침범 · 통행 방법 위반 사고

⑬ 승객 추락 방지 의무 위반 사고

⑭ 어린이 보호 구역 내 어린이 보호 의무 위반 사고

⑮ 자동차의 화물이 떨어지지 아니하도록 필요한 조치를 하지 아니하고 운전한 경우

⑯ 민사상 손해 배상을 하지 않은 경우

⑰ 중상해 사고를 유발하고 형사상 합의가 안 된 경우

> 📖 중상해의 범위
> ① 생명에 대한 위험 : 뇌 또는 주요 장기에 중대한 손상
> ② 불구 : 사지 절단 등 또는 시각 · 청각 · 언어 · 생식 기능 등 중요한 신체 기능의 영구적 상실
> ③ 불치(不治)나 난치(難治)의 질병 : 중증의 정신 장애 · 하반신 마비 등 중대 질병

05. 사고 운전자 가중 처벌 (특정 범죄 가중 처벌 등에 관한 법률 제5조의3, 제5조의11)

1 사고 운전자가 피해자를 구호하는 등의 조치를 하지 아니하고 도주한 경우

① 피해자를 사망에 이르게 하고 도주하거나, 도주 후에 피해자가 사망한 경우 : 무기 또는 5년 이상의 징역

② 피해자를 상해에 이르게 한 경우 : 1년 이상의 유기 징역 또는 5백만 원 이상 3천만 원 이하의 벌금

2 사고 운전자가 피해자를 사고 장소로부터 옮겨 유기하고 도주한 경우
  ① 피해자를 사망에 이르게 하고 도주하거나, 도주 후에 피해자가 사망한 경우 : 사형, 무기 또는 5년 이상의 징역
  ② 피해자를 상해에 이르게 한 경우 : 3년 이상의 유기 징역

3 위험 운전 치 · 사상의 경우
  ① 음주 또는 약물의 영향으로 정상적인 운전이 곤란한 상태에서 자동차(원동기 장치 자전거 포함)를 운전하여 사람을 사망에 이르게 한 경우 : 무기 또는 3년 이상의 징역
  ② 사람을 상해에 이르게 한 경우 : 1년 이상 15년 이하의 징역 또는 1천만 원 이상 3천만 원 이하의 벌금

제2절 중대 교통사고 유형 및 대처 방법

01. 사망 사고 정의
  ① 교통사고에 의한 사망은 교통사고가 주된 원인이 되어 교통사고 발생 시부터 30일 이내에 사람이 사망한 사고를 말한다.
  ② 도로 교통법상 교통사고 발생 후 72시간 내 사망하면 벌점 90점이 부과되며, 교통사고 처리 특례법상 형사적 책임이 부과된다.

02. 도주 (뺑소니)인 경우
  ① 피해자 사상 사실을 인식하거나 예견됨에도 가버린 경우
  ② 피해자를 사고 현장에 방치한 채 가버린 경우
  ③ 현장에 도착한 경찰관에게 거짓으로 진술한 경우
  ④ 사고 운전자를 바꿔치기 신고 및 연락처를 거짓 신고한 경우
  ⑤ 자신의 의사를 제대로 표시하지 못한 나이 어린 피해자가 '괜찮다'라고 하여 조치 없이 가버린 경우 등

03. 신호·지시 위반 사고 사례
  ① 신호가 변경되기 전에 출발하여 인적 피해를 야기한 경우
  ② 황색 주의 신호에 교차로에 진입하여 인적 피해를 야기한 경우
  ③ 신호 내용을 위반하고 진행하여 인적 피해를 야기한 경우
  ④ 적색 차량 신호에 진행하다 정지선과 횡단보도 사이에서 보행자를 충격한 경우

04. 속도에 대한 정의
  ① 규제 속도 : 법정 속도(도로 교통법에 따른 도로별 최고 · 최저 속도)와 제한 속도(시 · 도 경찰청장에 의한 지정 속도)
  ② 설계 속도 : 도로 설계의 기초가 되는 자동차의 속도
  ③ 주행 속도 : 정지 시간을 제외한 실제 주행 거리의 평균 주행 속도
  ④ 구간 속도 : 정지 시간을 포함한 주행 거리의 평균 주행 속도

05. 과속에 따른 행정 처분(승합차·승용차의 범칙금 및 벌점)
  ① 60km/h 초과 : 승합차 – 13만 원, 승용차 – 12만 원, 60점
  ② 40km/h 초과 ~ 60km/h 이하 : 승합차 – 10만 원, 승용차 – 9만 원, 30점
  ③ 20km/h 초과 ~ 40km/h 이하 : 승합차 – 7만 원, 승용차 – 6만 원, 15점
  ④ 20km/h 이하 : 승합차 – 3만 원, 승용차 – 3만 원, 벌점 없음

06. 앞지르기 방법·금지 위반 사고

1 앞지르기 방법
모든 차의 운전자는 다른 차를 앞지르고자 하는 때에는 앞차의 좌측으로 통행하여야 한다.

2 앞지르기가 금지되는 경우 및 장소
  ① 앞차의 좌측에 다른 차가 앞차와 나란히 가고 있는 경우
  ② 앞차가 다른 차를 앞지르고 있거나 앞지르고자 하는 경우
  ③ 경찰 공무원의 지시를 따르거나 위험을 방지하기 위하여 정지하거나 서행하고 있는 경우
  ④ 교차로, 터널 안, 다리 위
  ⑤ 도로의 구부러진 곳, 비탈길의 고갯마루 부근 또는 가파른 비탈길의 내리막 등 시 · 도 경찰청장이 필요하다고 인정하여 안전표지로 지정한 곳

3 끼어들기의 금지
모든 차의 운전자는 도로 교통법에 의한 명령 또는 경찰 공무원의 지시에 따르거나, 위험 방지를 위하여 정지 또는 서행하고 있는 다른 차 앞에 끼어들지 못한다.

4 갓길 통행금지 등
자동차 운전자는 고속도로에서 다른 차를 앞지르고자 하는 때에는 방향 지시기 · 등화 또는 경음기를 사용하여 행정안전부령이 정하는 차로로 안전하게 통행해야 한다.

07. 철길 건널목 통과 방법 위반 사고

1 철길 건널목의 종류
  ① 제1종 건널목 : 차단기, 건널목 경보기 및 교통안전 표지가 설치되어 있는 경우
  ② 제2종 건널목 : 건널목 경보기 및 교통안전 표지가 설치되어 있는 경우
  ③ 제3종 건널목 : 교통안전 표지만 설치되어 있는 경우

> **철길 건널목 통과 위반 사고 시 행정 처분(범칙금, 벌점)**
> 승합자동차 – 7만 원, 승용 자동차 – 6만 원, 벌점 30점

08. 보행자 보호 의무 위반 사고

1 횡단보도 보행자인 경우
  ① 횡단보도를 걸어가는 사람
  ② 횡단보도에서 원동기 장치 자전거를 끌고 가는 사람
  ③ 횡단보도에서 원동기 장치 자전거나 자전거를 타고 가다 이를 세우고 한발은 페달에 다른 한발은 지면에 서 있는 사람
  ④ 세발자전거를 타고 횡단보도를 건너는 어린이
  ⑤ 손수레를 끌고 횡단보도를 건너는 사람

09. 주취·약물 복용 운전 중 사고

1 음주 운전인 경우
불특정 다수인이 이용하는 도로와 특정인이 이용하는 주차장 또는 학교 경내 등에서의 음주 운전도 형사 처벌 대상. (단, 특정인만이 이용하는 장소에서의 음주 운전으로 인한 운전면허 행정 처분은 불가)
  ① 공개되지 않은 통행로에서의 음주 운전도 처벌 대상 : 공장이나 관공서, 학교, 사기업 등의 정문 안쪽 통행로와 같이 문 차단기에 의해 도로와 차단되고 별도로 관리되는 장소의 통행로에서의 음주 운전도 처벌 대상

② 술을 마시고 주차장(주차선 안 포함)에서 음주 운전하여도 처벌 대상
③ 호텔, 백화점, 고층 건물, 아파트 내 주차장 안의 통행로뿐만 아니라 주차선 안에서 음주 운전하여도 처벌 대상

2 음주 운전이 아닌 경우
혈중 알코올 농도 0.03% 미만에서의 음주 운전은 처벌 불가

10. 수사 기관의 교통사고 처리 기준(피해자와 손해 배상 합의 기간)

교통사고 조사관은 부상자로써 교통사고 처리 특례법 제3조제2항 단서에 해당하지 아니한 사고를 일으킨 운전자가 보험 등에 가입되지 아니한 경우 또는 중상해 사고를 야기한 운전자에게는 특별한 사유가 없는 한 사고를 접수한 날부터 2주간 합의할 수 있는 기간을 준다.

제3절 주요 교통사고 유형

01. 안전거리 미확보 사고

1 안전거리 개념
같은 방향으로 가고 있는 앞차가 갑자기 정지하게 되는 경우 그 앞차와의 추돌을 피할 수 있는 거리로 정지거리보다 약간 긴 정도의 거리를 말한다.

2 정지거리는 공주거리와 제동 거리를 합한 거리
① 공주거리 : 운전자가 위험을 느끼고 브레이크를 밟았을 때 자동차가 제동되기 전까지 주행한 거리
② 제동거리 : 제동되기 시작하여 정지될 때까지 주행한 거리

3 안전거리 미확보
① 성립하는 경우 : 앞차가 정당한 급정지, 과실 있는 급정지를 하더라도 사고를 방지할 주의 의무는 뒤차에게 있으므로, 앞차에 과실이 있는 경우에는 손해 보상할 때 과실 상계하여 처리
② 성립하지 않는 경우 : 앞차가 고의적으로 급정지하는 경우에는 뒤차의 불가항력적 사고로 인정하여 앞차에게 책임 부과

02. 후진에 따른 사고

1 후진 위반
후진하기 위하여 주의를 기울였음에도 불구하고 다른 보행자나 차량의 정상적인 통행을 방해하여 다른 보행자나 차량을 충돌한 경우(일반 도로에서 주로 발생)

2 안전 운행 불이행
주의를 기울이지 않은 채 후진하여 다른 보행자나 차량을 충돌한 경우(골목길, 주차장 등에서 주로 발생)

3 통행 구분 위반
대로상에서 뒤에 있는 일정한 장소나 다른 길로 진입하기 위해 상당한 구간을 계속 후진하다가 정상 진행 중인 차량과 충돌한 경우(역진으로 보아 중앙선 침범과 동일하게 취급)

03. 교차로 통행 방법 위반 사고

1 앞지르기 금지와 교차로 통행 방법 위반 사고의 차이점
① 앞지르기 금지 위반 사고 : 뒤차가 교차로에서 앞차의 측면을 통과한 후 앞차의 그 앞으로 들어가는 도중에 발생한 사고

② 교차로 통행 방법 위반 사고 : 뒤차가 교차로에서 앞차의 앞으로 들어가지 않고 앞차의 측면을 접촉하는 사고

2 가해자와 피해자 구분
① 앞차가 가해자인 사고 : 앞차가 너무 넓게 우회전하여 앞·뒤차가 아닌 좌·우차의 개념으로 보는 상태에서 충돌한 경우에는 앞차가 가해자이다.
② 뒤차가 가해자인 사고 : 앞차가 일부 간격을 두고 우회전 중인 상태에서 뒤차가 무리하게 끼어들며 진행하여 충돌한 경우에는 뒤차가 가해자이다.

04. 신호등 없는 교차로 사고 가해자 판독 방법

1 교차로 진입 전 일시정지 또는 서행하지 않은 경우
① 충돌 직전(충돌 당시, 충돌 후) 노면에 스키드마크가 형성되어 있는 경우
② 충돌 직전(충돌 당시, 충돌 후) 노면에 요마크가 형성되어 있는 경우
③ 상대 차량의 측면을 정면으로 충돌한 경우
④ 가해 차량의 진행 방향으로 상대 차량을 밀고 가거나, 전도(전복)시킨 경우

2 교차로 진입 전 일시정지 또는 서행하며 교차로 앞·좌·우 교통 상황을 확인하지 않은 경우
① 충돌 직전에 상대 차량을 보았다고 진술한 경우
② 교차로에 진입할 때 상대 차량을 보지 못했다고 한 경우
③ 가해 차량이 정면으로 상대 차량 측면을 충돌한 경우

3 교차로 진입할 때 통행 우선권을 이행하지 않은 경우
① 교차로에 이미 진입하여 진행하고 있는 차량이 있거나, 교차로에 들어가고 있는 차량과 충돌한 경우
② 통행 우선 순위가 같은 상태에서 우측 도로에서 진입한 차량과 충돌한 경우
③ 교차로에 동시 진입한 상태에서 폭이 넓은 도로에서 진입한 차량과 충돌한 경우
④ 교차로에 진입하여 좌회전하는 상태에서 직진 또는 우회전하는 차량과 충돌한 경우

05. 안전 운전 불이행 사고

1 안전 운전과 난폭 운전과의 차이
① 안전 운전 : 도로의 교통 상황과 차의 구조 및 성능에 따라 다른 사람에게 위험과 장애를 주지 않는 속도나 방법으로 운전하는 경우
② 난폭 운전
 ㉠ 고의나 인식할 수 있는 과실로 타인에게 현저한 위해를 초래하는 운전을 한 경우
 ㉡ 타인의 통행을 현저히 방해하는 운전을 한 경우
③ 난폭 운전 사례 : 급차로 변경, 지그재그 운전, 좌·우로 핸들을 급조작하는 운전, 지선 도로에서 간선 도로로 진입할 때 일시정지 없이 급진입하는 운전

1 여객자동차운수사업법의 주요 목적은?

① 여객자동차 운수종사자의 수익성 제고
② 자동차 운수사업의 질서 확립
③ 일반택시운송사업의 종합적인 발달 도모
④ 여객자동차 생산기술의 발전 도모

2 택시운송사업은 무슨 사업인가?

① 구역 여객자동차운송사업
② 노선 여객자동차운송사업
③ 전세버스운송사업
④ 마을버스운송사업

3 구역 여객자동차운송사업이 아닌 것은?

① 전세버스운송사업　　② 시내버스운송사업
③ 일반택시운송사업　　④ 개인택시운송사업

4 사업면허를 받은 자가 직접 운전하여 여객을 운송하는 사업은?

① 전세버스운송사업　　② 시내버스운송사업
③ 일반택시운송사업　　④ 개인택시운송사업

5 일정한 사업구역 내에서 지정 노선을 정하지 아니하고 여객을 운송하는 사업은?

① 여객자동차운송사업　　② 자동차대여사업
③ 시외버스 운송사업　　④ 일반택시운송사업

6 개인택시운송사업의 면허 신청에 필요한 서류가 아닌 것은?

① 차고지 증명서류
② 택시운전자격증 사본
③ 건강진단서
④ 개인택시운송사업 면허신청서

7 지역 주민의 편의를 위해 택시운송사업구역을 별도로 정할 수 있는 사람은?

① 시·도지사
② 시·도경찰청장
③ 택시공제조합장
④ 국토교통부장관

8 택시 영업의 사업구역 제한 범위에 해당하는 구역은?

① 시·도　　　　② 읍·면
③ 시·군　　　　④ 생활권역

9 택시운전자격제도의 법적 근거는?

① 도로교통법
② 여객자동차운수사업법
③ 택시관리법
④ 교통사고처리특례법

10 택시운송사업에 대한 설명으로 틀린 것은?

① 구역 여객자동차운송사업이다.
② 여객자동차운수사업법에 의해 운행하고 있다.
③ 정해진 사업구역 안에서 운행하는 것이 원칙이다.
④ 국토교통부장관이 택시 요금을 인가한다.

11 택시에 대한 설명 중 틀린 것은?

① 택시는 소형·중형·대형·모범형 및 고급형으로 구분한다.
② 택시는 주로 승용 자동차로 영업한다.
③ 택시는 전국 어디서나 상주하여 영업할 수 있다.
④ 택시에는 요금 미터기, 빈차 표시기, 안전벨트를 설치해야 한다.

12 일반택시운송사업에 대한 설명으로 올바른 것은?

① 1개의 운송 계약으로 자동차를 이용하여 사업자가 직접 운전하여 여객을 운송하는 사업
② 일정한 노선에 따라 자동차를 이용하여 여객을 운송하는 사업
③ 1개의 운송 계약으로 자동차를 이용하여 여객을 운송하는 사업
④ 자동차를 이용하여 승객에게 차량을 대여하는 사업

13 다음 중 택시운송사업을 구분하는 기준으로 틀린 것은?

① 소형 : 배기량 1,600cc 미만(5인 이하)의 것
② 중형 : 배기량 1,600cc 이상(5인 이하)의 것
③ 대형 : 배기량 2,000cc 이상(6인승~10인승)의 것
④ 모범형 : 배기량 3,000cc 이상의 것

⊕ 해설
배기량 1,900cc 이상의 승용 자동차를 사용하는 택시운송사업

14 자동차배기량이 1,600cc 이상 1,900cc 미만인 승용차로 운행할 수 있는 사업형태는?

① 소형 　　　　　　② 중형
③ 대형 　　　　　　④ 고급형

15 사업용 택시를 소형, 중형, 대형, 고급형으로 구분하는 기준은?

① 자동차의 넓이 　　② 자동차 생산년도
③ 자동차의 배기량 　④ 자동차의 크기

16 여객자동차운수사업법상 사업용 택시 중 고급형의 배기량은?

① 1,800cc 　　　　② 2,000cc
③ 2,800cc 　　　　④ 1,900cc

17 다음 여객자동차운송사업의 종류 중 나머지와 다른 하나는?

① 전세버스운송사업 　② 개인택시운송사업
③ 마을버스운송사업 　④ 일반택시운송사업

🔅해설
마을버스운송사업은 노선 여객자동차운송사업이다.

18 자동차에 표시하는 택시운송사업용 자동차의 종류가 아닌 것은?

① 모범 　　　　　　② 경형
③ 일반 　　　　　　④ 중형

19 다음 중 택시의 불법 영업에 해당되는 것은?

① 자신의 사업구역에서 승객을 태우고 사업구역 밖으로 운행한 후, 그 시·도 내에서 일시적으로 영업한 경우
② 자신의 사업구역에서 승객을 태우고 사업구역 밖으로 운행한 후, 다시 사업구역으로 돌아오는 길에 사업구역 밖에서 승객을 태우고 자신의 사업구역에서 내려주는 경우
③ 자신의 사업구역에서 승객을 태우고 사업구역 밖으로 운행하는 경우
④ 자신의 사업 구역이 광명시인데 서울시 금천·구로구에서 영업한 경우

🔅해설
②, ③의 경우 자신의 사업구역에서 하는 영업으로 간주한다. ④의 경우, 광명시와 서울시 금천·구로구는 택시통합사업구역이다. 광명시 택시는 서울시 금천·구로구에서도 영업이 가능하다.

20 다른 사람의 수요에 응하여 자동차를 사용해 여객을 유상으로 운송하는 사업은?

① 여객자동차대여산업
② 화물자동차운수사업
③ 여객자동차운수사업
④ 여객자동차운송사업

21 여객자동차운송사업의 면허를 받거나 등록을 할 수 없는 사람이 아닌 것은?

① 파산선고를 받고 복권되지 않은 자
② 여객자동차운송사업의 면허나 등록이 취소된 후 그 취소일부터 2년이 지나지 않은 자.
③ 징역 이상의 형의 집행 유예를 선고받고 그 집행 유예 기간이 지난 자
④ 징역 이상의 실형을 선고받고 그 집행이 끝나거나 면제된 날부터 2년이 지나지 않은 자

🔅해설
징역 이상의 형의 집행 유예를 선고받고 그 집행 유예 기간이 지나지 않은 자는 여객자동차운송사업의 면허를 받거나 등록을 할 수 없다.

22 택시운송사업자가 특별시·광역시 구역의 사업자인 경우 자동차의 바깥쪽에 표시해야 하는 것으로 옳지 않은 것은?

① 시·도지사가 정하는 사항 　② 관할관청
③ 운송사업자의 명칭, 기호 　　④ 자동차의 종류

🔅해설
택시운송사업자가 자동차의 바깥쪽에 표시해야 하는 사항 중, 관할관청 표시에 관해서 특별시·광역시·특별자치시 및 특별자치도는 제외한다.

23 택시운행정보관리시스템을 구축·운영하는 사람으로서 여객자동차운송사업자가 운임과 요금을 정하여 신고해야 하는 사람은?

① 교통관리공단
② 대통령
③ 여객자동차운수조합
④ 국토교통부장관 또는 시·도지사

🔅해설
운임·요금의 신고 또는 변경신고는 국토교통부장관 또는 시·도지사에게 하나, 운송사업자가 직접 하는 것이 아니라 소속 조합을 통하여 할 수 있다.

24 여객자동차운수사업법에서 정의한 중대한 교통사고 항목에 해당하지 않는 것은?

① 중상자 5명 이상이 발생한 사고
② 전복 사고
③ 사망자 1명과 중상자 3명 이상이 발생한 사고
④ 화재가 발생한 사고

🔅해설
여객자동차운수사업법에서 정의한 중대한 교통사고는 '전복 사고', '화재가 발생한 사고', '사망자 2명 이상', '사망자 1명과 중상자 3명 이상', '중상자 6명 이상'이 발생한 사고를 말한다.

25 다음은 중대한 교통사고 발생 시의 조치사항이다. 괄호 안에 들어갈 말로 옳게 짝지어진 것은?

* 중대한 교통사고 발생 시 조치 사항
( )시간 이내에 사고의 일시·장소 및 피해 사항 등 사고의 개략적인 상황을 관할 시·도지사에게 보고 후 ( )시간 이내에 사고보고서를 작성하여 관할 시·도지사에게 제출해야 함. 단, 개인택시운송사업자의 경우에는 개략적인 상황 보고를 생략할 수 있음.

① 12 - 24 　　　　② 24 - 72
③ 48 - 24 　　　　④ 24 - 12

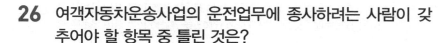

26 여객자동차운송사업의 운전업무에 종사하려는 사람이 갖추어야 할 항목 중 틀린 것은?

① 대통령령으로 정하는 운전 적성에 대한 정밀검사 기준에 맞을 것

② 운전자격시험에 합격 후 자격을 취득하거나 교통안전체험교육을 이수하고 자격을 취득할 것

③ 20세 이상으로서 해당 운전 경력이 1년 이상일 것

④ 사업용 자동차를 운전하기에 적합한 운전면허를 보유하고 있을 것

⊕해설
대통령령이 아닌, 국토교통부장관이 정하는 운전 적성에 대한 정밀검사 기준에 맞아야 한다.

27 성폭력 범죄의 처벌 등에 관한 특례법에 따라 해당 죄를 범하여 금고 이상의 실형 집행을 끝내고, 몇 년의 범위 내에서 대통령령으로 정하는 기간이 지나야 택시운송사업의 운전업무 종사자격을 취득할 수 있는가?

① 5년   ② 10년
③ 15년   ④ 20년

⊕해설
다음의 죄를 범하여 금고 이상의 실형을 선고받고 그 집행이 끝나거나 (집행이 끝난 것으로 보는 경우를 포함) 면제된 날부터 20년의 범위에서 대통령령으로 정하는 기간이 지나지 않은 사람은 일반택시운송사업 또는 개인택시운송사업의 운전자격을 취득할 수 없다.
㉠ 살인, 인신매매, 약취, 강도상해, 마약류 범죄 등
㉡ 성폭력 범죄의 처벌 등에 관한 특례법에 따른 죄
㉢ 아동·청소년의 성보호에 관한 법률에 따른 죄

28 운전적성정밀검사 중 특별 검사 대상으로 틀린 것은?

① 중상 이상의 사상 사고를 일으킨 자

② 과거 1년간 도로교통법 시행규칙에 따른 운전면허 행정 처분 기준에 따라 계산한 누산점수가 81점 이상인 자

③ 운전 업무에 종사하다가 퇴직한 자로서 신규 검사를 받은 날부터 3년이 지난 후 재취업하려는 자

④ 질병, 과로, 그 밖의 사유로 안전 운전이 불가능하다고 인정되는 자인지 알기 위하여 운송사업자가 신청한 자

⊕해설
③은 신규 검사에 해당한다.

29 다음 중 운전적성정밀검사를 받을 필요가 없는 경우는 무엇인가?

① 65세 이상 70세 미만의 사람이 자격 유지 검사의 적합 판정을 받은 뒤 1년이 지난 경우

② 신규 검사의 적합 판정을 받은 후, 검사를 받은 날부터 3년 이내에 취업하지 않은 경우

③ 중상 이상의 사상 사고를 일으킨 경우

④ 신규로 여객자동차운송사업용 자동차를 운전하려는 경우

⊕해설
65세 이상 70세 미만인 사람은 자격 유지 검사를 받아야 하지만, 자격 유지 검사의 적합 판정을 받고 3년이 지나지 않은 사람은 제외한다.

30 택시운전자격을 취소하거나 정지시킬 수 있는 사람은 누구인가?

① 해당 지역의 국회의원

② 국토교통부장관

③ 시·도 경찰관

④ 국무총리

⊕해설
국토교통부장관이나 시·도지사는 택시운전자격을 취소하거나 정지시키는 등의 행정처분을 할 수 있다.

31 택시운전자격시험에 대한 설명으로 옳은 것은?

① 필기시험 총점의 5할 이상을 얻어야 한다.

② 무사고운전자 또는 유공운전자의 표시장을 받았더라도 '안전운행 요령 및 운송서비스'에 관한 시험을 면제받을 수는 없다.

③ 택시운전자격이 취소된 날부터 1년이 지나지 않은 사람은 응시할 수 없다.

④ 운전자격시험일부터 과거 4년간 사업용 자동차를 2년 이상 무사고로 운전한 사람은 '안전운행 요령 및 운송서비스'에 관한 시험을 면제받을 수 있다.

⊕해설
① 필기시험 총점의 6할 이상을 얻어야 한다.
②, ④ 무사고운전자 또는 유공운전자의 표시장을 받은 사람과 운전자격시험일부터 과거 4년간 사업용 자동차를 3년 이상 무사고로 운전한 사람은 '안전운행 요령 및 운송서비스'에 관한 시험을 면제받을 수 있다.

32 택시운전자격 게시와 관리에 관한 사항 중 옳지 않은 것은?

① 운수종사자가 퇴직하는 경우 본인의 운전자격증명을 운송사업자에게 반납해야 한다.

② 택시운전자격증은 다른 시·도에서도 갱신이 가능하다.

③ 운전자격증명을 게시할 시 승객이 쉽게 볼 수 있는 위치에 항상 게시해야 한다.

④ 운수종사자는 운전업무 종사자격을 증명하는 증표를 발급받아 해당 사업용 자동차 안에 항상 게시해야 한다.

⊕해설
② 택시운전자격증은 취득한 해당 시·도에서만 갱신이 가능하다.

33 다음 중 택시운전 자격 취소 사유에 해당되지 않는 것은?

① 택시운전자격증을 타인에게 대여한 경우

② 신고한 운임 또는 요금이 아닌 부당한 운임 또는 요금을 받거나 요구하는 경우

③ 도로교통법 위반으로 사업용 자동차를 운전할 수 있는 운전면허가 취소된 경우

④ 부정한 방법으로 택시운전자격을 취득한 경우

⊕해설
②는 자격정지 10일에 해당한다.

34 다음 중 택시운전 자격 정지 사유에 해당되는 것은?

① 택시운전자격정지의 처분 기간 중에 택시운송사업 또는 플랫폼운송사업을 위한 운전 업무에 종사한 경우
② 일반택시운송사업 또는 개인택시운송사업의 운전자격을 취득할 수 없는 경우에 해당하게 된 경우
③ 교통사고와 관련하여 거짓이나 그 밖의 부정한 방법으로 보험금을 청구하여 금고 이상의 형을 선고받고 그 형이 확정된 경우
④ 중대한 교통사고로 법령이 규정한 수의 사상자를 발생하게 한 경우

⊙해설
①, ②, ③은 모두 자격 취소 사유이다.

35 개인택시운송사업자가 불법으로 타인으로 하여금 대리운전을 하게 한 경우에 해당하는 처분 기준은?

① 자격정지 10일　　② 자격정지 15일
③ 자격정지 30일　　④ 자격취소

36 중대한 교통사고의 처분 기준에 해당하지 않는 것은?

① 자격정지 60일　　② 자격정지 50일
③ 자격정지 40일　　④ 자격취소

⊙해설
㉠ 사망자 2명 이상 : 자격정지 60일
㉡ 사망자 1명 및 중상자 3명 이상 : 자격정지 50일
㉢ 중상자 6명 이상 : 자격정지 40일

37 자격정지 처분을 받은 사람의 감경 사유로 옳지 않은 것은?

① 고의나 중대한 과실이 아닌 사소한 부주의나 오류로 인한 것으로 인정되는 경우
② 위반의 정도가 경미하여 이용객에게 미치는 피해가 적다고 인정되는 경우
③ 이전에 해당 위반 행위를 한 적이 없고 최근 6년 이상 해당 여객자동차운송사업의 모범적인 운수종사자로 근무한 사실이 인정되는 경우
④ 여객자동차운수사업에 대한 정부 정책상 필요하다고 인정되는 경우

⊙해설
위반 행위를 한 사람이 처음 해당 위반 행위를 한 경우로서 최근 5년 이상 해당 여객자동차운송사업의 모범적인 운수종사자로 근무한 사실이 인정되는 경우

38 다음 중 자격 정지 30일에 해당하는 위반 행위는?

① 일정한 장소에서 장시간 정차하거나 배회하면서 여객을 유치하는 행위
② 정당한 이유 없이 여객을 중도에 내리게 하는 행위
③ 정당한 사유 없이 교육 과정을 마치지 않은 경우
④ 개인택시운송사업자가 불법으로 타인으로 하여금 대리운전을 하게 한 경우

⊙해설
① 일정한 장소에서 장시간 정차하거나 배회하면서 여객을 유치하는 행위 : 자격정지 10일
② 정당한 이유 없이 여객을 중도에서 내리게 하는 행위 : 자격정지 10일
③ 정당한 사유 없이 교육 과정을 마치지 않은 경우 : 자격정지 5일

39 택시운전자격의 취소 등의 처분 기준 중 일반 기준에 대한 설명으로 옳지 않은 것은?

① 처분관할관청은 자격정지 처분을 받은 사람이 정당한 사유 없이 기일 내에 운전 자격증을 반납하지 않을 시 해당 처분을 2분의 1의 범위에서 가중하여 처분할 수 있다.
② 위반 행위가 둘 이상인 경우, 그에 해당하는 각각의 처분 기준이 다를 때 경우에 따라 그 둘의 처분 기준을 중복하는 것이 가능하다.
③ 처분관할관청은 자격정지 처분을 받은 사람이 가중·감경 사유에 해당할 시, 그 처분을 2분의 1 범위에서 늘리거나 줄일 수 있다.
④ 위반 행위의 횟수에 따른 행정 처분의 기준은 최근 1년간 같은 위반 행위로 행정 처분을 받은 경우에 적용한다.

⊙해설
② 위반 행위가 둘 이상인 경우로서 그에 해당하는 각각의 처분 기준이 다른 경우에는 그중 무거운 처분 기준에 따른다. 다만, 둘 이상의 처분 기준이 모두 자격정지인 경우에는 각 처분 기준을 합산한 기간을 넘지 아니하는 범위에서 무거운 처분 기준의 2분의 1 범위에서 가중할 수 있다. 이 경우 그 가중한 기간을 합산한 기간은 6개월을 초과할 수 없다.

40 운수종사자 교육에 관한 설명으로 옳지 않은 것은?

① 새로 채용한 운수종사자의 교육 시간은 16시간이다.
② 해당 연도의 신규 교육 또는 수시 교육을 이수한 운수종사자는 해당 연도의 보수 교육을 면제한다.
③ 새로 채용된 운수종사자가 교통안전법 시행규칙에 따른 심화 교육 과정을 이수한 경우에는 신규 교육을 면제한다.
④ 보수 교육 대상자 선정을 위한 무사고·무벌점 기간은 전년도 11월 말을 기준으로 산정한다.

⊙해설
④ 보수 교육 대상자 선정을 위한 무사고·무벌점 기간은 전년도 10월 말을 기준으로 산정한다.

41 운수종사자 교육 대상과 시간이 올바르게 연결 되지 않은 것은?

① 새로 채용한 운수종사자 – 16시간
② 무사고·무벌점 기간이 5년 이상 10년 미만인 운수종사자 – 8시간
③ 법령 위반 운수종사자 – 8시간
④ 무사고·무벌점 기간이 5년 미만인 운수종사자 – 4시간

⊙해설 무사고·무벌점 기간이 5년 이상 10년 미만인 운수종사자 – 4시간

42 사업용 자동차 중 2,400cc 미만 일반택시의 차령은 어느 것인가?

① 4년　　② 6년
③ 5년　　④ 8년

43 다음 중 사업용 자동차의 차령이 올바르게 연결되지 않은 것은?

① 개인택시 배기량 2,400cc 미만 – 4년
② 일반택시 배기량 2,400cc 이상 – 6년
③ 개인택시 배기량 2,400cc 이상 – 9년
④ 일반택시 환경친화적자동차 – 6년

⊙해설 개인택시 배기량 2,400cc 미만 – 7년

44 운수종사자의 교육에 필요한 조치를 하지 않은 경우 1차 과징금의 액수는?

① 20만 원　　　　　　② 60만 원
③ 30만 원　　　　　　④ 90만 원

45 미터기를 부착하지 않거나 사용하지 않고 여객을 운송한 경우 1차 과징금의 액수는?

① 80만 원　　　　　　② 40만 원
③ 10만 원　　　　　　④ 100만 원

46 정류소에서 주차 또는 정차 질서를 문란하게 한 경우 1차 과징금의 액수는?

① 60만 원　　　　　　② 80만 원
③ 20만 원　　　　　　④ 10만 원

47 면허를 받은 사업구역 외의 행정 구역에서 사업을 한 경우 1차 과징금의 액수는?

① 20만 원　　　　　　② 100만 원
③ 60만 원　　　　　　④ 40만 원

48 차량 정비, 운전자의 과로 방지 및 정기적인 차량 운행 금지 등 안전 수송을 위한 명령을 위반하여 운행한 경우 1차 과징금의 액수는?

① 10만 원　　　　　　② 60만 원
③ 20만 원　　　　　　④ 30만 원

49 자동차 안에 게시해야 할 사항을 게시하지 않은 경우 1차 과징금의 액수는?

① 50만 원　　　　　　② 10만 원
③ 20만 원　　　　　　④ 30만 원

50 면허를 받거나 등록한 차고를 이용하지 않고 차고지가 아닌 곳에서 밤샘 주차를 한 경우 1차 과징금의 액수는?

① 10만 원　　　　　　② 50만 원
③ 30만 원　　　　　　④ 15만 원

51 운수종사자에게 여객의 좌석 안전띠 착용에 관한 교육을 실시하지 않은 경우 1차 과태료 액수는?

① 10만 원　　　　　　② 5만 원
③ 20만 원　　　　　　④ 25만 원

52 문을 완전히 닫지 않은 상태 또는 여객이 승하차하기 전에 자동차를 출발시키는 경우 1차 과태료 액수는?

① 10만 원　　　　　　② 20만 원
③ 3만 원　　　　　　④ 30만 원

53 자동차 안에서 흡연하는 경우 1차 과태료 액수는?

① 12만 원　　　　　　② 15만 원
③ 10만 원　　　　　　④ 5만 원

54 여객의 요구에도 불구하고 영수증 발급 또는 신용카드 결제에 응하지 않는 경우 1차 과태료 액수는?

① 30만 원　　　　　　② 20만 원
③ 25만 원　　　　　　④ 10만 원

55 차실에 냉방·난방 장치를 설치하여야 할 자동차에 이를 설치하지 않고 여객을 운송한 경우 2차 과징금 액수는?

① 60만 원　　　　　　② 50만 원
③ 120만 원　　　　　　④ 180만 원

56 신고를 하지 않거나 거짓으로 신고를 하고 개인택시를 대리운전하게 한 경우 1차 과징금액수는?

① 100만 원　　　　　　② 120만 원
③ 80만 원　　　　　　④ 150만 원

57 면허·허가를 받거나 등록한 업종의 범위를 벗어나 사업을 한 경우 1차 과징금 액수는?

① 90만 원　　　　　　② 100만 원
③ 150만 원　　　　　　④ 180만 원

58 차령 또는 운행 거리를 초과하여 운행한 경우 2차 과징금 액수는?

① 100만 원　　　　　　② 180만 원
③ 360만 원　　　　　　④ 120만 원

59 중대한 교통사고 발생에 따른 보고를 하지 않거나 거짓 보고를 한 경우 1차 과태료 액수는?

① 30만 원　　　　　　② 20만 원
③ 60만 원　　　　　　④ 100만 원

60 운수종사자 취업 현황을 알리지 않거나 거짓으로 알린 경우 1차 과태료 액수는?

① 70만 원　　　　　　② 50만 원
③ 20만 원　　　　　　④ 10만 원

61 택시운송사업의 발전에 관한 법규의 목적으로 옳지 않은 것은?

① 택시운송사업의 건전한 발전을 도모
② 택시운수종사자의 복지 증진
③ 여객자동차운수사업의 종합적인 발달을 통해 공공복리를 증진
④ 국민의 교통편의 제고에 이바지

🔍해설 ③ 여객자동차운수사업법의 목적이다.

62 다음 행위들을 처벌 시 그 근거가 되는 법령이 다른 하나는?

① 여객의 요구에도 불구하고 영수증 발급 또는 신용 카드 결제에 응하지 않는 행위
② 정당한 사유 없이 여객의 승차를 거부하거나 여객을 중도에서 내리게 하는 행위
③ 일정한 장소에서 장시간 정차하거나 배회하면서 여객을 유치하는 행위
④ 여객을 합승하도록 하는 행위

🔍해설
③ 일정한 장소에서 장시간 정차하거나 배회하면서 여객을 유치하는 행위에 대한 처벌의 근거가 되는 법령은 여객자동차운수사업법이다.

63 다음 중 택시정책심의위원회에 대한 설명 중 옳지 않은 것은?

① 택시정책심의위원회 위원의 임기는 1년이다.
② 위원회의 구성은 위원장 1명을 포함한 10명 이내의 위원으로 구성된다.
③ 택시운송사업의 중요 정책 등에 관한 사항의 심의를 위한 곳이다.
④ 택시정책심의위원회는 국토교통부장관의 소속으로 둔다.

🔍해설
① 택시정책심의위원회 위원의 임기는 2년이다.

64 다음 중 택시정책심의위원회의 심의 사항 중 옳지 않은 것은?

① 택시운수종사자의 근로 여건 개선에 관한 중요 사항
② 보조금 할당 여부
③ 택시운송사업의 면허 제도에 관한 중요 사항
④ 사업구역별 택시 총량에 관한 사항

🔍해설
시·도는 택시운송사업의 발전을 위하여 택시운송사업자 또는 택시운수종사자 단체에 다음의 어느 하나에 해당하는 사업에 대하여 조례로 정하는 바에 따라 필요한 자금의 전부 또는 일부를 보조 또는 융자할 수 있다.

65 여객자동차운수사업법에도 불구하고 신규 택시운송사업 면허를 받을 수 없는 사업구역에 해당하지 않는 구역은?

① 사업구역별 택시 총량을 산정하지 아니한 사업구역
② 국토교통부장관이 사업구역별 택시 총량의 재산정을 요구한 사업구역
③ 고시된 사업구역별 택시 총량보다 해당 사업구역 내의 택시의 대수가 많은 사업구역.
④ 연도별 감차 규모를 초과하여 감차 실적을 달성한 사업구역

🔍해설
연도별 감차 규모를 초과하여 감차 실적을 달성한 사업구역은 그 초과분의 범위에서 관할 지방자치단체의 조례로 정하는 바에 따라 신규 택시운송사업 면허를 받을 수 있다.

66 운송비용 전가 금지 사항에 해당하지 않는 것은?

① 택시 구입비   ② 유류비
③ 식사비   ④ 세차비

🔍해설
운송비용 전가 금지 사항 등
㉠ 택시 구입비 (신규 차량을 택시운수종사자에게 배차하면서 추가 징수하는 비용 포함)
㉡ 유류비
㉢ 세차비
㉣ 택시운송사업자가 차량 내부에 붙이는 장비의 설치비 및 운영비
㉤ 그 밖에 택시의 구입 및 운행에 드는 비용으로서 대통령령으로 정하는 비용

67 택시 운행 정보 관리에 관한 내용으로 옳지 않은 것은?

① 국토교통부장관 또는 시·도지사는 택시운행정보관리시스템을 구축·운영할 수 있다.
② 택시운행정보관리시스템으로 처리된 전산 자료는 공공의 목적을 위하여 국토교통부령으로 정하는 바에 따라 공동 이용할 수 있다.
③ 국토교통부장관 또는 시·도지사는 택시운행정보관리시스템을 구축·운영하기 위한 정보를 수집·이용하는 것은 불가능하다.
④ '운행 기록 장치에 기록된 정보'와 '택시요금미터에 기록된 정보'는 택시운행정보관리시스템을 구축·운영하기 위해 국토교통부령으로 정하는 정보에 속한다.

🔍해설
③ 국토교통부장관 또는 시·도지사는 택시운행정보관리시스템을 구축·운영하기 위한 정보를 수집·이용할 수 있다.

68 여객의 요구에도 불구하고 영수증 발급 또는 신용 카드 결제에 응하지 않는 행위를 할 경우 받게 되는 2차 처분 기준은?

① 자격정지 20일
② 자격정지 10일
③ 경고
④ 자격 취소

69 정당한 사유 없이 여객의 승차를 거부하거나 여객을 중도에서 내리게 하는 행위를 할 경우 받게 되는 1차 처분 기준은?(여객자동차 운수사업법 기준)

① 경고   ② 자격정지 10일
③ 자격정지 20일   ④ 자격취소

70 운송비용 전가 금지 조항에 해당하는 비용을 택시운수종사자에게 전가시킨 경우 1회 위반 과태료 금액은?

① 100만 원   ② 500만 원
③ 50만 원   ④ 200만 원

🔍해설
2회 위반 - 1,000만 원, 3회 위반 이상 - 1,000만 원

71 도로교통법의 목적으로 옳지 않은 것은?

① 도로에서 일어나는 교통상의 위험과 장해의 방지
② 도로에서 일어나는 교통상의 위험과 장해의 제거
③ 도로의 안전하고 원활한 교통 확보
④ 차량의 교통위반 단속과 처벌

72 다음 중 도로교통법에서 정의하는 용어 중 옳지 않은 것은?

① 고속도로 – 자동차의 고속 운행에만 사용하기 위하여 지정된 도로
② 안전표지 – 주의 · 규제 · 지시 등을 표시하는 표지판이나 도로의 바닥에 표시하는 기호 · 문자 또는 선
③ 교차로 – 셋 이상의 도로가 교차하는 부분
④ 횡단보도 – 보행자가 도로를 횡단할 수 있도록 안전표지로 표시한 도로의 부분

🔍해설
③ 교차로 – 십자로, T자로나 그 밖에 둘 이상의 도로(보도와 차도가 구분되어 있는 도로에서는 차도)가 교차하는 부분

73 자동차전용도로 설명으로 맞는 것은?

① 자동차의 고속 교통에만 사용하기 위한 도로이다.
② 자동차와 이륜자동차만이 다닐 수 있도록 설치된 도로이다.
③ 자동차와 원동기장치자전거만이 다닐 수 있도록 설치된 도로이다.
④ 자동차만 다닐 수 있도록 설치된 도로이다.

74 도로교통법상 고속도로의 정의를 가장 올바르게 설명한 것은?

① 자동차의 고속 운행에만 사용하기 위하여 지정된 도로
② 고속버스만 다닐 수 있도록 설치된 도로를 말한다.
③ 중앙분리대 설치 등 안전하게 고속 주행할 수 있도록 설치된 도로를 말한다.
④ 자동차만 다닐 수 있도록 설치된 도로를 말한다.

75 길가장자리구역에 대한 설명으로 맞는 것은?

① 보도와 차도가 구분되지 아니한 도로에서 보행자의 안전을 확보하기 위하여 안전표지 등으로 경계를 표시한 도로의 가장자리 부분이다.
② 보도와 차도가 구분된 도로에 자전거를 위하여 설치한 곳이다.
③ 보행자가 도로를 횡단할 수 있도록 안전표지로써 표시한 곳이다.
④ 자동차가 다니는 도로이다.

76 원동기 장치 자전거의 기준으로 맞는 것은?

① 이륜자동차 중 배기량 125cc 이하의 이륜자동차와 125cc 이하의 원동기를 단 차를 말한다.
② 이륜자동차 중 배기량 100cc 이하의 이륜자동차와 50cc 미만의 원동기를 단 차를 말한다.
③ 이륜자동차 중 배기량 125cc 이하의 이륜자동차와 100cc 미만의 원동기를 단 차를 말한다.
④ 자동차 중 배기량 125cc 이하의 자동차와 50cc 미만의 원동기를 단 자전거를 말한다.

77 다음 중 모범운전자에 관련한 설명으로 잘못된 것은?

① 무사고운전자 표시장을 받은 사람
② 유공운전자의 표시장을 받은 사람
③ 5년 이상 사업용 자동차 무사고 운전경력자
④ 2년 이상 사업용 자동차 무사고 운전경력자로서 선발되어 교통안전 봉사활동에 종사하는 사람

🔍해설
무사고 운전자 또는 유공 운전자 표시장을 받거나 2년 이상 사업용자동차 운전에 종사하면서 교통사고를 일으킨 전력이 없는 사람으로서 경찰청장이 정하는 바에 따라 선발되어 교통안전 봉사 활동에 종사하는 사람

78 신호기의 신호와 수신호가 다를 때 운전자의 통행 방법으로 옳은 것은?

① 신호가 같아질 때까지 기다린다.
② 신호를 우선적으로 따라야 한다.
③ 어느 신호든 원하는 것을 따른다.
④ 경찰 공무원의 신호 또는 지시에 따라야 한다.

79 원형 녹색 등화의 의미로 올바른 것은?

① 비보호좌회전표지 또는 비보호좌회전표시가 있는 곳에서는 좌회전할 수 있다.
② 차마는 다른 교통 또는 안전표지의 표시에 주의하면서 진행할 수 있다.
③ 정지선, 횡단보도 및 교차로의 직전에서 정지해야 한다.
④ 차마는 다른 교통 또는 안전표지의 표시에 주의하면서 화살표시 방향으로 진행할 수 있다.

80 경찰 공무원을 보조하는 사람이 아닌 사람은?

① 본래의 긴급한 용도로 운행하는 소방차 · 구급차를 유도하는 소방 공무원
② 교통단속공무원
③ 모범 운전자
④ 군사 훈련에 동원되는 부대의 이동을 유도하는 군사 경찰

81 교차로에 진입 중 황색 등화로 바뀌었을 때 적절한 조치는?

① 일시정지하여 주위를 살핀 후 진입한다.
② 교차로에 일부라도 진입한 경우에는 신속히 교차로 밖으로 나간다.
③ 서행하면서 대기한다.
④ 일시정지 후 다음 신호를 기다린다.

82 적색 등화 시 적절한 운전 방법으로 틀린 것은?

① 차마는 정지선, 횡단보도 및 교차로의 직전에서 정지해야 한다.
② 차마는 우회전하려는 경우 정지선, 횡단보도 및 교차로의 직전에서 정지한 후 신호에 따라 진행하는 다른 차마의 교통을 방해하지 않고 우회전할 수 있다.
③ 차마는 우회전 삼색등이 적색의 등화인 경우 우회전할 수 없다.
④ 차마는 정지선, 횡단보도 및 교차로의 직전에서 정지하지 아니하고 우회전할 수 있다.

정답 72 ③ 73 ④ 74 ① 75 ① 76 ① 77 ③ 78 ④ 79 ① 80 ② 81 ② 82 ④

83 다음 안전표지의 뜻은 무엇인가?

① 도로 중앙으로 통행하여야 함을 알리는 것
② 우측 방향으로 통행하여야 함을 알리는 것
③ 우측 차로의 없어짐을 알리는 것
④ 좌측 차로의 없어짐을 알리는 것

84 다음 안전표지의 뜻은 무엇인가?

① ㅓ 자형 교차로가 있음을 알리는 것
② Y자형 교차로가 있음을 알리는 것
③ 좌합류 도로가 있음을 알리는 것
④ 우선 도로가 있음을 알리는 것

85 교통안전표지의 종류에 대한 설명 중 옳지 않은 것은?

① 주의 표지 – 도로 상태가 위험하거나 도로 또는 그 부근에 위험물이 있는 경우에 필요한 안전 조치를 할 수 있도록 알리는 표지
② 규제 표지 – 도로의 통행 방법·통행 구분 등 도로 교통의 안전을 위하여 필요한 지시를 따르도록 알리는 표지
③ 보조 표지 – 주의 표지·규제 표지 또는 지시 표지의 주 기능을 보충하여 알리는 표지
④ 노면 표시 – 각종 주의·규제·지시 등의 내용을 노면에 기호·문자 또는 선으로 알리는 표지

> **해설**
> ㉠ 규제 표지 – 도로 교통의 안전을 위하여 각종 제한·금지 등의 규제를 하는 경우에 이를 도로 사용자에게 알리는 표지
> ㉡ 지시 표지 – 도로의 통행 방법·통행 구분 등 도로 교통의 안전을 위하여 필요한 지시를 하는 경우에 도로 사용자가 이에 따르도록 알리는 표지

86 행렬의 통행 방법 중 차도의 중앙을 통행할 수 있는 경우로 옳은 것은?

① 말·소 등의 큰 동물을 몰고 가는 경우
② 중요한 행사에 따라 시가를 행진하는 경우
③ 기 또는 현수막 등을 휴대한 행렬
④ 도로에서 청소나 보수 등의 작업을 하고 있는 경우

> **해설** ①, ③, ④는 차도의 우측을 통행해야 하는 경우이다.

87 보행자의 도로횡단 방법으로 옳지 않은 것은?

① 횡단보도가 설치되어 있지 않은 도로에서는 가장 짧은 거리로 횡단해야 한다.
② 보행자는 안전표지 등에 의해 횡단이 금지된 도로에서는 그 도로를 횡단해서는 안 된다.
③ 신호나 지시에 따라 도로를 횡단하는 경우라도 보행자는 모든 차와 노면전차의 바로 앞이나 뒤로 횡단해서는 안 된다.
④ 도로 횡단 시설이 설치되어 있는 도로에서는 그곳으로 횡단해야 한다.

> **해설**
> 보행자는 모든 차와 노면전차의 바로 앞이나 뒤로 횡단하여서는 안 된다. 다만, 횡단보도를 횡단하거나 신호기 또는 경찰 공무원 등의 신호나 지시에 따라 도로를 횡단하는 경우에는 그렇지 않다.

88 다음 중 편도 3차로의 고속도로에서 3차로를 주행할 수 있는 차는?

① 대형 승합자동차
② 소형 승합자동차
③ 승용 자동차
④ 중형 승합자동차

> **해설**
> 편도 3차로의 고속도로에서 차로별 주행 가능 차량
> ㉠ 1차로 : 앞지르기를 하려는 승용 자동차 및 앞지르기를 하려는 경형·소형·중형 승합자동차.
> ㉡ 2차로 : 승용 자동차 및 경형·소형·중형 승합자동차
> ㉢ 3차로 : 대형 승합자동차, 화물 자동차, 특수 자동차, 건설 기계

89 다음 중 편도 2차로의 고속도로에서 2차로를 주행할 수 있는 차는?

① 승용 자동차
② 모든 자동차
③ 중형 승합 자동차
④ 화물 자동차

> **해설**
> 편도 2차로의 고속도로에서 차로별 주행 가능 차량
> ㉠ 1차로 : 앞지르기를 하려는 모든 자동차.
> ㉡ 2차로 : 모든 자동차

90 버스전용차로가 설치되지 않은 편도 4차로인 시내도로에서 화물 자동차가 운행할 수 없는 차로는?

① 중앙선에서 1, 2차로
② 중앙선에서 2, 3차로
③ 중앙선에서 3, 4차로
④ 중앙선에서 1, 2, 3, 4차로

91 어린이 통학 버스의 특별 보호 행동으로 옳지 않은 것은?

① 어린이 통학 버스에 이르기 전 일시정지해 안전 확인 후 서행해야 한다.
② 모든 차의 운전자는 어린이 통학 버스를 앞지르지 못한다.
③ 편도 1차로인 도로의 반대 방향에서 진행하는 운전자는 일시정지할 필요가 없다.
④ 중앙선이 설치되지 않은 도로의 반대 방향에서 진행하는 운전자는 어린이 통학 버스에 이르기 전 일시정지해 안전 확인 후 서행해야 한다.

> **해설**
> ③ 중앙선이 설치되지 않은 도로와 편도 1차로인 도로에서는 반대 방향에서 진행하는 차의 운전자도 어린이 통학 버스에 이르기 전에 일시정지 하여 안전을 확인한 후 서행해야 한다.

92 편도 2차로 이상의 고속도로에서 최저 속도는?

① 매시 50km
② 매시 60km
③ 매시 70km
④ 매시 80km

93 편도 1차로인 일반도로에서 승용 자동차의 최고 속도와 악천후로 인해 가시거리가 100m 이내일 때의 최고 속도로 짝지어진 것은?

① 매시 60km – 매시 30km
② 매시 60km – 매시 40km
③ 매시 80km – 매시 30km
④ 매시 80km – 매시 40km

94 차량의 악천후 시 감속 운행 속도 중 최고 속도의 50%로 감속 운행해야 하는 경우로 옳은 것은?

① 비가 내려 노면이 젖어있는 경우
② 눈이 20mm 미만 쌓인 경우
③ 폭우 · 폭설 · 안개 등으로 가시거리가 100m 이내인 경우
④ 눈이 10mm 이상 쌓인 경우

🔍 **해설**
악천후 시 감속 운행 속도 중 최고 속도의 50%로 감속 운행해야 하는 경우
㉠ 폭우 · 폭설 · 안개 등으로 가시거리가 100m 이내인 경우
㉡ 노면이 얼어붙은 경우
㉢ 눈이 20mm 이상 쌓인 경우

95 앞지르기 금지시기 중 옳지 않은 것은?

① 앞차가 다른 차를 앞지르려고 하는 경우
② 앞차가 우회전 하는 경우
③ 앞차가 다른 차를 앞지르고 있는 경우
④ 앞차의 좌측에 다른 차가 앞차와 나란히 가고 있는 경우

96 앞지르기 금지 장소에 해당되는 장소는 어디인가?

① 일반도로   ② 비탈길의 오르막
③ 교차로   ④ 고속도로

🔍 **해설**
앞지르기 금지장소
㉠ 교차로
㉡ 터널 안
㉢ 다리 위
㉣ 도로의 구부러진 곳, 비탈길의 고갯마루 부근 또는 가파른 비탈길의 내리막 등 시 · 도 경찰청장이 도로에서의 위험을 방지하고 교통의 안전과 원활한 소통을 확보하기 위하여 필요하다고 인정하는 곳으로서 안전표지로 지정한 곳

97 철길 건널목 통과 시 운전자가 해야 할 행동은?

① 신속 통과   ② 서행
③ 우회전   ④ 일시정지

🔍 **해설**
모든 차 또는 노면전차의 운전자는 철길 건널목(이하 건널목)을 통과하려는 경우에는 건널목 앞에서 일시정지 하여 안전한지 확인한 후에 통과해야 한다. 신호기 등이 표시하는 신호에 따르는 경우에는 정지하지 않고 통과할 수 있다.

98 보행자의 보호에 관한 조치 중 옳지 않은 것은?

① 도로에 설치된 안전지대에 보행자가 있는 경우와 차로가 설치되지 않은 좁은 도로에서 보행자의 옆을 지나는 경우 안전한 거리를 두고 서행해야 한다.
② 보행자가 횡단보도를 통행하고 있는 경우 횡단보도 앞에서 일시정지 해야 한다.
③ 보행자가 횡단보도가 설치되어 있지 않은 도로를 횡단하고 있을 때 횡단을 방해하지 않도록 신속하게 통과한다.
④ 교통정리를 하고 있는 교차로에서 좌회전 또는 우회전 하는 경우 신호 또는 지시에 따라 도로를 횡단하는 보행자의 통행을 방해해서는 안 된다.

🔍 **해설**
③ 모든 차의 운전자는 보행자가 횡단보도가 설치되어 있지 않은 도로를 횡단하고 있을 때는 안전거리를 두고 일시정지하여 보행자가 안전하게 횡단할 수 있도록 해야 한다.

99 긴급자동차 운행 시 면제되지 않는 위반 행위는?

① 규정된 제한 속도의 속도 위반
② 긴급 자동차에 대한 속도 제한이 있는 경우의 속도 위반
③ 끼어들기 금지 상황에서의 끼어들기
④ 앞지르기 금지 장소에서의 앞지르기

🔍 **해설** 긴급 자동차에 대한 특례
긴급 자동차에 대하여는 다음을 적용하지 아니한다.
㉠ 자동차 등의 속도제한. (다만, 긴급 자동차에 대해 속도를 규정한 경우에는 적용)
㉡ 앞지르기의 금지
㉢ 끼어들기의 금지

100 긴급자동차의 우선 통행에 대한 설명으로 틀린 것은?

① 긴급 자동차는 끼어들기가 금지된 상황에서도 끼어들기를 할 수 있다.
② 도로의 중앙이나 좌측 부분을 통행할 수 있다.
③ 긴급 자동차는 앞지르기가 금지된 장소에서 우측으로 앞지르기를 할 수 있다.
④ 정지하여야 하는 경우에도 불구하고 긴급하고 부득이한 경우에는 정지하지 않을 수 있다.

🔍 **해설**
③ 긴급 자동차는 앞지르기 금지 사항에 대해 특례를 받지만, 여전히 좌측으로 앞지르기를 해야 한다.

101 일시정지 해야 할 장소로 옳은 것은?

① 비탈길의 고갯마루
② 교통정리가 없고 좌우 확인이 어렵거나 교통이 빈번한 교차로
③ 교통정리를 하고 있지 않은 교차로
④ 도로가 구부러진 부근

🔍 **해설** ①, ③, ④는 서행해야 할 장소다.

102 다음 중 서행해야 할 장소로 옳지 않은 것은?

① 가파른 비탈길의 내리막
② 비탈길의 고갯마루 부근
③ 시 · 도 경찰청장이 안전표지로 지정한 곳
④ 교통정리를 하고 있지 않은 교차로

🔍 **해설** ③은 일시정지 해야 할 장소이다.

103 다음 중 정차 및 주차금지 장소로 옳지 않은 것은?

① 안전지대가 설치된 도로에서는 그 안전지대의 사방으로부터 각각 8m 이내인 곳
② 버스 여객 자동차의 정류지로부터 10m 이내인 곳
③ 교차로 · 횡단보도 · 건널목이나 보도와 차도가 구분된 도로의 보도
④ 교차로의 가장자리 또는 도로의 모퉁이로부터 5m 이내인 곳

🔍 **해설**
① 안전지대가 설치된 도로에서는 그 안전지대의 사방으로부터 각각 10m 이내인 곳

104 도로에서 정차하거나 주차할 때 택시가 켜야 하는 등화를 모두 고른 것은?

① 전조등, 실내 조명등   ② 미등, 차폭등
③ 전조등, 번호등   ④ 미등

105 밤에 마주보고 진행하는 경우의 등화 조작 방법으로 옳지 않은 것은?

① 전조등의 밝기 줄이기
② 불빛의 방향을 아래로 향하기
③ 잠시 전조등 끄기
④ 전조등을 깜빡여 자신의 접근을 알리기

⊕해설
밤에 차가 서로 마주보고 진행하는 경우의 등화 조작
㉠ 전조등의 밝기 줄이기
㉡ 불빛의 방향을 아래로 향하기
㉢ 잠시 전조등 끄기 (도로의 상황으로 보아 마주보고 진행하는 차의 교통을 방해할 우려가 없는 경우는 제외)

106 도로교통법에서 규정한 술에 취한 상태의 기준으로 옳은 것은?

① 혈중알코올농도가 0.03% 이상
② 혈중알코올농도가 0.07% 이상
③ 혈중알코올농도가 0.09% 이상
④ 혈중알코올농도가 0.1% 이상

107 편도 2차로 도로에서 어린이 통학버스가 도로에 정차하여 어린이나 영유아가 타고 내리고 있을 경우 운전자의 행동으로 올바른 것은?

① 어린이 통학버스 운전자에게 차량을 안전한 곳으로 이동하도록 경고한다.
② 어린이가 타고 내리는 데 방해가 되지 않도록 중앙선을 넘어 서행으로 지나간다.
③ 어린이 통학버스에 이르기 전에 일시정지 하여 안전을 확인한 후 서행하여 지나간다.
④ 정차되어 있는 어린이 통학버스 좌측 옆으로 지나간다.

⊕해설
어린이 통학 버스가 도로에 정차하여 어린이나 영유아가 타고 내리는 중임을 표시하는 점멸등 등의 장치를 작동 중일 때에는 어린이 통학버스가 정차한 차로와 그 차로의 바로 옆 차로로 통행하는 차의 운전자는 어린이 통학 버스에 이르기 전에 일시정지하여 안전을 확인한 후 서행해야 한다.

108 모든 차의 운전자가 지켜야할 준수 사항으로 옳지 않은 것은?

① 서둘러 지나가야 하는 경우 경적을 반복적으로 울려 신호한다.
② 경찰관서에서 사용하는 무전기와 동일한 주파수의 무전기를 설치하지 않는다.
③ 물이 고인 곳을 운행할 때는 고인 물을 튀게 하여 타인에게 피해를 주지 않도록 한다.
④ 도로에서 자동차를 세워둔 채 시비·다툼 행위로 다른 차의 통행을 방해하지 않도록 한다.

109 교통사고 발생 시 경찰 공무원에게 신고할 사항과 거리가 먼 것은?

① 손괴한 물건 및 손괴 정도
② 사고가 일어난 곳
③ 사상자 수 및 부상 정도
④ 사고 주변의 날씨

⊕해설
교통사고 발생 시 경찰 공무원에게 신고할 사항
㉠ 사고가 일어난 곳   ㉡ 사상자 수 및 부상 정도
㉢ 손괴한 물건 및 손괴 정도   ㉣ 그 밖의 조치 사항 등

110 다음 중 좌석 안전띠를 매지 않아도 되는 경우로 옳지 않은 것은?

① 신장·비만, 그 밖의 신체의 상태에 의하여 좌석 안전띠의 착용이 적당하지 않다고 인정되는 사람이 운전할 때
② 자동차가 서행으로 진행할 때
③ 긴급 자동차가 그 본래의 용도로 운행되고 있는 때
④ 경찰용 자동차에 의하여 호위되거나 유도되고 있는 자동차를 운전하거나 승차하는 때

⊕해설
② 서행으로 주행 중에도 좌석 안전띠는 반드시 매야 한다.

111 밤에 고장으로 인해 고속도로에서 자동차를 운행할 수 없는 경우 안전표지 설치 시 사방 몇 m 지점에서 식별할 수 있어야 하는가?

① 500m   ② 700m
③ 100m   ④ 800m

⊕해설
자동차의 운전자는 고장이나 그 밖의 사유로 고속도로 또는 자동차 전용 도로에서 자동차를 운행할 수 없을 때 다음 각 호의 표지를 설치하여야 한다.
㉠ 안전 삼각대
㉡ 사방 500m 지점에서 식별할 수 있는 적색의 섬광 신호·전기제 등 또는 불꽃 신호. 다만, 밤에 고장이나 그 밖의 사유로 고속도로 등에서 자동차를 운행할 수 없게 되었을 때로 한정한다.

112 다음 중 고속도로 갓길 통행금지에 관한 사항으로 옳지 않은 것은?

① 도로가 정체 시 원활한 소통을 위해 갓길 통행이 가능하다.
② 긴급 자동차와 고속도로 등의 보수·유지 등의 작업을 하는 자동차를 운전하는 경우 갓길 통행이 가능하다.
③ 신호기 또는 경찰 공무원 등의 신호나 지시에 따라 자동차를 운전하는 경우 갓길 통행이 가능하다.
④ 고속도로 등에서 자동차의 고장 등 부득이한 사정이 있는 경우를 제외하고는 차로에 따라 통행해야 하며, 갓길로 통행해서는 안 된다.

⊕해설 갓길 통행 금지
자동차의 운전자는 고속도로 등에서 자동차의 고장 등 부득이한 사정이 있는 경우를 제외하고는 행정안전부령으로 정하는 차로에 따라 통행해야 하며, 갓길로 통행해서는 안 된다. 다만, 다음의 어느 하나에 해당하는 경우에는 그렇지 않다.
㉠ 긴급 자동차와 고속도로 등의 보수·유지 등의 작업을 하는 자동차를 운전하는 경우
㉡ 차량 정체 시 신호기 또는 경찰 공무원 등의 신호나 지시에 따라 갓길에서 자동차를 운전하는 경우

113 주취 중 운전, 과로 운전, 공동 위험 행위 운전으로 사람을 사상한 후 구호 및 신고 조치를 하지 않아 면허가 취소된 경우 응시 제한 기간은 면허가 취소된 날로부터 몇 년인가?

① 4년   ② 5년
③ 6년   ④ 7년

⊕해설
운전면허가 취소된 날부터 5년간 응시가 제한되는 사유
㉠ 주취 중 운전, 과로 운전, 공동 위험 행위 운전(무면허 운전 또는 운전면허 결격 기간 중 운전 위반 포함)으로 사람을 사상한 후 구호 및 신고 조치를 하지 않아 취소된 경우
㉡ 주취 중 운전(무면허 운전 또는 운전면허 결격 기간 중 운전 포함)으로 사람을 사망에 이르게 하여 취소된 경우

114 누산 점수 초과로 인한 운전면허 취소 기준으로 옳은 것은?

① 3년간 271점 이상
② 2년간 190점 이상
③ 5년간 301점 이상
④ 1년간 130점 이상

🔍 해설
벌점 등 초과로 인한 운전면허의 취소

기간	벌점 또는 누산 점수
1년간	121점 이상
2년간	201점 이상
3년간	271점 이상

115 다음 중 운전면허가 취소된 후, 그 위반한 날부터 3년이 지나야 응시 제한이 해제되는 사유로 옳은 것은?

① 무면허 운전 금지 규정을 3회 이상 위반한 경우
② 음주운전을 하다가 2회 이상 교통사고를 일으킨 경우
③ 음주운전을 하다가 사고로 인해 사람을 사망에 이르게 한 경우
④ 뺑소니 사고를 일으킨 경우

🔍 해설
운전면허가 취소된 후, 그 위반한 날부터 3년간 응시가 제한되는 사유
㉠ 주취 중 운전 (무면허 운전 또는 운전면허 결격 기간 중 운전을 위반한 경우 포함)을 하다가 2회 이상 교통사고를 일으켜 운전면허가 취소된 경우
㉡ 자동차를 이용하여 범죄 행위를 하거나 다른 사람의 자동차를 훔치거나 빼앗은 사람이 무면허 운전인 경우

116 음주운전 관련 면허취소에 해당하는 경우는?

① 혈중알코올농도 0.03% 이상 0.08% 미만에서 운전한 때
② 혈중알코올농도 0.02% 이상 0.09% 미만에서 운전한 때
③ 혈중알코올농도 0.09% 이상에서 운전한 때
④ 혈중알코올농도 0.08% 이상에서 운전한 때

🔍 해설
혈중 알코올 농도 0.08% 이상에서 운전한 때에는 면허가 취소 된다.(혈중 알코올 농도 0.03% 이상~0.08% 미만(주취 상태) : 벌점 100점)

117 벌점에 대한 설명으로 옳지 않은 것은?

① 교통사고 야기 도주차량을 검거하거나 신고한 경우, 면허정지 또는 취소 시 40점 특혜를 부여 한다.
② 처분 벌점이 40점 미만인 경우에 최종의 위반일 또는 사고일로부터 위반 및 사고 없이 1년이 경과한 때는 그 처분 벌점은 소멸한다.
③ 해당 위반 또는 사고가 있었던 날을 기준으로 하여 과거 3년간의 모든 벌점을 누산 하여 관리한다.
④ 교통사고 원인이 된 법규 위반이 둘 이상이라면, 이를 합산 하여 적용한다.

🔍 해설
교통사고의 원인이 된 법규 위반이 둘 이상인 경우 그 중 가장 무거운 것을 적용한다.

118 자동차 등의 운전 중 교통사고를 일으킨 때의 벌점으로 옳지 않은 것은?

① 경상 1명마다 10점 : 3주 미만 5일 이상의 치료를 요하는 의사의 진단이 있는 사고
② 부상신고 1명마다 2점 : 5일 미만의 치료를 요하는 의사의 진단이 있는 사고
③ 사망 1명마다 90점 : 사고 발생 시부터 72시간 이내에 사망한 때
④ 중상 1명마다 15점 : 3주 이상의 치료를 요하는 의사의 진단이 있는 사고

🔍 해설
① 경상 1명마다 5점 : 3주 미만 5일 이상의 치료를 요하는 의사의 진단이 있는 사고

119 다음 중 위반 시 15점 벌점이 부과되는 사유 중 옳지 않은 것은?

① 적재 제한 위반 또는 적재물 추락 방지 위반
② 운전 중 영상 표시 장치 조작
③ 운전 중 휴대용 전화 사용
④ 속도위반 (30km/h 초과 50km/h 이하)

🔍 해설 위반 시 15점 벌점이 부과되는 사항
• 신호 · 지시 위반
• 속도위반 (20km/h 초과 40km/h 이하)
• 속도위반 (어린이 보호 구역 안에서 오전 8시부터 오후 8시까지 사이에 제한 속도를 20km/h 이내에서 초과한 경우에 한정)
• 앞지르기 금지 시기 · 장소 위반
• 적재 제한 위반 또는 적재물 추락 방지 위반
• 운전 중 휴대용 전화 사용
• 운전 중 운전자가 볼 수 있는 위치에 영상 표시
• 운전 중 영상 표시 장치 조작
• 운행 기록계 미설치 자동차 운전 금지 등의 위반

120 다음 중 위반 시 벌점 30점에 해당하는 행위로 옳은 것은?

① 운전 중 휴대용 전화 사용
② 고속도로 · 자동차 전용 도로 갓길 통행
③ 승객 또는 승하차자 추락방지조치 위반
④ 속도위반 (80km/h 초과 100km/h 이하)

🔍 해설 위반 시 30점 벌점이 부과되는 사항
• 통행 구분 위반 (중앙선 침범에 한함)
• 속도위반 (40km/h 초과 60km/h 이하)
• 철길 건널목 통과 방법 위반 또는 회전교차로 통행방법 위반
• 어린이 통학 버스 특별 보호 위반
• 어린이 통학 버스 운전자의 의무 위반 (좌석 안전띠를 매도록 하지 않은 운전자는 제외)
• 고속도로 · 자동차 전용 도로 갓길 통행
• 고속도로 버스 전용 차로 · 다인승 전용 차로 통행 위반
• 운전면허증 등의 제시 의무 위반 또는 운전자 신원 확인을 위한 경찰 공무원의 질문에 불응

121 다음 중 차의 교통으로 인한 인적 피해 사고가 발생하여 운전자를 형사 처벌하여야 하는 경우 적용하는 법은?

① 교통사고 처리 특례법   ② 도로 교통법
③ 도로법   ④ 과실 재물 손괴죄

🔍 해설
①의 "교통사고 처리 특례법"이 정답이다.

122 "차의 교통으로 인하여 사람을 사상하거나 물건을 손괴하는 것"을 뜻하는 교통사고 처리 특례법상의 용어는?

① 안전사고
② 교통사고
③ 전도사고
④ 추락사고

해설
②의 교통사고는 반드시 '차'로 인하여 발생한 사고이어야 교통사고로 처리된다.

123 교통사고의 조건에 해당되지 않는 것은?

① 명백한 자살이라고 인정되는 사고
② 차에 의한 사고
③ 피해의 결과 발생(사람 사상 또는 물건 손괴)
④ 교통으로 인하여 발생한 사고

해설
①의 '명백한 자살'이라고 판명된 사고는 안전사고로 처리된다.

124 다음 중 교통사고 운전자가 형사 처벌 대상이 되는 경우가 아닌 것은?

① 신호·지시 위반, 과속(20km/h 초과) 사고
② 일반 도로에서의 횡단, 유턴, 후진 중 사고
③ 무면허 운전, 주취, 약물 복용 운전 중 사고
④ 중앙선 침범, 보도 침범 위반 사고

해설
②의 일반 도로에서의 횡단, 유턴, 후진 중 사고는 법 제3조제2항 단서 12개 항목에 해당되지 않아 처벌 대상이 아니다.

125 다음 중 교통사고 인명 피해가 발생하였을 때의 중상해(重傷害)에 해당되는 경우가 아닌 것은?

① 뇌 또는 주요 장기에 중대한 손상이 발생한 경우
② 사지 절단 등 신체 중요 부분의 상실·중대 변형이 있는 경우
③ 시각·청각·언어·생식 기능 등 중요한 신체 기능의 일시적 상실의 경우
④ 사고 후유증으로 중증의 정신 장애·하반신 마비 등의 완치 가능성이 없는 경우

해설
③의 시각·청각·언어·생식 기능 등 중요한 신체 기능의 '일시적 상실'이 아닌 '영구적 상실'이어야 중상해에 해당된다.

126 다음 중 사고 운전자가 피해자를 사망에 이르게 하고 도주하거나, 도주 후에 피해자가 사망한 경우의 벌칙으로 맞는 것은?

① 무기 또는 5년 이상의 징역
② 사형·무기 또는 5년 이상의 징역
③ 3년 이상의 유기 징역
④ 1년 이상의 유기 징역

해설
①의 "무기 또는 5년 이상의 징역"에 해당되어 처벌 받는다.

127 다음 중 사고 운전자가 피해자를 사고 장소로부터 옮겨 유기하고 도주하여 피해자를 사망에 이르게 하고 도주하거나, 도주 후에 사망한 경우 벌칙으로 맞는 것은?

① 사형·무기 또는 5년 이상의 징역
② 무기 또는 5년 이상의 징역
③ 3년 이상의 유기 징역
④ 1년 이상의 유기 징역

해설
①의 "사형·무기 또는 5년 이상의 징역"에 해당되어 처벌된다.

128 다음 중 사망 사고에 대한 내용으로 맞지 않는 것은?

① 교통사고에 의한 사망은 사고가 주된 원인이 되어 사고 발생 시부터 30일 이내에 사망한 사고를 말한다.
② 교통사고 발생 후 72시간 내 사망하면 벌점 90점이 부과된다.
③ 72시간 이후 사망은 사망으로 인정하지 않는다.
④ 사망사고는 사고차량이 보험이나 공제에 가입되어 있더라도 형사적 책임이 있어 처벌한다.

해설
①, ②, ④의 경우는 사망 사고로 처리되고, ③의 경우도 차로 인한 경우는 교통사고 사망으로 인정된다.

129 다음 중 도주(뺑소니) 사고에 해당되지 않는 경우는?

① 피해자를 사고 현장에 방치한 채 가버린 경우
② 현장에 도착한 경찰관에게 거짓으로 진술한 경우
③ 사고 운전자를 바꿔치기 하여 신고한 경우
④ 피해자 일행의 구타·폭언·폭행이 두려워 현장을 이탈한 경우

해설
①, ②, ③의 경우는 도주(뺑소니)로 인정되고, ④의 경우에는 도주(뺑소니)로 인정되지 않는 경우이다.

130 다음 중 신호·지시 위반 사고에 해당되지 않는 경우는?

① 신호가 변경되기 전에 출발하여 인적 피해를 일으킨 경우
② 황색 주의 신호에 교차로에 진입하여 인적 피해를 일으킨 경우
③ 예측되는 사고를 피하기 위해서 부득이하게 신호를 위반하였다가 사고가 난 경우
④ 신호 내용을 위반하고 진행하여 인적 피해를 일으킨 경우

해설
①, ②, ④의 신호·지시 위반 사고에 해당되고, 이외에도 "적색 차량 신호에 진행하다 정지선과 횡단보도 사이에서 보행자를 충격한 경우"도 있으며, ③의 "부득이하게 신호를 위반한 경우"는 해당되지 않는다.

131 각각의 속도에 대한 정의가 잘못된 것은?

① 규제 속도 : 법정 속도와 제한 속도
② 설계 속도 : 도로 설계의 기초가 되는 자동차의 속도
③ 주행 속도 : 정지 시간을 포함한 실제 주행 거리의 평균 주행 속도
④ 구간 속도 : 정지 시간을 포함한 주행 거리의 평균 주행 속도

해설
①, ②, ④의 경우는 맞는 정의이며 ③의 '주행 속도'의 정의 중 '포함한'은 틀리고 '제외한'이 옳은 정답이다.

132 승합자동차가 규제 속도를 위반하였을 경우 행정 처분으로 틀린 것은?

① 60km/h 초과 : 범칙금 13만 원, 벌점 60점
② 40km/h 초과 60km/h 이하 : 범칙금 10만 원, 벌점 30점
③ 20km/h 초과 40km/h 이하 : 범칙금 7만 원, 벌점 15점
④ 20km/h 이하 : 범칙금 3만 원, 벌점 10점

🔍 **해설**
①, ②, ③의 경우는 옳은 정답이며 ④의 경우 범칙금 3만 원은 옳은 금액이지만 벌점은 없기 때문에 틀린 문항이다.

133 다음 중 앞지르기 금지의 시기에 대한 설명이 잘못된 것은?

① 앞차의 좌측에 다른 차가 앞차와 나란히 가고 있는 경우
② 앞차가 다른 차를 앞지르고 있거나 앞지르고자 하는 경우
③ 경찰 공무원의 지시에 따라 정지하고 있을 때도 앞지르기를 할 수 있다.
④ 차의 운전자는 위험을 방지하기 위하여 정지하거나 또는 서행하고 있는 다른 차를 앞지르지 못 한다.

🔍 **해설**
①, ②, ④의 경우는 앞지르기를 할 수 없는 시기에 해당되고 ③의 경찰 공무원의 지시에 따를 때에도 앞지르기 금지의 시기에 해당된다.

134 다음 중 철길 건널목의 종류에 대한 설명으로 틀린 것은?

① 제1종 건널목 : 차단기, 건널목 경보기, 안전표지 설치
② 제2종 건널목 : 건널목 경보기, 안전표지 설치
③ 제3종 건널목 : 안전표지만 설치
④ 특종 건널목 : 차단기 등 모든 장치가 설치된 건널목

🔍 **해설**
제1종 · 2종 · 3종 건널목은 있어도 ④ 특종 건널목이라는 것은 없다.

135 다음 중 횡단보도 보행자에 해당하지 않는 사람은?

① 횡단보도 내에서 택시를 잡고 있는 사람
② 횡단보도를 걸어가는 사람
③ 세발자전거를 타고 횡단보도를 건너는 어린이
④ 손수레를 끌고 횡단보도를 건너는 사람

🔍 **해설**
②, ③, ④의 경우는 횡단보도 보행자로 인정되고, 외에도 '횡단보도에서 원동기 장치 자전거나 자전거를 끌고 가는 사람'도 보행자이며, ①의 경우는 횡단보도 보행자로 인정되지 않는다.

136 다음 중 음주 운전으로 처벌되지 않는 경우는?

① 공장, 관공서, 학교, 사기업 등의 정문 안쪽 장소에서의 음주 운전
② 차단기에 의해 도로와 차단되고 별도로 관리되는 장소에서의 음주 운전
③ 주차장 또는 주차선 안에서의 음주 운전
④ 혈중 알코올 농도 0.03% 미만에서 음주 운전

🔍 **해설**
①, ②, ③의 경우는 음주 운전 처벌 대상이 되며, 도로 교통법 제44조제4항에 '혈중 알코올 농도 0.03% 이상인 경우'로 한다고 규정되어 있어 ④의 경우는 형사 처벌 대상으로 하지 않는다.

137 사람을 다치게 한 교통사고로써 교통사고 처리 특례법 제3조제2항 단서에 해당하지 아니하는 사고를 일으킨 운전자가 보험 등에 가입되지 아니한 경우 피해자와 손해 배상 합의 기간을 주고 있다. 그 기간은?

① 사고 발생한 날부터 1주간
② 사고 접수한 날부터 2주간
③ 사고 발생한 날부터 3주간
④ 사고 접수한 날부터 4주간

🔍 **해설**
교통사고 조사관은 사고를 접수한 날부터 2주간 피해자와 손해 배상에 대한 합의를 할 수 있는 기간을 주어야 한다.

138 "같은 방향으로 가고 있는 앞차가 갑자기 정지하게 되는 경우 그 앞차와의 추돌을 피할 수 있는 거리"를 의미하는 용어는?

① 안전거리
② 정지거리
③ 공주거리
④ 제동거리

🔍 **해설**
'안전거리'라고 한다.

139 다음 용어들에 대한 설명 중 잘못된 것은?

① 정지거리 : 공주거리와 제동거리를 합한 거리
② 공주거리 : 운전자가 위험을 느끼고 브레이크를 밟았을 때 자동차가 제동되기 전까지 주행한 거리
③ 제동거리 : 차가 제동되기 시작하여 정지될 때까지 주행한 거리
④ 사고 위험 거리 : 공주거리에서 제동거리를 뺀 거리

🔍 **해설**
①, ②, ③의 용어와 설명은 모두 옳은 문항이며 ④의 '사고 위험 거리'는 없는 용어와 설명이다.

140 다음 중 안전거리 미확보 사고의 성립 요건이 아닌 것은?

① 앞차의 정당한 급정지
② 앞차의 고의적인 급정지
③ 앞차의 상당성 있는 급정지
④ 앞차의 과실 있는 급정지

🔍 **해설**
①, ③, ④의 경우는 성립 요건에 해당하지만, ②의 경우와 앞차의 후진 및 의도적으로 급정지하는 경우는 성립 요건이 아니다.

141 후진 사고의 성립 요건 중 예외 사항에 해당되는 것은?

① 장소적 요건 : 도로에서 발생
② 피해자 요건 : 후진하는 차량에 충돌되어 피해를 입은 경우
③ 운전자 과실 : 교통 혼잡으로 인해 후진이 금지된 곳에서 후진하는 경우
④ 운전자 과실 : 뒤차의 전방 주시나 안전거리 미확보로 앞차를 추돌하는 경우

🔍 **해설**
①, ②, ③의 경우는 성립 요건에 해당되지만 ④의 경우는 '예외 사항'에 해당되어 성립 요건이 아니다.

142 "대로상에서 뒤에 있는 일정한 장소나 다른 길로 진입하기 위해 상당한 구간을 계속 후진하다가 정상 진행 중인 차량과 충돌한 경우" 무엇을 위반한 것인가?

① 안전 운행 불이행 ② 앞지르기 위반
③ 후진 위반 ④ 통행 구분 위반

해설
④의 '통행 구분 위반(역진으로 보아 중앙선 침범과 동일하게 취급)'으로 처리한다.

143 다음 중 뒤차가 교차로에서 앞차의 측면을 통과한 후 앞차의 앞으로 들어가는 도중에 발생한 사고의 유형은?

① 앞지르기 금지 위반 사고
② 안전 운전 위반 사고
③ 진로 변경 위반 사고
④ 교차로 통행 방법 위반 사고

해설
①의 문항은 '앞지르기 금지 위반 사고(앞차의 측면을 통과한 후 앞차의 앞으로 들어가는 도중 발생한 사고)'이며 '교차로 통행 방법 위반 사고(앞차의 앞으로 들어가지 않고 앞차의 측면을 접촉한 사고)'와는 차이점이 있다.

144 다음은 교차로 통행 방법 위반 사고의 성립 요건 내용이다. 예외 사항에 해당되는 것은?

① 장소적 요건 : 2개 이상의 도로가 교차하는 장소(교차로)
② 피해자 요건 : 신호 위반 차량에 충돌되어 피해를 입은 경우
③ 운전자 과실 : 교차로에서 좌회전 또는 우회전 통행 방법을 위반한 과실
④ 운전자 과실 : 안전 운전을 불이행한 과실

해설
①, ③, ④의 문항은 성립 요건에 해당하고 ②의 문항은 피해자 성립 요건의 예외 사항에 해당된다.

145 다음 중 교차로 통행 방법 위반 사고 시 "앞차가 너무 넓게 우회전하여 앞·뒤가 아닌 좌·우 차의 개념으로 보는 상태에서 충돌한 경우"의 가해자는?

① 앞차가 가해자 ② 뒤차가 가해자
③ 옆 차가 가해자 ④ 가해자 없음

해설
문제의 내용은 앞·뒤차의 가해자 판독 기준 중, '앞차가 가해자'인 경우의 판독 기준이므로 ①은 옳은 문항이다. 또한 "앞차가 일부 간격을 두고 우회전 중인 상태에서 뒤차가 무리하게 끼어들며 진행하여 충돌한 경우"는 뒤차가 가해자이다.

146 신호등이 없는 교차로에 진입 전, 일시정지 또는 서행하지 않고 교차로의 교통 상황을 확인하지 않아 사고가 발생했을 때, 다음 중 사고 가해자에 해당하지 않는 경우는?

① 충돌 직전에 상대 차량을 보았다고 진술한 경우
② 교차로에 진입할 때 상대 차량을 보지 못했다고 진술한 경우
③ 가해 차량이 정면으로 상대 차량 측면을 충돌한 경우
④ 통행 우선순위가 같은 상태에서 우측 도로에서 진입한 차량과 충돌한 경우

해설
①, ②, ③의 문항은 가해자 요건에 해당하고, ④의 문항은 가해자 요건에 해당하지 않는다.

147 신호등이 없는 교차로에 진입 시 통행 우선권을 이행하지 않아 사고가 발생했을 때, 사고 가해자에 해당하지 않는 경우는?

① 교차로에 진입할 때 상대 차량을 보지 못했다고 진술한 경우
② 통행 우선순위가 같은 상태에서 우측 도로에서 진입한 차량과 충돌한 경우
③ 교차로에 동시에 진입한 상태에서 폭이 넓은 도로에서 진입한 차량과 충돌한 경우
④ 교차로에 진입하여 좌회전하는 상태에서 직진 또는 우회전 차량과 충돌한 경우

해설
②, ③, ④의 문항은 가해자의 요건에 해당하고 ①의 문항은 가해자의 요건에 해당하지 않는다.

148 다음 중 안전 운전과 난폭 운전과의 차이에 대한 설명으로 틀린 것은?

① 안전 운전 : 모든 장치를 정확히 조작하여 운전하는 경우
② 안전 운전 : 도로의 교통 상황과 차의 구조 및 성능에 따라 다른 사람에게 위험이나 장애를 주지 않는 속도나 방법으로 운전하는 경우
③ 난폭 운전 : 고의나 인식할 수 있는 과실로 타인에게 현저한 위해를 초래하는 운전을 하는 경우
④ 난폭 운전 : 지선 도로에서 간선 도로로 진입할 때 일시 정지한 후 안전하게 진입하는 경우

해설
①, ②, ③의 문항은 용어의 정의에 맞는 문항이며 ④의 문항은 난폭 운전 사례 중 하나를 올바른 운전 방법으로 바로잡은 내용이다. 그 외의 난폭 운전 사례로는 '급차로 변경', '지그재그 운전' 등이 있다.

제1장 안전운전의 기술

제1절 인지·판단의 기술

안전 운전에 있어 효율적인 정보 탐색과 정보 처리는 매우 중요하며 운전의 위험을 다루는 효율적인 정보처리 방법의 하나는 '확인 → 예측 → 판단 → 실행'의 과정을 따르는 것이다. 이 과정은 안전 운전을 하는데 필수적인 과정이고 운전자의 안전 의무로 볼 수 있다.

01. 확인

확인이란 주변의 모든 것을 빠르게 보고 한눈에 파악하는 것을 말한다. 이때 중요한 것은 가능한 한 멀리까지 시선의 위치를 두고 전방 200~300m 앞, 시내 도로는 앞의 교차로 신호 2개 앞까지 주시할 수 있어야 한다.

❶ 실수의 요인

① 주의의 고착 – 선택적인 주시 과정에서 어느 한 물체에 주의를 뺏겨 오래 머무는 것

② 주의의 분산 – 운전과 무관한 물체에 대한 정보 등을 받아들여 주의가 흐트러지는 것

❷ 주의해서 보아야 할 사항

확인의 과정에서 주의 깊게 봐야 할 것들은 다른 차로의 차량, 보행자, 자전거 교통의 흐름과 신호 등이다. 특히 화물 차량 등 대형차가 있을 때는 대형 차량에 가린 것들에 대한 단서에 주의해야 한다.

02. 예측

예측한다는 것은 운전 중에 확인한 정보를 모으고, 사고가 발생할 수 있는 지점을 판단하는 것이다. 예측의 주요 요소는 다음과 같다.

① 주행로

② 행동

③ 타이밍

④ 위험원

⑤ 교차 지점

> **🚕 예측회피 운전의 기본적 방법**
>
> ㉠ 속도 가속, 감속 : 때로는 속도를 낮추거나 높이는 결정을 해야 한다.
> ㉡ 위치 바꾸기(진로 변경) : 사고 상황이 발생할 경우를 대비해서 주변에 긴급 상황 발생시 회피할 수 있는 완충 공간을 확보하면서 운전한다.
> ㉢ 다른 운전자에게 신호하기 : 가다 서고를 반복하고 수시로 차선변경을 필요로 하는 택시의 운전은 자신의 의도를 주변에 등화 신호로 미리 알려 주어야 한다.

03. 판단

판단 과정에서는 운전자의 경험뿐 아니라 성격, 태도, 동기 등 다양한 요인이 작용한다. 사전에 위험을 예측, 통제 가능한 속도로 주행 하는

사람은 높은 상태의 각성 수준을 유지할 필요가 없다. 반면에 기분을 중시하고, 비교적 높은 속도로 주행하는 사람은 그만큼 각성 수준은 높게 유지하게 되지만 위험 상황을 쉽게 마주치게 되고, 그만큼 사고 가능성도 높아진다. 판단 과정에서 고려할 주요 방법은 다음과 같다.

① 속도 가속, 감속 : 상황에 따라 가속을 할지 감속을 할지 판단

② 위치 바꾸기(진로 변경) : 만일의 사고에 대비해 회피할 공간이 확보된 위치로 이동

③ 다른 운전자에게 신호하기 : 등화나 그 밖의 신호 방법으로 진로 방향을 항상 사전에 신호

04. 실행

이 과정에서 가장 중요한 것은 요구되는 시간 안에 필요한 조작을, 가능한 부드럽고, 신속하게 해내는 것이다. 기본적인 조작 기술이지만 가속, 감속, 제동 및 핸들 조작 기술을 제대로 구사하는 것이 매우 중요하다.

제2절 안전 운전의 5가지 기술

01. 운전 중에 전방을 멀리 본다.

가능한 한 시선은 전방 먼 쪽에 두되, 바로 앞 도로 부분을 내려다보지 않도록 한다. 일반적으로 20~30초 전방까지 본다. 20~30초 전방이란 도시에서는 대략 시속 40~50km의 속도에서 교차로 하나 이상의 거리를 말하며, 고속도로와 국도 등에서는 대략 시속 80~100km의 속도에서 약 500~800m 앞의 거리를 살피는 것을 말한다.

02. 전체적으로 살펴본다.

모든 상황을 여유 있게 포괄적으로 바라보고 핵심이 되는 상황만 선택적으로 반복, 확인해서 보는 것을 말한다. 이때 중요한 것은 어떤 특정한 부분에 사로잡혀 다른 것을 놓쳐서는 안 된다는 것이며, 핵심이 되는 것을 다시 살펴보되 다른 곳을 확인하는 것도 잊어서는 안 된다.

> **🚕 전방탐색 시 주의**
>
> 전방탐색 시 주의해서 봐야할 것들은 **다른 차로의 차량, 보행자, 자전거 교통의 흐름과 신호** 등이다. 특히 화물 자동차와 같은 대형차가 있을 때는 대형차에 가려진 것들에 대한 단서에 주의한다.

03. 눈을 계속해서 움직인다.

좌우를 살피는 운전자는 움직임과 사물, 조명을 파악할 수 있지만, 시선이 한 방향에 고정된 운전자는 주변에서 다른 위험 사태가 발생하더라도 파악할 수 없다. 그러므로 전방만 주시하는 것이 아니라, 동시에 좌우도 항상 같이 살펴야 한다.

04. 다른 사람들이 자신을 볼 수 있게 한다.

회전을 하거나 차로 변경을 할 경우에 다른 사람이 미리 알 수 있도록 신호를 보내야 한다. 시내 주행 시 30m 전방, 고속도로 주행 시 100m 전방에서 방향지시등을 켠다. 어둡거나 비가 올 경우 전조등을 사용해야 하며 경적을 사용할 때는 30m 이상의 거리에서 미리 경적을 울려야 한다. 그 밖의 도로 상황에 따라 **방향지시기 · 등화, 경음기** 등을 사용하여 알려야 한다.

05. 차가 빠져나갈 공간을 확보한다.

운전자는 주행 시 만일의 사고를 대비해 전 · 후방뿐만 아니라 좌 · 우측으로 안전 공간을 확보하도록 노력해야 한다. 좌 · 우로 차가 빠져나갈 공간이 없을 때는 앞차와의 차간 거리를 더 확보해야 하며 가급적 무리를 지은 **차량 대열의 중간**에 끼는 것을 피할 필요가 있다. 그 밖에 의심스런 상황이 발생할 경우에는 항상 **거리를 유지**해야만 한다.

제3절 │ 방어 운전의 기본 기술

방어 운전이란, 가장 대표적으로 발생하는 기본적인 사고 유형에 대처 전략을 숙지하고, 평소에 실행하는 것을 말한다. 이는 방어 운전의 기본적인 전제인 교통사고의 90% 이상은 사실상 운전자가 당시에 합리적으로 행동했다면 예방 가능했던 사고라는 점에서 시작된다.

> 🚗 **방어 운전의 기본 사항**
>
> **방어 운전의 기본 사항** : 능숙한 운전 기술, 정확한 운전 지식, 세심한 관찰력, 예측 능력과 판단력, 양보와 배려의 실천, 교통상황 정보 수집, 반성의 자세, 무리한 운행 배제

01. 기본적인 사고 유형

1 정면충돌 사고
직선로, 커브 및 좌회전 차량이 있는 교차로에서 주로 발생한다. 회피 요령은 다음과 같다.
① 전방의 도로 상황을 파악하여 내 차로로 들어오거나 앞지르려고 하는 차 혹은 보행자에 대해 주의
② 정면으로 마주칠 때 핸들 조작의 기본적 동작은 **오른쪽**으로 함
③ 오른쪽으로 방향을 조금 틀어 공간을 확보. 필요하다면 **차도를 벗**어나 길 가장자리 쪽으로 주행하고 상대에게 **차도를 양보**
④ 감속. 속도를 줄이는 것은 **주행 거리와 충격력**을 줄이는 효과가 있음

2 후미 추돌 사고
가장 흔한 사고의 형태로, 이를 피하기 위한 참고 사항은 다음과 같다.
① 제동등, 방향 지시기 등을 단서로 활용하여 앞차의 운전자가 어떻게 행동할지를 보여주는 **징후나 신호**를 살피고 항상 앞차에 대해 주의하기
② 앞차 너머의 상황을 살펴 앞차의 행동을 예측하고 대비하기
③ 앞차와 충분한 거리를 유지하기
④ 위험 상황이 전개될 경우 바로 **상대보다 더 빠르게 속도 줄이기**

3 단독 사고
주로 빈약한 판단력에서 비롯되므로, 과로를 피하고 심신이 안정된 상태에서 운전해야 하며, 낯선 곳 등의 주행에 있어서는 사전에 주행 정보를 수집하여 여유 있는 주행이 가능하도록 해야 한다.

4 미끄러짐 사고
눈, 비가 오는 등의 날씨에 주로 발생한다. 이러한 날씨에는 다음과 같은 사항에 주의한다.

① 다른 차량 주변으로 가깝게 다가가지 않기
② 수시로 브레이크 페달을 작동해서 제동이 제대로 되는지를 살펴보기
③ 제동 상태가 나쁠 경우 도로 조건에 맞춰 속도를 낮추기

5 차량 결함 사고
브레이크와 타이어 결함 사고가 대표적이다. 대처 방법은 다음과 같다.
① 차의 앞바퀴가 터지는 경우, 핸들을 단단하게 잡아 차가 한 쪽으로 쏠리는 것을 막고 의도한 방향을 유지한 다음 감속
② 뒷바퀴의 바람이 빠져 차가 한쪽으로 미끄러지는 것을 느끼면 핸들 방향을 그 방향으로 틀되, 순간적으로 과도하게 틀면 안 되며, 페달은 수회 반복적으로 나누어 밟아 안전한 곳에 정차
③ 브레이크 베이퍼록 현상으로 페달이 푹 꺼진 경우는 브레이크 페달을 반복해서 밟으며 유압 계통에 압력이 생기게 하고, 브레이크 유압 계통이 터진 경우라면 전자와는 달리 빠르고 세게 밟아 속도를 줄이는 순간 변속기 기어를 저단으로 바꾸어 엔진브레이크로 속도를 감속 후 안전한 장소에 정차
④ 페이딩 현상(브레이크를 계속 밟아 열이 발생하여 제어가 불가능한 현상)이 일어난다면 차를 멈추고 브레이크가 식을 때까지 대기

02. 앞지르기 방법과 방어 운전

1 앞지르기 순서 및 방법 주의 사항
① 앞지르기 금지 장소 여부를 확인한다.
② 전방의 안전을 확인함과 동시에 후사경으로 좌측 및 좌측 후방을 확인한다.
③ 좌측 방향 지시등을 켠다.
④ 최고 속도의 제한 범위 내에서 가속하여 진로를 서서히 좌측으로 변경한다.
⑤ 차가 일직선이 되었을 때 방향 지시등을 끈 다음 앞지르기 당하는 차의 좌측을 통과한다.
⑥ 앞지르기 당하는 차를 후사경으로 볼 수 있는 거리까지 주행한 후 우측 방향 지시등을 켠다.
⑦ 진로를 서서히 우측으로 변경한 후 차가 일직선이 되었을 때 방향 지시등을 끈다.

2 앞지르기 금지 상황
① 앞차가 좌측으로 진로를 바꾸려고 하거나 다른 차를 앞지르려고 할 때
② 앞차의 좌측에 다른 차가 나란히 가고 있을 때
③ 뒤차가 자기 차를 앞지르려고 할 때
④ 마주 오는 차의 진행을 방해할 염려가 있을 때
⑤ 앞차가 교차로나 철길 건널목 등에서 정지 또는 서행하고 있을 때
⑥ 앞차가 경찰 공무원 등의 지시에 따르거나 위험 방지를 위해 정지 또는 서행하고 있을 때
⑦ 어린이 통학 버스가 어린이 또는 유아를 태우고 있다는 표시를 하고 도로를 통행할 때

3 앞지르기할 때의 방어 운전
① 자신의 차가 다른 차를 앞지르는 경우
  ㉠ 앞지르기에 필요한 속도가 그 도로의 최고 속도 범위 이내일 때 시도
  ㉡ 앞지르기에 필요한 충분한 거리와 시야가 확보되었을 때 시도
  ㉢ 앞차가 앞지르기를 하고 있을 때는 시도 금지
  ㉣ 앞차의 오른쪽으로는 앞지르기 금지
  ㉤ 점선으로 되어있는 중앙선을 넘어 앞지르기 하는 때에는 대향차의 움직임에 주의

② 다른 차가 자신의 차를 앞지르는 경우
   ㉠ 앞지르기를 시도하는 차가 원활하게 주행 차로로 진입할 수 있도록 감속
   ㉡ 앞지르기 금지 장소 등에서도 앞지르기를 시도하는 차가 있다는 사실을 항상 고려

제4절   시가지 도로에서의 안전 운전

01. 시가지 교차로에서의 방어 운전

1 교차로에서의 방어 운전
① 신호는 운전자의 눈으로 직접 확인 후 앞서 직진, 좌회전, 우회전 또는 U턴 하는 차량 등에 주의
② 신호에 따라 진행하는 경우에도 신호를 무시하고 갑자기 달려드는 차 또는 보행자가 있다는 사실에 주의
③ 좌·우회전할 때는 방향 지시등을 정확히 점등
④ 성급한 우회전은 금지
⑤ 통과하는 앞차를 맹목적으로 따라가지 않도록 주의
⑥ 교통정리가 행해지고 있지 않고 좌·우를 확인할 수 없거나 교통이 빈번한 교차로에 진입할 때는 일시 정지하여 안전 확인 후 출발
⑦ 우회전 시 뒷바퀴로 자전거나 보행자를 치지 않도록 주의하고, 좌회전 시 정지해 있는 차와 충돌하지 않도록 주의

2 교차로 황색 신호에서의 방어 운전
① 황색 신호일 때는 멈출 수 있도록 감속하여 접근
② 황색 신호일 때 모든 차는 정지선 바로 앞에 정지
③ 이미 교차로 안으로 진입해 있을 때 황색 신호로 변경된 경우 신속히 교차로 밖으로 이동
④ 교차로 부근에는 무단 횡단하는 보행자 등 위험 요인이 많으므로 돌발 상황에 대비
⑤ 가급적 감속하여 신호가 변경되면 바로 정지 할 수 있도록 준비

> **회전 교차로에서의 통행 방법**
> ㉠ 회전 교차로 통과 시 모든 자동차가 중앙 교통섬을 중심으로 하여 **시계 반대 방향으로 회전**하며 통과 한다.
> ㉡ 회전 교차로에 진입 시 **충분히 속도를 줄인 후** 진입한다.
> ㉢ 회전차로 내부에서 **주행 중인 차를 방해**할 우려가 있을 시 **진입 금지**
> ㉣ 회전 교차로에 진입하는 자동차는 회전 중인 자동차에게 양보한다.

02. 시가지 이면 도로에서의 방어 운전

어린이 보호 구역에서는 시속 30km 이하로 운전해야 한다. 주요 주의 사항은 다음과 같다.

1 항상 보행자의 출현 등 돌발 상황에 대비하여 감속

2 위험한 대상물은 계속 주시
① 돌출된 간판 등과 충돌하지 않도록 주의
② 자전거나 이륜차가 통행하고 있을 때에는 통행 공간을 배려하면서 운행
③ 자전거나 이륜차의 갑작스런 회전 등에 대비
④ 주·정차된 차량이 출발하려고 할 때에는 감속하여 안전거리를 확보

> **안전거리**
> 앞차가 갑자기 정지하게 되는 경우 그 앞차와의 충돌을 피할 수 있는 거리

제5절   지방 도로에서의 안전 운전

01. 커브 길의 방어 운전

1 커브 길에서의 주행 개념
지방 도로에는 커브 길이 많다. 커브 길에서의 개념과 주행 방법은 다음과 같다.
① 슬로우-인, 패스트-아웃 (Slow-In, Fast-Out)
   : 커브 길에 진입할 때에는 속도를 줄이고, 진출할 때에는 속도를 높이라는 의미
② 아웃-인-아웃(Out-In-Out)
   : 차로 바깥쪽에서 진입하여 안쪽, 바깥쪽 순으로 통과하라는 의미

2 커브 길 주행 방법
① 커브 길에 진입하기 전에 경사도나 도로의 폭을 확인하고 가속 페달에서 발을 떼어 엔진 브레이크가 작동되도록 감속
② 엔진 브레이크만으로 속도가 충분히 줄지 않으면 풋 브레이크를 사용해 회전 중에 더 이상 감속하지 않도록 조치
③ 감속된 속도에 맞는 기어로 변속
④ 회전이 끝나는 부분에 도달하였을 때는 핸들을 바르게 위치
⑤ 가속 페달을 밟아 속도를 서서히 올리기

3 커브길 주행 시의 주의 사항
① 커브 길에서는 기상 상태, 노면 상태 및 회전 속도 등에 따라 차량이 미끄러지거나 전복될 위험이 증가하므로 부득이한 경우가 아니면 핸들 조작·가속·제동은 갑작스럽게 하지 않는다.
② 회전 중에 발생하는 가속과 감속에 주의해야 한다.
③ 커브길 진입 전에 감속 행위가 이뤄져야 차선 이탈 등의 사고를 예방할 수 있다.
④ 중앙선을 침범하거나 도로의 중앙선으로 치우친 운전은 피한다.
⑤ 시야가 제한되어 있다면 주간에는 경음기, 야간에는 전조등을 사용하여 내 차의 존재를 반대 차로 운전자에게 알린다.
⑥ 급커브 길 등에서의 앞지르기는 대부분 규제 표지 및 노면 표시 등 안전표지로 금지하고 있으나, 금지 표지가 없어도 전방의 안전이 확인되지 않으면 절대 하지 않는다.
⑦ 겨울철 커브 길은 노면이 얼어있는 경우가 많으므로 사전에 충분히 감속하여 안전사고가 발생하지 않도록 주의한다.

02. 언덕길의 방어 운전

1 내리막길에서의 방어 운전
① 내리막길을 내려갈 때에는 엔진 브레이크로 속도 조절하는 것이 바람직하다.
② 엔진 브레이크를 사용하면 페이드 현상 및 베이퍼 록 현상을 예방하여 운행 안전도를 높일 수 있다.
③ 도로의 내리막이 시작되는 시점에서 브레이크를 힘껏 밟아 브레이크를 점검한다.
④ 내리막길에서는 반드시 변속기를 저속 기어로, 자동 변속기는 수동 모드의 저속 기어 상태로 두고 엔진 브레이크를 사용하여 감속 운전 한다.
⑤ 경사길 주행 중간에 불필요하게 속도를 줄이거나 급제동하는 것은 주의한다.
⑥ 비교적 경사가 가파르지 않은 긴 내리막길을 내려갈 때 운전자의 시선은 먼 곳을 바라보고, 무심코 가속 페달을 밟아 순간 속도를 높일 수 있으므로 주의한다.

2 오르막길에서의 방어 운전

① 정차할 때는 앞차가 뒤로 밀려 충돌할 가능성이 있으므로 충분한 차간 거리를 유지한다.

② 오르막길의 정상 부근은 시야가 제한되므로 반대 차로의 차량을 대비해 서행한다.

③ 정차해 있을 때에는 가급적 풋 브레이크와 핸드 브레이크를 동시에 사용한다.

④ 뒤로 미끄러지는 것을 방지하기 위해 정지했다가 출발할 때는 핸드 브레이크를 사용하면 도움이 된다.

⑤ 오르막길에서 부득이하게 앞지르기 할 때에는 힘과 가속이 좋은 저단 기어를 사용하는 것이 안전하다.

⑥ 언덕길에서 올라가는 차량과 내려오는 차량이 교차할 때는 내려오는 차량에게 통행 우선권이 있으므로 올라가는 차량이 양보해야 한다.

03. 철길 건널목 방어 운전

① 철길 건널목에 접근할 때는 속도를 줄여 접근

② 일시 정지 후에는 철도 좌 · 우의 안전을 확인

③ 건널목을 통과할 때는 기어 변속 금지

④ 건널목 건너편 여유 공간을 확인 후 통과

제6절 고속도로에서의 안전 운전

01. 고속도로 진·출입부에서의 안전 운전

1 진입부에서의 안전 운전

① 본선 진입 의도를 다른 차량에게 방향 지시등으로 표시

② 본선 진입 전 충분히 가속해 본선 차량의 교통 흐름을 방해하지 않도록 주의

③ 진입을 위한 가속차로 끝부분에서 감속하지 않도록 주의

④ 고속도로 본선을 저속으로 진입하거나 진입 시기를 잘못 맞추면 교통사고가 발생할 수 있으므로 주의

2 진출부에서의 안전 운전

① 본선 진출 의도를 다른 차량에게 방향 지시등으로 표시

② 진출부에 진입 전 본선 차량에 영향을 주지 않도록 주의

③ 본선 차로에서 천천히 진출부로 진입하여 출구로 이동

02. 고속도로 안전 운전 방법

1 전방 주시

고속도로 교통사고 원인의 대부분은 전방주시 의무를 게을리 한 탓이다. 운전자는 앞차의 뒷부분과 함께 앞차 전방의 상황까지 시야에 두면서 운전해야 한다.

2 진입 전 천천히 안전하게, 진입 후 빠른 가속

고속도로에 진입할 때는 방향 지시등으로 진입 의사를 표시한 후 가속차로에서 충분히 속도를 높인 뒤 주행하는 다른 차량의 흐름을 살펴 안전을 확인 후 진입한다. 진입한 후에는 빠른 속도로 가속해서 교통 흐름에 방해가 되지 않도록 한다.

3 주변 교통 흐름에 따라 적정 속도 유지

고속도로에서는 주변 차량들과 함께 교통 흐름에 따라 운전하는 것이 중요하다. 주변 차량들과 다른 속도로 주행하면 다른 차량의 운행과 교통 흐름을 방해할 수 있기 때문에 최고 속도 이내에서 적정 속도를 유지해야 한다.

4 주행 차로로 주행

느린 속도의 앞차를 추월할 경우 앞지르기 차로를 이용하며, 추월이 끝나면 주행 차로로 복귀한다. 복귀할 때는 뒤차와 거리가 충분히 벌어졌을 때 안전하게 차로를 변경한다.

5 적절한 휴식

미리 여유 있는 운전계획을 세우고 장시간 계속 운전하지 않도록 하며, 적어도 2시간에 1회는 휴식한다. 2시간 이상, 200km 이상 운전을 자제 및 15분 휴식, 4시간 이상 운전 시 30분간 휴식한다.

6 전 좌석 안전띠 착용

교통사고로 인한 인명 피해를 예방하기 위해 전 좌석 안전띠를 착용해야 하며 고속도로 및 자동차 전용 도로는 전 좌석 안전띠 착용이 의무 사항이다.

03. 교통 사고 및 고장 발생 시 대처 요령

고속도로는 차량이 고속으로 주행하는 특성 상 2차사고 발생 시 사망 사고로 이어질 가능성이 매우 높다.

1 2차사고의 방지

① 신속히 비상등을 켜고 다른 차의 소통에 방해가 되지 않도록 갓길로 차량을 이동. 만일, 차량 이동이 어려운 경우 탑승자들은 안전 조치 후 신속하고 안전하게 가드레일 바깥 등의 안전한 장소로 대피

② 후방에서 접근하는 차량의 운전자가 쉽게 확인할 수 있도록 고장 자동차의 표지 설치, 야간에는 적색 섬광신호 · 전기제등 또는 불꽃 신호를 추가로 설치

③ 경찰서, 소방관서 또는 한국도로공사 콜센터로 연락하여 도움 요청

2 부상자의 구호

① 사고 현장에 의사, 구급차 등이 도착할 때까지 부상자에게는 가제나 깨끗한 손수건으로 지혈하는 등 응급조치 실행

② 함부로 부상자를 움직여서는 안 되며, 특히 두부에 상처를 입었을 때에는 움직이는 것은 금지 (단, 2차사고의 우려가 있을 경우에만 안전한 장소로 이동)

③ 사고를 낸 운전자는 사고 발생 장소, 사상자 수, 부상 정도, 그 밖의 조치 상황을 경찰 공무원이 현장에 있을 때는 경찰 공무원에게, 경찰 공무원이 없을 때는 가장 가까운 경찰관서에 신고

④ 사고 발생 신고 후 사고 차량의 운전자는 경찰 공무원이 말하는 부상자 구호와 교통안전 상 필요한 사항을 반드시 준수

제7절 야간 및 악천후 시의 안전 운전

01. 야간 운전의 위험성

① 야간에는 시야가 제한됨에 따라 노면과 앞차의 후미등 전방만을 보게 되므로 가시거리가 100m 이내인 경우에는 최고 속도를 50% 정도 감속하여 운행한다.

② 커브길이나 길모퉁이에서는 전조등 불빛이 회전하는 방향을 제대로 비추지 못하는 경향이 있으므로 속도를 줄여 주행한다.

③ 야간에는 운전자의 좁은 시야로 인해 안구 동작이 활발하지 못해 자극에 대한 반응이 둔해지고, 그로 인해 졸음운전을 하게 되므로 더욱 주의가 필요하다.

④ 원근감과 속도감이 저하되어 과속으로 운행하는 경향이 발생할 수 있다.

⑤ 술 취한 사람이 갑자기 도로에 뛰어들거나, 도로에 누워있는 경우가 발생하므로 주의해야 한다.

⑥ 밤에는 낮보다 장애물이 잘 보이지 않거나, 발견이 늦어 조치 시간이 지연될 수 있다.

> **👀 야간에 발생하는 주요 현상**
>
> • 증발 현상 : 마주 오는 대향차의 전조등 불빛으로 인해 도로 보행자의 모습을 볼 수 없게 되는 현상
> • 현혹 현상 : 마주 오는 대향차의 전조등 불빛으로 인해 운전자의 눈 기능이 순간적으로 저하되는 현상
> 위의 두 경우 약간 오른쪽을 바라보며 대향차의 전조등 불빛을 정면으로 보지 않도록 한다.

02. 야간의 안전 운전

① 해가 지기 시작하면 곧바로 전조등을 켜 다른 운전자들에게 자신을 알린다.

② 주간 속도보다 20% 속도를 줄여 운행한다.

③ 보행자 확인에 더욱 세심한 주의를 기울인다.

④ 승합 자동차는 야간에 운행할 때에 실내 조명등을 켜고 운행한다.

⑤ 선글라스를 착용하고 운전하지 않는다.

⑥ 커브 길에서는 **상향등과 하향등**을 적절히 사용하여 **자신이 접근하고 있음을** 알린다.

⑦ 대향차의 전조등을 직접 바라보지 않는다.

⑧ 전조등 불빛의 방향을 아래로 향하게 한다.

⑨ 장거리를 운행할 때는 적절한 휴식 시간을 포함시킨다.

⑩ 불가피한 경우가 아니면 도로 위에 주·정차 하지 않는다.

⑪ 밤에 고속도로 등에서 **자동차를 운행할 수 없게 되었을 때는** 후방에서 접근하는 자동차의 운전자가 확인할 수 있는 위치에 고장 자동차 표지를 설치하고 사방 500m 지점에서 식별할 수 있는 적색의 섬광 신호, 전기제등 또는 불꽃 신호를 추가로 설치하는 등 조치를 취해야 한다.

⑫ 전조등이 비추는 범위의 앞쪽까지 살핀다.

⑬ 앞차의 미등만 보고 주행하지 않는다.

03. 안개길 운전

① 전조등, 안개등 및 비상점멸표시등을 켜고 운행한다.

② 가시거리가 100m 이내인 경우에는 최고속도를 50% 정도 감속하여 운행한다.

③ 앞차와의 차간거리를 충분히 확보하고, 앞차의 제동이나 방향지시 등의 신호를 예의 주시하며 운행한다.

④ 앞을 분간하지 못할 정도의 짙은 안개로 운행이 어려울 때에는 차를 안전한 곳에 세우고 잠시 기다린다. 이때에는 미등, 비상점멸표시등을 켜서 지나가는 차에게 내 차량의 위치를 알리고 충돌 사고를 방지한다.

04. 빗길 운전

① 비가 내려 노면이 젖어있는 경우에는 최고 속도의 20%를 줄인 속도로 운행한다.

② 폭우로 가시거리가 100m 이내인 경우에는 최고 속도의 50%를 줄인 속도로 운행한다.

③ 물이 고인 길을 통과할 때에는 속도를 줄여 저속으로 통과한다.

④ 물이 고인 길을 벗어난 경우에는 브레이크를 여러 번 나누어 밟아 마찰열로 브레이크 패드나 라이닝의 물기를 제거한다.

⑤ 보행자 옆을 통과할 때에는 속도를 줄여 흙탕물이 튀지 않도록 주의한다.

⑥ 공사 현장의 철판 등을 통과할 때는 사전에 속도를 충분히 줄여 미끄러지지 않도록 천천히 통과한다.

⑦ 급출발, 급핸들, 급브레이크 조작은 미끄러짐이나 전복 사고의 원인이 되므로 엔진 브레이크를 적절히 사용하고, 브레이크를 밟을 때에는 페달을 여러 번 나누어 밟는다.

제8절 | 경제 운전

01. 경제 운전의 방법과 효과

경제 운전은 연료 소모율을 낮추고, 공해 배출을 최소화하며, 위험 운전을 하지 않음으로 안전운전의 효과를 가져 오고자 하는 운전 방식이다. (에코 드라이빙)

▉ 경제 운전의 기본적인 방법

① 급가속을 피한다.

② 급제동을 피한다.

③ 급한 운전을 피한다.

④ 불필요한 공회전을 피한다.

⑤ 일정한 차량 속도(정속 주행)를 유지한다.

▉ 경제 운전의 효과

① 연비의 고효율 (경제 운전)

② 차량 구조 장치 내구성 증가 (차량 관리비, 고장 수리비, 타이어 교체비 등의 감소)

③ 고장 수리 작업 및 유지관리 작업 등의 시간 손실 감소

④ 공해 배출 등 환경 문제의 감소

⑤ 방어 운전 효과

⑥ 운전자 및 승객의 스트레스 감소

02. 퓨얼-컷 (Fuel-cut)

퓨얼-컷(Fuel-cut)이란 연료가 차단된다는 것이다. 운전자가 주행하다가 가속 페달을 밟고 있던 발을 떼었을 때, 자동차의 모든 제어 및 명령을 담당하는 컴퓨터인 ECU가 가속 페달의 신호에 따라 **스스로 연료를 차단시키는** 작업을 말한다. 자동차가 달리고 있던 관성(가속력)에 의해 축적된 운동 에너지의 힘으로 계속 달려가게 되는데, 이러한 관성 운전이 경제 운전임을 이해하여야 한다.

03. 경제 운전에 영향을 미치는 요인

▉ 도심 교통 상황에 따른 요인

우리의 도심은 고밀도 인구에 도로가 복잡하고 교통 체증도 심각한 환경이다. 그래서 운전자들이 바쁘고 가속·감속 및 잦은 브레이크에 자동차 연비도 증가한다. 그러므로 경제 운전을 하기 위해서는 불필요한 가속과 브레이크를 덜 밟는 운전 행위로 에너지 소모량을 최소화하는 것이 중요하다. 따라서 미리 교통 상황을 예측하고 차량을 부드럽게 움직일 필요가 있다. 도심 운전에서는 멀리 200~300m를 예측하고 2개 이상의 교차로 신호등을 관찰 하는 것도 경제 운전이다. 복잡한 시내운전 일지라도 앞차와의 차간 거리를 속도에 맞게 유지하면서 퓨얼컷 기능을 살려 경제 운전이 가능하다. 따라서 필요 이상의 브레이크 사용을 자제하고 피로가 가중되지 않는 여유로운 방어 운전이 곧 경제 운전이다.

▉ 도로 조건

도로의 젖은 노면과 경사도는 연료 소모를 증가시킨다. 그러므로 고속

도로나 시내의 외곽 도로 전용 도로 등에서 시속 100km라면 그 속도를 유지하면서 가장 하향으로 안정된 엔진 RPM을 유지하는 것이 연비 좋은 정속 주행이다.

❸ 기상 조건

맞바람은 공기 저항을 증가시켜 연료 소모율을 높인다. 고속 운전에서 차창을 열고 달림은 연비 증가에 영향을 주며, 더운 날 에어컨의 작동은 연비에 좋지 않은 것은 사실이나 차량 규격이 중형차 이상은 엔진의 여유 출력이 크므로 연비에 큰 영향을 주지 않을 수도 있다.

제9절 경제 운전

01. 출발

① 매일 운행을 시작할 때는 후사경이 제대로 조정되어 있는지 확인한다.
② 시동을 걸 때는 기어가 들어가 있는지 확인한다. 기어가 들어가 있는 상태에서는 클러치를 밟지 않고 시동을 걸지 않는다.
③ 주차 브레이크가 채워진 상태에서는 출발하지 않는다.
④ 주차 상태에서 출발할 때는 차량의 사각지점을 고려해 전·후·좌·우의 안전을 직접 확인한다.
⑤ 운행을 시작하기 전에 제동등이 점등되는지 확인한다.
⑥ 도로의 가장자리에서 도로로 진입하는 경우에는 진행하려는 방향의 안전 여부를 확인한다.
⑦ 정류소에서 출발 할 때에는 자동차문을 완전히 닫은 상태에서 방향 지시등을 작동시켜 도로 주행 의사를 표시한 후 출발한다.
⑧ 출발 후 진로 변경이 끝나기 전에 신호를 중지하지 않는다.
⑨ 출발 후 진로 변경이 끝나면 신호를 중지한다.

02. 정지

① 정지할 때는 미리 감속하여 급정지로 인한 타이어 흔적이 발생하지 않도록 한다. 이때 엔진 브레이크와 저단 기어 변속을 활용하도록 한다.
② 정지할 때까지 여유가 있는 경우에는 브레이크 페달을 가볍게 2~3회 나누어 밟는 조작을 통해 정지한다.
③ 미끄러운 노면에서는 제동으로 인해 차량이 회전하지 않도록 주의한다.

03. 주차

① 주차가 허용된 지역이나 안전한 지역에 주차한다.
② 주행 차로로 주차된 차량의 일부분이 돌출되지 않도록 주의한다.
③ 경사가 있는 도로에 주차할 때에는 밀리는 현상을 방지하기 위해 바퀴에 고임목 등을 설치하여 안전 여부를 확인한다.
④ 도로에서 차가 고장이 일어난 경우에는 안전한 장소로 이동한 후 비상 삼각대와 같은 고장 자동차의 표지를 설치한다.

04. 주행

① 교통량이 많은 곳에서는 급제동 또는 후미 추돌 등을 방지하기 위해 감속하여 주행한다.
② 노면 상태가 불량한 도로에서는 감속하여 주행한다.
③ 전방의 시야가 충분히 확보되지 않는 기상 상태나 도로 조건 등에서는 감속한다.

④ 해질 무렵, 터널 등 조명 조건이 불량한 경우에는 감속하여 주행한다.
⑤ 주택가나 이면 도로에서는 돌발 상황 등에 대비하여 과속이나 난폭 운전을 하지 않는다.
⑥ 곡선 반경이 작은 도로나 과속 방지턱이 설치된 도로에서는 감속하여 안전하게 통과한다.
⑦ 주행하는 차들과 제한 속도를 넘지 않는 범위 내에서 속도를 맞추어 주행한다.
⑧ 통행 우선권이 있는 다른 차가 진입할 때에는 양보한다.
⑨ 직선 도로를 통행하거나 구부러진 도로를 돌 때 다른 차로를 침범하거나, 2개 차로에 걸쳐 주행하지 않는다.
⑩ 앞차가 급제동할 때 후미를 추돌하지 않도록 안전거리를 유지한다.
⑪ 적재 상태가 불량하거나, 적재물이 떨어질 위험이 있는 자동차에 근접하여 주행하지 않는다.
⑫ 좌·우측 차량과 일정 거리를 유지한다.
⑬ 다른 차량이 차로를 변경하는 경우에는 양보하여 안전하게 진입할 수 있도록 한다.

05. 진로 변경

① 갑작스럽게 차로 변경을 하지 않는다.
② 일반 도로에서 차로를 변경하는 경우, 그 행위를 하려는 지점에 도착하기 전 30m(고속도로에서는 100m) 이상의 지점에 이르렀을 때 방향 지시등을 작동시킨다.
③ 도로 노면에 표시된 백색 점선에서 진로를 변경한다.
④ 터널 안, 교차로 직전 정지선, 가파른 비탈길 등 백색 실선이 설치된 곳에서는 진로를 변경하지 않는다.
⑤ 다른 통행 차량 등에 대한 배려나 양보 없이 본인 위주의 진로 변경을 하지 않는다.
⑥ 진로 변경이 끝나기 전에 신호를 중지하지 않는다. 진로 변경이 끝나면 즉시 신호를 중지한다.

06. 앞지르기

① 앞지르기를 할 때는 항상 방향 지시등을 작동시킨다.
② 앞지르기는 허용된 구간에서만 시행한다.
③ 앞지르기 할 때는 반드시 반대 방향 차량, 추월 차로에 있는 차량, 전·후 차량과의 안전 여부를 확인한 후 시행한다.
④ 제한 속도를 넘지 않는 범위 내에서 시행한다.
⑤ 앞지르기한 후 본 차로로 진입할 때에는 뒤차와의 안전을 고려하여 진입한다.
⑥ 앞 차량의 좌측 차로를 통해 앞지르기를 한다.
⑦ 도로의 구부러진 곳, 오르막길의 정상부근, 급한 내리막길, 교차로, 터널 안, 다리 위에서는 앞지르기를 하지 않는다.
⑧ 앞차가 다른 자동차를 앞지르고자 할 때에는 앞지르기를 시도하지 않는다.
⑨ 앞차의 좌측에 다른 차가 나란히 가고 있는 경우에는 앞지르기를 시도하지 않는다.

제10절 계절별 운전

01. 봄철

1 자동차 관리
① 세차 : 봄철은 고압 물세차를 1회 정도는 반드시 해주는 것이 좋다.
② 월동장비 정리 : 스노우 타이어, 체인 등 물기 제거
③ 배터리 및 오일류 점검
배터리 액이 부족하면 **증류수** 등을 보충해 주고, 추운 날씨로 인해 엔진 오일이 변질될 수 있기 때문에 엔진 오일 상태를 점검
④ 낡은 배선 및 부식된 부분 교환
⑤ 부동액이 샜는지 확인
⑥ 에어컨 작동 확인

2 안전 운행 및 교통사고 예방
① 과로운전 주의
② 도로의 노면상태 파악
③ 환경 변화를 인지 후, 방어 운전

02. 여름철

1 자동차 관리
① 냉각 장치 점검 : 냉각수의 양과 누수 여부 등
② 와이퍼의 작동 상태 점검 : 정상 작동 유무, 유리면과 접촉 여부 등
③ 타이어 마모상태 점검 : 홈 깊이가 1.6mm 이상 여부 등
④ 차량 내부의 습기 제거 : 배터리를 분리한 후 작업
⑤ 에어컨 냉매 가스 관리 : 냉매 가스의 양이 적절한지 점검
⑥ 브레이크, 전기 배선 점검 및 세차 : 브레이크 패드, 라이닝, 전기 배선 테이프 점검. 해안 부근 주행 후 세차

2 안전 운행 및 교통사고 예방
① 뜨거운 태양 아래 장시간 주차하는 경우 창문을 열어 실내의 더운 공기를 환기시킨 다음 운행
② 주행 중 갑자기 시동이 꺼졌을 경우 통풍이 잘 되고 그늘진 곳으로 옮겨 열을 식힌 후 재시동
③ 비가 내리고 있을 때 주행하는 경우 감속 운행

03. 가을철

1 자동차 관리
① 세차 및 곰팡이 제거
② 히터 및 서리제거 장치 점검
③ 타이어 점검
④ 냉각수, 브레이크액, 엔진오일 및 팬벨트의 장력 점검
⑤ 각종 램프의 작동 여부를 점검
⑥ 고장이나 점검에 필요한 예비 부품 준비

2 안전 운행 및 교통사고 예방
① 안개 지역을 통과할 때는 감속 운행
② 보행자에 주의하여 운행
③ 행락철에는 단체 여행의 증가로 운전자의 주의력이 산만해질 수 있으므로 주의
④ 농기계와의 사고 주의

04. 겨울철

1 자동차 관리
① 월동장비 점검
② 냉각장치 점검 : 부동액의 양 및 점도를 점검
③ 정온기(온도조절기) 상태 점검

2 안전 운행 및 교통사고 예방
① 도로가 미끄러울 때에는 부드럽게 천천히 출발
② 미끄러운 길에서는 기어를 2단에 넣고 출발
③ 앞바퀴는 직진 상태로 변경해서 출발
④ 충분한 차간 거리 확보 및 감속 운행
⑤ 다른 차량과 나란히 주행하지 않도록 주의
⑥ 장거리 운행 시 기상악화나 불의의 사태에 대비

제2장 🚔 자동차의 구조 및 특성

제1절 동력 전달 장치

동력 발생 장치(엔진)는 자동차의 주행과 주행에 필요한 보조 장치들을 작동시키기 위한 동력을 발생시키는 장치이며, 동력 전달 장치는 동력 발생 장치에서 발생한 동력을 주행 상황에 맞는 적절한 상태로 변화를 주어 바퀴에 전달하는 장치

01. 클러치

1 클러치의 필요성
기어를 변속할 때 엔진의 동력을 변속기에 전달하거나 일시 차단한다.

2 클러치가 미끄러질 때
① 미끄러지는 원인
㉠ 클러치 페달의 자유간극(유격)이 없다.
㉡ 클러치 디스크의 마멸이 심하다.
㉢ 클러치 디스크에 오일이 묻어 있다.
㉣ 클러치 스프링의 장력이 약하다.
② 영향
㉠ 연료 소비량이 증가한다.
㉡ 엔진이 과열한다.
㉢ 등판 능력이 감소한다.
㉣ 구동력이 감소하여 출발이 어렵고, 증속이 잘 되지 않는다.

3 클러치 차단이 불량할 때
① 클러치 페달의 자유간극이 크다.
② 릴리스 베어링이 손상되었거나 파손되었다.
③ 클러치 디스크의 흔들림이 크다.
④ 유압 장치에 공기가 혼입되었다.
⑤ 클러치 구성 부품이 심하게 마멸되었다.

02. 변속기

1 수동 변속기

변속기는 도로의 상태, 주행속도, 적재 하중 등에 따라 변하는 구동력에 대응하기 위해 엔진과 추진축 사이에 설치되어 엔진의 출력을 자동차 주행 속도에 알맞게 회전력과 속도로 바꾸어서 구동 바퀴에 전달하는 장치를 말한다.

① 엔진과 차축 사이에서 회전력을 변환시켜 전달해준다.
② 엔진을 시동할 때 엔진을 무부하 상태로 만들어준다.
③ 자동차를 후진시키기 위하여 필요하다.

2 자동 변속기

자동 변속기란 클러치와 변속기의 작동이 자동차의 주행 속도나 부하에 따라 자동적으로 이루어지는 장치를 말하며, 수동 변속기와 비교하였을 때에 장·단점은 다음과 같다.

① 장점
   ㉠ 기어 변속이 자동으로 이루어져 운전이 편리하다.
   ㉡ 발진과 가속·감속이 원활하여 승차감이 좋다.
   ㉢ 조작 미숙으로 인한 시동 꺼짐이 없다.
   ㉣ 충격이나 진동이 적다.
② 단점
   ㉠ 구조가 복잡하고 가격이 비싸다.
   ㉡ 차를 밀거나 끌어서 시동을 걸 수 없다.
   ㉢ 연료 소비율이 약 10% 정도 많아진다.

03. 타이어

1 주요 역할

① 자동차의 하중을 지탱
② 엔진의 구동력 및 브레이크의 제동력을 노면에 전달
③ 노면으로부터 전달되는 충격을 완화
④ 자동차의 진행 방향을 전환 또는 유지

2 타이어의 종류

① 튜브리스 타이어
   ㉠ 튜브 타이어에 비해 공기압을 유지하는 성능이 우수
   ㉡ 못에 찔려도 공기가 급격히 새지 않음
   ㉢ 주행 중 발생하는 열의 발산이 좋아 발열이 적음
   ㉣ 튜브로 인한 고장이 없음
   ㉤ 펑크 수리가 간단하고, 작업 능률이 향상됨
   ㉥ 림이 변형되면 타이어와의 밀착 불량으로 공기가 새기 쉬워짐
   ㉦ 유리 조각 등에 의해 손상되면 수리가 곤란
② 바이어스 타이어
   ㉠ 오랜 연구 기간의 연구 성과로 인해 전반적으로 안정된 성능을 발휘
   ㉡ 현재는 타이어의 주류에서 서서히 밀리고 있음
③ 레디얼 타이어
   ㉠ 접지 면적이 큼
   ㉡ 타이어 수명이 김
   ㉢ 하중에 의한 변형이 적음
   ㉣ 회전할 때 구심력이 좋음
   ㉤ 스탠딩 웨이브 현상이 잘 일어나지 않음
   ㉥ 고속 주행 시 안전성이 큼
   ㉦ 충격 흡수의 강도가 적어 승차감이 좋지 않음
   ㉧ 저속 주행 시 조향 핸들이 다소 무거움

④ 스노 타이어
   ㉠ 눈길 미끄러짐을 막기 위한 타이어로, 바퀴가 고정되면 제동 거리가 길어짐
   ㉡ 견인력 감소를 막기 위해 천천히 출발해야 함
   ㉢ 구동 바퀴에 걸리는 하중을 크게 해야 함
   ㉣ 트레드 부위가 50% 이상 마멸되면 제 기능을 발휘하지 못함

04. 주행 시 이상 현상

1 스탠딩 웨이브(Standing Wave)

주행 시 변형과 복원을 반복하는 타이어가 고속 회전으로 인해 속도가 올라가면 변형된 접지부가 복원되기 전에 다시 접지하게 된다. 이때 접지한 곳 뒷부분에서 진동의 물결이 발생하게 된다. 이를 스탠딩 웨이브라 하며 원인은 다음과 같다.

① 타이어의 공기압 부족
② 고속으로 2시간 이상 주행 시 타이어에 축적된 열

2 수막현상(Hydroplaning)

물이 고인 노면을 고속으로 주행할 때 타이어의 요철용 무늬 사이에 있는 물이 빠지지 않아 발생하는 물의 저항에 의해 노면으로부터 떠올라 물 위를 미끄러지게 되는 현상이다. 80km/h이상으로 주행 시 부분 수막현상이, 100km/h로 주행할 경우 수막현상이 일어난다. 방지책은 다음과 같다.

① 저속 주행
② 마모된 타이어 사용 금지
③ 공기압을 조금 높임
④ 배수 효과가 좋은 타이어 (리브형)를 사용

제2절 현가장치

01. 현가장치

주행 중 노면으로부터 발생하는 진동이나 충격을 완화시켜 자동차를 보호하고 화물의 손상 방지와 승차감, 자동차의 주행 안전성을 향상시키는 역할을 담당한다.

02. 주요 기능

① 적정한 자동차의 높이를 유지
② 상·하 방향이 유연하여 차체가 노면에서 받는 충격을 완화
③ 올바른 휠 밸런스 유지
④ 차체의 무게를 지탱
⑤ 타이어의 접지 상태를 유지
⑥ 주행 방향을 일부 조정

03. 구성

1 스프링

차체와 차축 사이에 설치되어 주행 중 노면에서의 충격이나 진동이 차체에 전달되지 않도록 보호함

① 판 스프링
   : 적당히 구부린 띠 모양의 스프링 강을 몇 장 겹친 뒤, 그 중심에서 볼트로 조인 것
   ㉠ 버스나 화물차에 사용

ⓛ 스프링 자체의 강성으로 차축을 정해진 위치에 지지할 수 있어 구조가 간단
ⓒ 판간 마찰에 의한 진동 억제 작용이 큼
ⓔ 내구성이 큼
ⓜ 판간 마찰이 있어 작은 진동의 흡수는 곤란

② 코일 스프링
  : 스프링 강을 코일 모양으로 감아서 제작한 것
  ㉠ 외부의 힘을 받으면 비틀어짐
  ㉡ 판간 마찰이 없어 진동의 감쇠 작용이 불가
  ㉢ 옆 방향 작용력에 대한 저항력 없음
  ㉣ 차축을 지지할 시, 링크 기구나 쇽업소버를 필요로 하고 구조가 복잡
  ㉤ 단위 중량당 에너지 흡수율이 판 스프링 보다 크고 유연
  ㉥ 승용차에 많이 사용

③ 토션바 스프링
  : 비틀었을 때 탄성에 의해 원위치하려는 성질을 이용한 스프링 강 막대
  ㉠ 스프링의 힘은 바의 길이와 단면적에 따라 달라짐
  ㉡ 진동의 감쇠 작용이 없어 쇽업소버를 병용
  ㉢ 구조가 간단

④ 공기 스프링
  : 공기의 탄성을 이용한 것
  ㉠ 다른 스프링에 비해 유연한 탄성을 얻을 수 있음
  ㉡ 노면으로부터 작은 진동도 흡수 가능
  ㉢ 우수한 승차감
  ㉣ 장거리 주행 자동차 및 대형 버스에 사용
  ㉤ 차체의 높이를 일정하게 유지 가능
  ㉥ 스프링의 세기가 하중과 거의 비례해서 변화
  ㉦ 구조가 복잡하고 제작비 소요가 큼

2 쇽업소버
스프링 진동을 감압시켜 진폭을 줄이는 기능
① 노면에서 발생한 스프링의 진동을 빨리 흡수하여 승차감을 향상시킴
② 스프링의 피로를 줄이기 위해 설치하는 장치
② 움직임을 멈추지 않는 스프링에 역방향으로 힘을 발생시켜 진동 흡수를 앞당김
③ 스프링의 상·하 운동 에너지를 열에너지로 변환시킴
④ 진동 감쇠력이 좋아야 함

3 스태빌라이저
좌·우 바퀴가 동시에 상·하 운동을 할 때는 작용하지 않으나 서로 다르게 상·하 운동을 할 때는 작용하여 차체의 기울기를 감소시켜 주는 장치
① 커브 길에서 원심력 때문에 차체가 기울어지는 것을 감소시켜 차체가 롤링(좌·우 진동)하는 것을 방지
② 토션바의 일종으로 양끝이 좌·우의 로어 컨트롤 암에 연결되며 가운데는 차체에 설치됨

---

01. 조향장치
조향장치는 자동차의 진행 방향을 운전자가 의도하는 바에 따라 임의로 조작할 수 있는 장치로 앞바퀴의 방향을 바꿀 수 있도록 되어 있다.

02. 고장 원인

1 조향 핸들이 무거운 원인
① 타이어 공기압의 부족
② 조향 기어의 톱니바퀴 마모
③ 조향 기어 박스 내의 오일 부족
④ 앞바퀴의 정렬 상태 불량
⑤ 타이어의 마멸 과다

2 조향 핸들이 한 쪽으로 쏠리는 원인
① 타이어의 공기압 불균일
② 앞바퀴의 정렬 상태 불량
③ 쇽업소버의 작동 상태 불량
④ 허브 베어링의 마멸 과다

03. 동력조향장치
앞바퀴의 접지 압력과 면적이 증가하여 신속한 조향이 어렵게 됨에 따라 가볍고 원활한 조향 조작을 위해 엔진의 동력으로 오일펌프를 구동시켜 발생한 유압을 이용해 조향 핸들의 조작력을 경감시키는 장치

1 장점
① 조향 조작력이 작아도 됨
② 노면에서 발생한 충격 및 진동을 흡수
③ 앞바퀴가 좌·우로 흔들리는 현상을 방지
④ 조향 조작이 신속하고 경쾌
⑤ 앞바퀴의 펑크 시, 조향 핸들이 갑자기 꺾이지 않아 위험도가 낮음

2 단점
① 기계식에 비해 구조가 복잡하고 비쌈
② 고장이 발생한 경우 정비가 어려움
③ 오일펌프 구동에 엔진의 출력이 일부 소비됨

04. 휠 얼라인먼트
자동차의 앞바퀴는 어떤 기하학적인 각도 관계를 가지고 설치되어 있는데 충격이나 사고, 부품 마모, 하체 부품의 교환 등에 따라 이들 각도가 변화하게 되고 결국 문제를 야기한다. 이러한 각도를 수정하는 일련의 작업을 휠 얼라인먼트 (차륜 정렬)라 한다.

1 역할
① 캐스터의 작용 : 조향 핸들의 조작을 확실하게 하고 안전성 부여
② 캐스터와 조향축(킹핀) 경사각의 작용 : 조향 핸들에 복원성을 부여
③ 캠버와 조향축(킹핀) 경사각의 작용 : 조향 핸들의 조작을 가볍게 해줌
④ 토인의 작용 : 타이어 마멸을 최소로 해줌

2 필요한 시기
① 자동차 하체가 충격을 받았거나 사고가 발생한 경우
② 타이어를 교환한 경우
③ 핸들의 중심이 어긋난 경우

④ 타이어 편마모가 발생한 경우

⑤ 자동차가 한 쪽으로 쏠림 현상이 발생한 경우

⑥ 자동차에서 롤링 (좌·우 진동)이 발생한 경우

⑦ 핸들이나 자동차의 떨림이 발생한 경우

❸ 캠버(Camber)

① 앞에서 보았을 때 앞바퀴가 수직선과 이루는 각도

② 조향 핸들 조작을 가볍게 하고, 수직 방향 하중에 의한 앞 차축의 휨 방지

③ 부의 캠버 방지

> **🔧 캠버**
> • 정의 캠버 : 바퀴의 윗부분이 바깥쪽으로 기울어진 상태
> • 0의 캠버 : 바퀴의 중심선이 수직일 때
> • 부의 캠버 : 바퀴의 윗부분이 안쪽으로 기울어진 상태

❹ 캐스터(Caster)

① 앞바퀴를 옆에서 보았을 때 조향축(킹핀)이 수직선과 이루는 각도

② 주행 중 조향 바퀴에 방향성 부여

③ 조향하였을 때 직진 방향으로의 복원력 부여

> **🔧 캐스터**
> • 정의 캐스터 : 조향축 윗부분이 자동차의 뒤쪽으로 기울어진 상태
> • 0의 캐스터 : 조향축의 중심선이 수직선과 일치된 상태
> • 부의 캐스터 : 조향축의 윗부분이 앞쪽으로 기울어진 상태

❺ 토인(Toe-in)

① 앞바퀴를 위에서 내려다봤을 때 양쪽 바퀴의 중심선 사이 거리가 뒤쪽보다 앞쪽이 약간 작게 돼 있는 것

② 앞바퀴의 옆 방향 미끄러짐 방지

③ 타이어의 마멸 방지

❻ 조향축(킹핀) 경사각

① 앞에서 보았을 때 조향축이 수직선과 이루는 각도

② 조향핸들의 조작을 가볍게 함

② 앞바퀴에 복원성 부여

④ 앞바퀴의 시미 현상(바퀴가 좌·우로 흔들리는 현상) 방지

제4절 제동 장치

01. 개요

제동 장치는 주행 자동차를 감속 또는 정지시키고 동시에 주차 상태를 유지하기 위해 사용하는 자동차 구조 장치

02. ABS(Anti-lock Break System)

❶ ABS(Anti-lock Break System)

'기계'와 '노면의 환경'에 따른 제동 시 바퀴의 잠김 순간을 컴퓨터로 제어해 1초에 10여 차례 이상, 브레이크 유압을 통해 바퀴가 잠기기 직전 풀고 잠그고를 반복하는 기능으로, 차량 급제동 시 차체는 주행함에도 바퀴가 잠기는 상태를 방지하는 시스템

❷ 특징

① 바퀴의 미끄러짐이 없는 제동 효과를 얻을 수 있음

② 자동차의 방향 안정성, 조종 성능을 확보해 줌

③ 앞바퀴의 고착에 의한 조향 능력 상실 방지

④ 노면이 비에 젖더라도 우수한 제동 효과를 얻을 수 있음

제3장 🚔 자동차 관리

제1절 자동차 점검

01. 일상 점검

자동차를 운행하는 사람이 매일 자동차를 운행하기 전에 점검하는 것

❶ 점검 항목

점검 항목		점검 내용
엔진룸 내부	엔진	• 엔진 오일, 냉각수 • 브레이크 오일 • 배터리액 • 윈도 워셔액 • 팬벨트 장력
	변속기	• 변속기 오일 • 누유 여부
	기타	• 라디에이터 상태 • 엔진룸 오염 정도
자동차의 외관	완충 스프링	• 스프링 연결 부위의 손상 및 균열 여부
	타이어	• 타이어 공기압 • 타이어의 균열 및 마모 정도 • 타이어 홈 깊이 • 휠 볼트 및 너트의 조임 정도
	램프	• 라이트의 점등 상황
	등록번호판	• 번호판의 손상 및 식별 가능 여부
	배기가스	• 배기가스의 색깔
운전석	엔진	• 엔진의 시동 상태 • 이상 소리 확인
	브레이크 (풋브레이크/ 주차 브레이크)	• 브레이크 페달의 밟히는 정도 • 브레이크의 작동 상태 • 주차 브레이크의 작동 상태
	변속기	• 클러치의 자유 간극 적정 여부 • 변속 레버의 정상 조작 여부 • 변속 시 반발력 확인
	후사경	• 운전자 입장에서 시야 정상 확보 여부
	경음기	• 정상 작동 여부
	와이퍼	• 정상 작동 여부 • 워셔액 적정량
	각종 계기	• 오작동 신호 확인

02. 운행 전 자동차 점검

❶ 운전석에서 점검

① 연료 게이지량

② 브레이크 페달 유격 및 작동 상태

③ 룸미러 각도, 경음기 작동 상태, 계기 점등 상태

④ 와이퍼 작동 상태

⑤ 스티어링 휠(핸들) 및 운전석 조정

❷ 엔진 점검

① 엔진 오일의 적당량과 불순물의 존재 여부

② 냉각수의 적당량과 변색 유무

③ 각종 벨트의 장력 상태 및 손상의 여부

④ 배선의 정리, 손상, 합선 등의 누전 여부

❸ 외관 점검
① 유리의 상태 및 손상 여부
② 차체의 손상과 후드의 고정 상태
③ 타이어의 공기 압력, 마모 상태
④ 차체의 기울기 여부
⑤ 후사경의 위치 및 상태
⑥ 차체의 외관
⑦ 반사기 및 번호판의 오염 및 손상 여부
⑧ 휠 너트의 조임 상태
⑨ 파워스티어링 오일 및 브레이크 액의 적당량과 상태
⑩ 오일, 연료, 냉각수 등의 누출 여부
⑪ 라디에이터 캡과 연료탱크 캡의 상태
⑫ 각종 등화의 이상 유무

03. 운행 중 점검

❶ 출발 전
① 배터리 출력 상태
② 계기 장치 이상 유무
③ 등화 장치 이상 유무
④ 시동 시 잡음 유무
⑤ 엔진 소리 상태
⑥ 클러치 정상 작동 여부
⑦ 액셀레이터 페달 상태
⑧ 브레이크 페달 상태
⑨ 기어 접속 이상 유무
⑩ 공기 압력 상태

❷ 운행 중
① 조향 장치 작동 상태
② 제동 장치 작동 상태
③ 차체 이상 진동 여부
④ 계기 장치 위치
⑤ 차체 이상 진동 여부
⑥ 이상 냄새 유무
⑦ 동력 전달 이상 유무

04. 운행 후 자동차 점검

❶ 외관 점검
① 차체의 손상 여부
② 차체 기울기
③ 보닛의 고리 빠짐 여부
④ 주차 후 바닥에 오일 및 냉각수 누출 여부
⑤ 배선 상태
⑥ 타이어 마모 상태
⑦ 휠 너트, 볼트 및 너트 상태
⑧ 조향 장치 및 완충 장치 나사 풀림 여부

❷ 짧은 점검 주기가 필요한 주행 조건
① 짧은 거리를 반복해서 주행
② 모래, 먼지가 많은 지역 주행
③ 과도한 공회전
④ 33℃ 이상의 온도에서 교통 체증이 심한 도로를 절반 이상 주행
⑤ 험한 상태의 길 주행 빈도가 높은 경우
⑥ 산길, 오르막길, 내리막길의 주행 횟수가 많은 경우
⑦ 고속 주행(약 180km/h)의 빈도가 높은 경우
⑧ 해변, 부식 물질이 있는 지역 및 한랭 지역을 주행한 경우

제2절 │ 안전 수칙

01. 운행 전 안전 수칙
① 짧은 거리의 주행이라도 안전벨트를 착용한다.
② 일상 점검을 생활화 한다.
③ 좌석, 핸들 및 후사경을 조정한다.
④ 운전에 방해가 되거나, 화재 및 폭발의 위험이 물건은 제거한다.

02. 운행 중 안전 수칙
① 핸드폰 사용을 금지한다.
② 운행 중에는 엔진을 정지하지 않는다.
③ 창문 밖으로 신체의 일부를 내밀지 않는다.
④ 문을 연 상태로 운행하지 않는다.
⑤ 높이 제한이 있는 도로에서는 차의 높이에 주의한다.
⑥ 음주 및 과로한 상태에서는 운행하지 않는다.

03. 운행 후 안전 수칙
① 주행 종료 후에도 긴장을 늦추지 않는다.
② 차에서 내리거나 후진할 경우 차 밖의 안전을 확인한다.
③ 워밍업이나 주·정차를 할 때는 배기관 주변을 확인한다.
④ 밀폐된 곳에서는 점검이나 워밍업 시도를 금한다.

04. 주차 시 주의 사항
① 반드시 주차 브레이크를 작동시킨다.
② 가능한 편평한 곳에 주차한다.
③ 오르막길 주차는 1단, 내리막길 주차는 후진에 기어를 놓고, 바퀴에는 고임목을 설치한다.
④ 습하고 통풍이 없는 차고에는 주차하지 않는다.

제3절 │ 자동차 관리 요령

01. 세차

❶ 시기
① 겨울철에 동결 방지제가 뿌려진 도로를 주행하였을 경우
② 해안 지대를 주행하였을 경우
③ 진흙 및 먼지 등으로 심하게 오염되었을 경우
④ 옥외에서 장시간 주차하였을 경우
⑤ 새의 배설물, 벌레 등이 붙어 도장의 손상이 의심되는 경우
⑥ 아스팔트 공사 도로를 주행하였을 경우

❷ 주의 사항
① 겨울철에 세차하는 경우에는 물기를 완전히 제거한다.
② 기름 또는 왁스가 묻어 있는 걸레로 전면 유리를 닦지 않는다.
③ 세차할 때 엔진룸은 에어를 이용하여 세척한다.

❸ 외장 손질
① 차량 표면에 녹이 발생하거나, 부식되는 것을 방지하도록 깨끗이 세척한다.
② 차량의 도장보호를 위해 오염 물질들이 퇴적되지 않도록 깨끗이 제거한다.
③ 자동차의 오염이 심할 경우 자동차 전용 세척제를 사용하여 고무 제품의 변색을 예방한다.
④ 범퍼나 차량 외부를 세차 시 부드러운 브러시나 스펀지를 사용하여 닦아낸다.
⑤ 차량 외부의 합성수지 부품에 엔진 오일, 방향제 등이 묻으면 즉시 깨끗이 닦아낸다.
⑥ 차체의 먼지나 오물은 도장 보호를 위해 마른 걸레로 닦아내지 않는다.

④ 내장 손질
① 차량 내장을 아세톤, 에나멜 및 표백제 등으로 세척할 경우 **변색 및 손상**이 발생한다.
② 액상 방향제가 유출되어 계기판이나 인스트루먼트 패널 및 공기 통풍구에 묻으면 방향제의 고유 성분으로 인해 손상될 수 있다.
③ 실내등 청소시 전원을 끄고 청소를 실시한다.

제4절 LPG 자동차

01. LPG 성분의 일반적 특성

① 주성분은 부탄과 프로판의 혼합체
② 감압 또는 가열 시 쉽게 기화되며 발화하기 쉬우므로 취급 주의
③ 원래 무색무취의 가스이나 가스누출 시 위험을 감지할 수 있도록 부취제가 첨가 됨
④ 과충전 방지 장치가 내장돼 있어 85% 이상 충전되지 않으나 약 80%가 적정

02. LPG 자동차의 장단점

❶ LPG 자동차의 장점
① 연료비가 적게 들어 경제적
② 유해 배출 가스량이 적음
③ 연료의 옥탄가가 높아 노킹 현상이 거의 발생하지 않음
④ 가솔린 자동차에 비해 엔진 소음이 적음
⑤ 엔진 관련 부품의 수명이 상대적으로 길어 경제적

❷ LPG 자동차의 단점
① LPG 충전소가 적어 연료 충전이 불편
② 겨울철에 시동이 잘 걸리지 않음
③ 가스 누출 시 가스가 잔류하여 점화원에 의해 폭발의 위험성이 있음

❸ LPG 차량 관리 요령
① 엔진 시동 전 점검 사항
　㉠ LPG 탱크 밸브(적색, 녹색)의 열림 상태 점검
　㉡ LPG 탱크 고정 벨트의 풀림 여부 점검
　㉢ 연료 파이프의 연결 상태 및 연료 누기 여부 점검
　㉣ 가스 누출 시, 화기를 멀리하고 모든 **창문**을 개방 후 전문 정비 업체에 연락하여 조치
　㉤ 엔진에서 베이퍼라이저로 가는 냉각수 **호스** 연결 상태 및 누수 여부 점검
　㉥ 냉각수 적정 여부를 점검
② 주행 중 준수사항
　㉠ 주행 중에는 LPG 스위치에 손을 대지 않는다. LPG 스위치가 꺼졌을 시 엔진이 정지되어 안전 운전에 지장을 초래할 수 있다.
　㉡ LPG 용기의 구조상 급가속, 급제동, 급선회 및 경사로를 지속 주행할 시 경고등이 점등될 우려가 있으나 이상 현상은 아니다.
　㉢ 주행 상태에서 계속 경고등이 점등되면 바로 **연료**를 충전한다.
③ 주차 시 준수 사항
　㉠ 지하 주차장이나 밀폐된 장소 등에 장시간 주차하지 말아야 하고 장시간 주차 시 연료 충전 밸브(녹색)를 잠가야 한다.
　㉡ 연료 출구 밸브(적색, 황색)를 시계 방향으로 돌려 잠근다.
　㉢ 가급적 환기가 잘되는 건물 내 또는 **지하 주차장**에 주차 하거나 옥외 주차 시에는 엔진 룸의 위치가 건물 벽을 향하도록 주차한다.
④ LPG 충전 방법
　㉠ 연료를 충전하기 전에 반드시 **시동**을 끈다.

　㉡ 출구 밸브 핸들(적색)을 잠근 후, 충전 밸브 핸들(녹색)을 연다.
　㉢ LPG 주입 뚜껑을 열어, LPG 충전량이 85%를 초과하지 않도록 충전한다.
　㉣ 주입이 끝난 다음 LPG 주입 뚜껑을 닫는다.
　㉤ 밀폐된 공간에서는 충전하지 않는다.
⑤ 가스 누출 시 응급조치
　㉠ 엔진을 정지시킨다.
　㉡ LPG 스위치를 끈다.
　㉢ LPG 탱크의 모든 밸브(적색, 황색, 녹색)를 잠근다.
　㉣ 필요한 정비를 한다.
　㉤ 비눗물로 누출 여부를 확인한다.
　㉥ 누출량이 많은 부위는 하얗게 서리 현상이 발생하는데, 절대 손 대지 않는다. (동상 위험)

❹ 운전자 기본 수칙 및 준수 사항
① 화기 옆에서 LPG 용기 및 배관 등을 점검, 수리 금지
② 차량 승·하차 시 냄새로 LPG 누출의 여부를 점검하도록 습관화
③ 고장 시 신품으로 교환하고, 정비 시 공인된 업체에서 수행
④ 엔진 시동 전 반드시 안전벨트 착용
⑤ 주차 브레이크 레버를 당기고 모든 전기 장치는 끈 후, 점화 스위치를 ON 모드로 변환
⑥ 점화 스위치를 이용하여 엔진 시동을 걸 시, 브레이크 페달을 밟고 시동 걸기

제5절 운행 시 자동차 조작 요령

01. 브레이크 조작 방법

① 풋 브레이크를 약 2~3회에 걸쳐 밟게 되면 안정적 제동이 가능하고, 뒤따라오는 차량에게 안전 조치를 취할 수 있는 시간이 생겨 후미 추돌을 방지할 수 있다.
② 길이가 긴 내리막 도로에서는 저단 기어로 변속하여 엔진 브레이크가 작동되게 한다.
③ 주행 중에는 핸들을 안정적으로 잡고 변속 기어가 들어가 있는 **상태**에서 제동한다.
④ 내리막길에서 운행할 때 연료 절약 등을 위해 기어를 중립에 두고 운행하지 않는다.

> 🚗 내리막길에서 브레이크 고장 시 대처 요령
> ㉠ 속도가 30km 이하가 되었을 때, 주차 브레이크를 서서히 당긴다.
> ㉡ 변속 장치를 저단으로 변속하여 엔진 브레이크를 활용한다.
> ㉢ 풋 브레이크만 과도하게 사용하면 브레이크 이상 현상이 발생하니 주의한다.
> ㉣ 최악의 경우는 피해를 최소화하기 위해 수풀이나 산의 사면으로 핸들을 돌린다.

02. 브레이크 이상 현상

❶ 베이퍼 록(Vaper Lock) 현상
긴 내리막길 운행 등에서 풋 브레이크를 과도하게 사용하였을 때 브레이크 디스크와 패드 간의 마찰열에 의해 연료 회로 또는 브레이크 장치 유압 회로 내에 브레이크액이 온도 상승으로 인해 기화되어 압력 전달이 원활하게 이루어지지 않아 제동 기능이 저하되는 현상이다. 베이퍼 록이 발생하면 브레이크 페달을 밟아도 스펀지를 밟는 것처럼 브레이크의 작용이 매우 둔해진다. 풋 브레이크 사용을 줄임과 동시에 엔진 브레이크를 사용하여 저단 기어를 유지하면 예방할 수 있다.

2 페이드(Fade) 현상

운행 중 계속해서 브레이크를 사용하면 온도 상승으로 인해 마찰열이 라이닝에 축적되어 브레이크의 제동력이 저하되는 현상

3 모닝 록(Morning Lock) 현상

장마철이나 습도가 높은 날, 장시간 주차 후 브레이크 드럼 등에 미세한 녹이 발생하여 브레이크 디스크와 패드 간의 마찰 계수가 높아지면 평소보다 브레이크가 민감하게 작동되는 현상이다. 출발 시 서행하면서 브레이크를 몇 차례 밟아주면 이 현상을 해소시킬 수 있다.

03. 차바퀴가 빠져 헛도는 경우

변속 레버를 전진과 후진 위치로 번갈아 두며 가속 페달을 부드럽게 밟으면서 탈출을 시도

제4장 🚓 자동차 응급조치 요령

제1절 상황별 응급조치 요령

01. 저속 회전하면 엔진이 쉽게 꺼지는 상황

추정 원인	조치 사항
① 낮은 공회전 속도	㉠ 공회전 속도 조절
② 에어 클리너 필터의 오염	㉡ 에어 클리너 필터 청소 및 교환
③ 연료 필터의 막힘	㉢ 연료 필터 교환
④ 비정상적인 밸브 간극	㉣ 밸브 간극의 조정

02. 시동 모터가 작동되지 않거나 천천히 회전하는 상황

추정 원인	조치 사항
① 배터리의 방전	㉠ 배터리 충전 또는 교환
② 배터리 단자의 부식, 이완, 빠짐 현상	㉡ 배터리 단자의 이상 부분 처리 및 고정
③ 접지 케이블의 이완	㉢ 접지 케이블 고정
④ 너무 높은 엔진 오일의 점도	㉣ 적정 점도의 오일로 교환

03. 시동 모터가 작동되나 시동이 걸리지 않는 상황

추정 원인	조치 사항
① 연료 부족	㉠ 연료 보충 후 공기 배출
② 불충분한 예열 작동	㉡ 예열 시스템 점검
③ 연료 필터 막힘	㉢ 연료 필터 교환

04. 엔진이 과열된 상황

추정 원인	조치 사항
① 냉각수 부족 및 누수	㉠ 냉각수 보충 및 누수 부위 수리
② 느슨한 팬벨트의 장력(냉각수의 순환 불량)	㉡ 팬벨트 장력 조정
③ 냉각팬 작동 불량	㉢ 냉각팬, 전기배선 등의 수리
④ 라디에이터 캡의 불완전한 장착	㉣ 라디에이터 캡의 완전한 장착
⑤ 온도조절기(서모스탯) 작동 불량	㉤ 서모스탯 교환

05. 배기가스의 색이 검은 상황

추정 원인	조치 사항
① 에어 클리너 필터의 오염	㉠ 에어 클리너 필터 청소 또는 교환
② 비정상적인 밸브 간극	㉡ 밸브 간극 조정

> 🚓 **색에 따른 배기가스 고장**
> ㉠ 무색 혹은 옅은 청색 : 완전 연소
> ㉡ 검은색 : 불완전 연소, 초크 고장, 연료장치 고장 등
> ㉢ 백색 : 헤드 개스킷 손상, 피스톤 링 마모 등

06. 브레이크의 제동 효과가 나쁜 상황

추정 원인	조치 사항
① 과다한 공기압	㉠ 적정 공기압으로 조정
② 공기 누설	㉡ 브레이크 계통 점검 후 다시 조임
③ 라이닝의 간극 과다 또는 심한 마모	㉢ 라이닝 간극 조정 또는 교환
④ 심한 타이어 마모	㉣ 타이어 교환

07. 브레이크가 편제동되는 상황

추정 원인	조치 사항
① 서로 다른 좌·우 타이어 공기압	㉠ 적정 공기압으로 조정
② 타이어의 편마모	㉡ 편마모된 타이어 교환
③ 서로 다른 좌·우 라이닝 간극	㉢ 라이닝 간극 조정

08. 배터리가 자주 방전되는 상황

추정 원인	조치 사항
① 배터리 단자 벗겨짐, 풀림, 부식	㉠ 배터리 단자의 부식 부분 제거 및 조임
② 느슨한 팬벨트	㉡ 팬벨트 장력 조정
③ 배터리액 부족	㉢ 배터리액 보충
④ 배터리의 수명의 만료	㉣ 배터리 교환

09. 연료 소비량이 많은 상황

추정 원인	조치 사항
① 연료 누출	㉠ 연료 계통 점검 및 누출 부위 정비
② 타이어 공기압 부족	㉡ 적정 공기압으로 조정
③ 클러치의 미끄러짐	㉢ 클러치 간극 조정 및 클러치 디스크 교환
④ 제동 상태에 있는 브레이크	㉣ 브레이크 라이닝 간극 조정

제2절 장치별 응급조치 요령

01. 타이어 펑크 조치 사항

① 핸들이 돌아가지 않도록 견고하게 잡고, 비상 경고등 작동
② 가속 페달에서 발을 떼어 속도를 서서히 감속시키면서 길 가장자리로 이동
③ 브레이크를 밟아 차를 도로 옆 평탄하고 안전한 장소에 주차 후 주차 브레이크 당기기
④ 후방에서 접근하는 차량들이 확인할 수 있도록 고장 자동차 표지 설치
⑤ 밤에는 사방 500m 지점에서 식별 가능한 적색 섬광 신호, 전기제등 또는 불꽃 신호 추가 설치
⑥ 잭으로 차체를 들어 올릴 시 교환할 타이어의 대각선 쪽 타이어에 고임목 설치

02. 잭 사용 시 주의 사항

① 잭 사용 시 평탄하고 안전한 장소에서 사용
② 잭 사용 시 시동 걸면 위험
③ 잭으로 차량을 올린 상태일 때 차량 하부로 들어가면 위험
④ 잭 사용 시 후륜의 경우에는 리어 액슬 아랫부분에 설치

제5장 🚓 자동차 검사 및 보험

제1절 자동차 검사

01. 자동차 종합 검사

■ 개념

자동차 종합 검사란 배출 가스 검사와 안전도 검사를 받는 것을 의미하며, 자동차 정기 검사와 배출 가스 정밀 검사 또는 특정경유자동차 배출 가스 검사의 검사 항목을 하나의 검사로 통합하고 검사 시기를 자동차 정기 검사 시기와 통합하여 한 번의 검사로 모든 검사가 완료되도록 함으로써 자동차 검사로 인한 국민의 불편을 최소화하고 편익을 도모하기 위해 시행하는 제도이다.

■ 자동차 관리법

대기환경보전법에 따른 운행 차 배출 가스 정밀 검사 시행 지역에 등록한 자동차 소유자 및 특정경유자동차 소유자는 정기 검사와 배출 가스 정밀 검사 또는 특정경유자동차 배출 가스 검사를 통합하여 국토교통부장관과 환경부장관이 공동으로 다음 각 호에 대하여 실시하는 **자동차 종합 검사**를 받아야 한다. 종합 검사를 받은 경우에는 정기 검사, 정밀 검사 및 특정경유자동차 검사를 받은 것으로 본다.
① 자동차의 동일성 확인 및 배출 가스 관련 장치 등의 작동 상태 확인을 관능검사(사람의 감각 기관으로 자동차의 상태를 확인하는 검사) 및 기능 검사로 하는 공통 분야
② 자동차 안전 검사 분야
③ 자동차 배출 가스 정밀 검사 분야

■ 종합 검사의 유효기간(자동차 종합 검사의 시행 등에 관한 규칙 별표1)

검사 대상		적용 차령	검사 유효 기간
승용자동차	비사업용	차령이 4년 초과인 자동차	2년
	사업용	차령이 2년 초과인 자동차	1년
경형·소형의 승합자동차	비사업용	차령이 4년 초과인 자동차	1년
	사업용	차령이 4년 초과인 자동차	1년
경형·소형의 화물자동차	비사업용	차령이 4년 초과인 자동차	1년
	사업용	차령이 2년 초과인 자동차	1년
중형·대형의 승합자동차	비사업용	차령이 3년 초과인 자동차	차령 8년까지는 1년, 이후부터는 6개월
	사업용	차령이 2년 초과인 자동차	차령 8년까지는 1년, 이후부터는 6개월
중형·대형의 화물자동차	비사업용	차령이 3년 초과인 자동차	차령 5년까지는 1년, 이후부터는 6개월
	사업용	차령이 2년 초과인 자동차	차령 5년까지는 1년, 이후부터는 6개월
그 밖의 자동차	비사업용	차령이 3년 초과인 자동차	차령 5년까지는 1년, 이후부터는 6개월
	사업용	차령이 2년 초과인 자동차	차령 5년까지는 1년, 이후부터는 6개월

① 검사 유효 기간이 6개월인 자동차의 경우, 종합 검사 중 자동차 배출 가스 정밀 검사 분야의 검사는 1년마다 시행
② 최초로 종합 검사를 받아야 하는 날은 위 표의 적용 차령 후 처음으로 도래하는 정기 검사 유효 기간 만료일로 한다. 다만, 자동차가 정기 검사를 받지 않아 정기 검사 기간이 경과된 상태에서 적용 차령이 도래한 자동차가 최초로 종합 검사를 받아야 하는 날은 **적용 차령 도래일**로 한다.

③ 자동차 종합 검사 미필시 과태료 부과 기준(자동차 관리법 시행령 별표2)
㉠ 자동차 종합 검사를 받아야 하는 기간 만료일부터 30일 이내인 경우 : 4만 원
㉡ 자동차 종합 검사를 받아야 하는 기간 만료일부터 30일 초과 114일 이내인 경우 4만 원에 31일째부터 계산하여 3일 초과 시마다 2만 원을 더한 금액
㉢ 자동차 종합 검사를 받아야 하는 기간 만료일부터 115일 이상인 경우 : 60만 원

02. 자동차 정기 검사 (안전도 검사)

■ 개념

자동차관리법에 따라 종합 검사 시행 지역 외 지역에 대하여 안전도 분야에 대한 검사를 시행하며, 배출 가스 검사는 공회전 상태에서 배출 가스를 측정한다.

■ 정기검사 미시행에 따른 과태료

① 정기 검사를 받아야 하는 기간 만료일부터 30일 이내인 경우 : 4만 원
② 정기 검사를 받아야 하는 기간 만료일부터 30일을 초과 114일 이내인 경우 4만 원에 31일째부터 계산하여 3일 초과 시마다 2만 원을 더한 금액
③ 정기 검사를 받아야 하는 기간 만료일부터 115일 이상인 경우 : 60만 원

■ 검사 유효 기간(자동차 관리법 시행규칙 별표15의2)

구분		검사유효기간
비사업용 승용자동차 및 피견인자동차		2년(신조차로서 신규검사를 받은 것으로 보는 자동차의 최초 검사 유효기간은 4년)
사업용 승용자동차		1년(신조차로서 신규검사를 받은 것으로 보는 자동차의 최초 검사 유효기간은 2년)
경형·소형의 승합자동차 및 비사업용 화물자동차	차령이 4년 이하인 경우	2년
	차령이 4년 초과인 경우	1년
중형·대형의 비사업용 승합자동차	차령이 8년 이하인 경우	1년(신조차로서 신규검사를 받은 것으로 보는 자동차 중 길이가 5.5미터 미만인 자동차의 최초 검사 유효기간은 2년)
	차령이 8년 초과인 경우	6개월
중형·대형의 사업용 승합자동차	차령이 8년 이하인 경우	1년
	차령이 8년 초과인 경우	6개월
경형·소형의 사업용 화물자동차		1년(신조차로서 신규검사를 받은 것으로 보는 자동차의 최초 검사 유효기간은 2년)
사업용 대형 화물자동차	차령이 2년 이하인 경우	1년
	차령이 2년 초과인 경우	6개월
그 밖의 자동차	차령이 5년 이하인 경우	1년
	차령이 5년 이하인 경우	6개월

🚓 참고

① 신규 검사 : 신규 등록을 하려는 경우에 실시하는 검사
② 임시 검사 : 자동차관리법 또는 자동차관리법에 따른 명령이나 자동차 소유자의 신청을 받아 비정기적으로 실시하는 검사

03. 튜닝 검사

1 개념
튜닝의 승인을 받은 날부터 45일 이내에 안전 기준 적합 여부 및 승인받은 내용대로 변경하였는가에 대해 검사를 받아야 하는 일련의 행정 절차

2 튜닝 승인 신청 구비 서류(자동차 관리법 시행규칙 제56조)
① 튜닝 승인 신청서
: 자동차 소유자가 신청, 대리인인 경우 소유자(운송 회사)의 위임장 및 인감 증명서 필요
② 튜닝 전·후의 주요 제원 대비표 : 제원 변경이 있는 경우만 해당
③ 튜닝 전·후의 자동차 외관도 : 외관 변경이 있는 경우에 한함
④ 튜닝하려는 구조·장치의 설계도

3 튜닝 검사 신청 서류(자동차 관리법 시행규칙 제78조)
① 자동차 등록증
② 튜닝 승인서
③ 튜닝 전·후의 주요 제원 대비표
④ 튜닝 전·후의 자동차 외관도 (외관의 변경이 있는 경우)
⑤ 튜닝하려는 구조·장치의 설계도

4 승인 불가 항목(자동차 관리법 시행규칙 제55조제2항)
① 총중량이 증가되는 튜닝
② 승차 정원 또는 최대 적재량의 증가를 가져오는 승차 장치 또는 물품 적재 장치의 튜닝
③ 자동차의 종류가 변경되는 튜닝
④ 튜닝 전보다 성능 또는 안전도가 저하될 우려가 있는 경우의 튜닝

5 승인 항목

구 분	승인 대상	승인 불필요 대상
구조	㉠ 길이·너비 및 높이 (범퍼, 라디에이터그릴 등 경미한 외관 변경의 경우 제외) ㉡ 총중량	㉠ 최저 지상고 ㉡ 중량 분포 ㉢ 최대 안전 경사 각도 ㉣ 최소 회전 반경 ㉤ 접지 부분 및 접지 압력
장치	㉠ 원동기 (동력 발생 장치) 및 동력 전달 장치 ㉡ 주행 장치 (차축에 한함) ㉢ 조향 장치 ㉣ 제동 장치 ㉤ 연료 장치 ㉥ 차체 및 차대 ㉦ 연결 장치 및 견인 장치 ㉧ 승차 장치 및 물품 적재 장치 ㉨ 소음 방지 장치 ㉩ 배기가스 발산 방지 장치 ㉪ 전조등·번호등·후미등·제동등·차폭등·후퇴등 기타 등화 장치 ㉫ 내압 용기 및 그 부속 장치 ㉬ 기타 자동차의 안전 운행에 필요한 장치로서 국토교통부령이 정하는 장치	㉠ 조종 장치 ㉡ 현가 장치 ㉢ 전기·전자 장치 ㉣ 창유리 ㉤ 경음기 및 경보 장치 ㉥ 방향 지시등 기타 지시 장치 ㉦ 후사경·창닦이기 기타 시야를 확보 하는 장치 ㉧ 후방 영상 장치 및 후진 경고음 발생 장치 ㉨ 속도계·주행 거리계 기타 계기 ㉩ 소화기 및 방화 장치

제2절 자동차 보험

01. 대인 배상 I (책임 보험)

1 개념
자동차를 소유한 사람은 의무적으로 가입해야 하는 보험으로 자동차의 운행으로 인해 남을 사망케 하거나 다치게 하여 자동차손해배상보장법에 의한 손해 배상 책임을 짐으로서 입은 손해를 보상해 준다.

2 책임 기간
보험료를 납입한 때로부터 시작되어 보험 기간 마지막 날의 24시에 종료되며, 단, 보험 기간 개시 이전에 보험 계약을 하고 보험료를 납입한 때에는 보험 기간의 첫날 0시부터 유효하다.

3 의무 가입 대상
① 자동차관리법에 의하여 등록된 모든 자동차
② 이륜 자동차
③ 9종 건설기계 : 12톤 이상 덤프 트럭, 콘크리트 믹서 트럭, 타이어식 기중기, 트럭 적재식 콘크리트 펌프, 타이어식 굴삭기, 아스콘 살포기, 트럭 지게차, 도로 보수 트럭, 노면 측정 장비 (단, 피견인 차량은 제외)

4 미가입시 불이익(자동차 손해 보장법 시행령 별표5)
신규 등록 및 이전 등록이 불가하고 자동차의 정기 검사를 받을 수 없으며 벌금 및 과태료가 부과된다.
① 벌금 부과 : 미가입 자동차 운전 시 1년 이하의 징역 또는 500만원 이하 벌금
② 과태료 부과(자동차 손해 보장법 시행령 별표5)

담보	차 종	미가입 (10일 이내)	미가입 (10일 초과)	한도 (대당)
대인 I	이륜 자동차	6천원	6천원에 매 1일당 1,200원 가산	20만원
	비사업용 자동차	1만원	1만원에 매 1일당 4천원 가산	60만원
	사업용 자동차	3만원	3만원에 매 1일당 8천원 가산	100만원
대인 II	사업용 자동차	3만원	3만원에 매 1일당 8천원 가산	100만원
대물	이륜 자동차	3천원	3천원에 매 1일당 6백원 가산	10만원
	비사업용 자동차	5천원	5천원에 매 1일당 2천원 가산	30만원
	사업용 자동차	5천원	5천원에 매 1일당 2천원 가산	30만원

5 책임 보험금 지급 기준
① 사망 : 1인당 최저 2천만 원이며 최고 1.5억 원 내에서 약관 지급 기준에 의해 산출한 금액을 보상
② 부상 : 상해 등급 (1~14급)에 따라 1인당 최고 3천만 원을 한도로 보상
③ 후유 장애 : 신체에 장애가 남는 경우 장애의 정도 (1~14급)에 따라 급수별 한도액 내에서 최고 1.5억 원까지 보상

02. 대인 배상 II

1 개념
대인 배상 I 로 지급되는 금액을 초과하는 손해를 보상한다. 피해자 1인당 5천만 원, 1억 원, 2억 원, 3억 원, 무한 등 5가지 중 한 가지를 선택한다. 교통사고의 피해가 커지는 경향이고 또한 교통사고처리특례법의 혜택을 보기 위해 대부분 무한으로 가입하고 있는 실정이다.

> 😀 참고
>
> 산식 : 법률 손해 배상 책임액 + 비용 - 대인배상 I 보험금

2 보상하는 손해
① 사망(2017년 이후)
㉠ 장례비 : 5백만 원 정액
㉡ 위자료
㉮ 만 60세 미만 : 1인당 8천만 원
㉯ 만 60세 이상 : 1인당 5천만 원

ⓒ 상실 수익액

　산식 – (사망 직전 월 평균 현실 소득액 – 생활비) × 취업 가능
월수에 해당되는 라이프니츠 계수(선이자 공제)

② 부상

　㉠ 위자료 : 상해 급수 1급(2백만 원)~14급(15만원)

　㉡ 치료 관계비

　입원 및 통원, 간병비 – 상해 등급 1~5등급 피해자(일용직 근로
자 평균 임금 1일 108,921원 지급) 2020년 상반기 적용 기준

　㉢ 휴업 손해

　㉮ 유직자 : 현실 소득액의 산정 방법에 따라 신청한 금액

　㉯ 가사 종사자 : 도시 일용 근로자 임금 적용

　㉰ 유아, 연소자, 학생, 연금 생활자 기타 금리나 임대료에 의
한 생활자는 수입이 없는 것으로 산정

　㉱ 소득이 두 가지 이상 : 사망의 경우 현실 소득액의 산정 방법
과 동일

　㉲ 인정 기간

　실제 치료 기간 동안의 휴업 손해(산식 – 1일 수입 감소액
× 휴일 일수 × 85/100)

　㉣ 손해 배상금

　• 입원 : 1일당 13,110원 지급

　• 통원 : 1일당 8천원 지급

③ 후유 장애

　㉠ 위자료 : 노동 능력 상실 비율에 따라 산정

　㉮ 상실 수익액

　노동 능력 상실로 인한 소득의 상실이 있는 경우 피해자의 월
평균 현실 소득액에 노동 능력 상실률과 상실 기간에 해당하
는 금액(산식 – 월 평균 현실 소득액 × 노동 능력 상실률(%)
× 노동 능력 상실 기간의 라이프니츠 계수)

　㉡ 가정 간호비(개호비)

　인정 대상 – 치료가 종결되어 더 이상의 치료 효과를 기대할
수 없게 된 때 1인 이상의 해당 전문의로부터 노동 능력 상실
을 100%의 후유 장애 판정을 받은 자로 생명 유지에 필요한 일
상생활의 처리 동작에 있어 항상 다른 사람의 개호를 요하는 자
(지급 방법 : 개호 타당 판정을 받은 경우 생존 기간 동안 가정
간호비를 매월 정기 또는 일시금으로 지급)

3 보상하지 않는 손해

① 기명 피보험자 또는 그 부모, 배우자 및 자녀

② 피보험 자동차를 운전 중인 자(운전 보조자 포함) 및 그 부모, 배우
자, 자녀

③ 허락 피보험자 또는 그 부모, 배우자, 자녀

④ 피보험자의 피용자로서 산재 보험 보상을 받을 수 있는 사람. 단,
산재 보험 초과 손해는 보상한다.

⑤ 피보험자의 동료로서 산재 보험 보상을 받을 수 있는 사람

⑥ 무면허 운전을 하거나 무면허 운전을 승인한 사람

⑦ 군인, 군무원, 경찰 공무원, 향토 예비군 대원이 전투 훈련 기타 집
무 집행과 관련하거나 국방 또는 치안 유지 목적상 자동차에 탑승
중 전사, 순직 또는 공상을 입은 경우 보상하지 않음

03. 대물 보상

1 개념

피보험자가 자동차 소유, 사용, 관리하는 동안 사고로 인하여 다른 사
람의 자동차나 재물에 손해를 끼침으로서 손해 배상 책임을 지는 경우

보험가인 금액을 한도로 보상하는 담보이다.

① 타인의 재물에 피해를 입혔을 때 법률상 손해 배상 책임을 짐으로
서 입은 직접 손해와 간접 손해를 보상한다.

② 2천만 원까지는 의무적으로 가입해야 하고 한 사고 당 보상 한도액
은 2천만 원, 3천만 원, 5천만 원, 1억 원, 5억 원, 10억 원, 무
한 중 한 가지를 선택한다.

2 보상하는 손해

① 직접 손해

　㉠ 수리 비용 : 자동차 또는 건물 등이 파손되었을 때 원상회복 가
능한 경우 직전의 상태로 회복하는데 소요되는 필요 타당한 비
용 중 피해물의 사고 직전 가액의 120~130%를 한도로 보상

　㉡ 교환 가액 : 수리 비용이 피해물 사고 직전 가액을 초과하거나
원상회복이 불가능한 경우 사고 직전 피해물의 가액 상당액 또
는 피해물과 같은 종류의 대용품 가액과 이를 교환하는데 소요
되는 필요 타당성 비용을 보상 (단, 수리가 불가능하거나 수리
비가 사고 당시의 가액을 넘는 전부 손해일 경우 다른 차량으로
대체 시 등록세와 취득세 등을 추가로 보상)

② 간접 손해

　㉠ 대차료 : 비사업용 자동차가 파손 또는 오손되어서 가동하지 못
하는 기간 동안에 다른 자동차를 대신 사용할 필요가 있는 경우
에 그 소요되는 필요 타당한 비용을 수리가 완료될 때까지 30일
한도로 보상

　㉮ 렌터카를 사용할 경우, 대여 자동차로 대체 사용할 수 있는
차종에 대하여 차량만 대여하는 경우를 기준으로 한 대여 자
동차 요금의 100% 보상

　㉯ 대여 자동차로 대체 사용할 수 없는 차종에 대해서는 사업용
해당 차종의 휴차료 범위 안에서 실제 임차료 보상

　㉰ 렌터카를 사용하지 않을 경우에는 사업용 해당 차종 휴차료
의 30% 상당액을 교통비로 보상하며 수리가 불가능할 경우
에는 10일간 인정

　㉡ 휴차료 : 사업용 자동차(건설 기계 포함)가 파손 및 오손되어 사
용하지 못하는 기간에 발생하는 영업 손해로서 운행에 필요한
기본 경비를 공제한 금액에 휴차 일수를 곱한 금액을 지급한다.
인정 기간은 대차료 기준과 동일하며 개인택시인 경우 수리 기
간이 경과하여도 운전자가 치료중이면 30일 범위 내에서 휴차
료를 인정한다.

　㉢ 영업 손실 : 사업장 또는 그 시설물을 파괴하여 휴업함으로서
발생한 손해를 원상 복구에 소요되는 기간을 기준으로 보상한
다. 다만 합의 지연이나 복구 지연으로 연장되는 기간은 휴업
기간에서 제외한다. 인정 기준액은 세법에 따른 관계 증명서가
있으면 그에 따라 산정한 금액을 지급하며, 입증 자료가 없는
경우에는 일용 근로자 임금을 기준으로 30일 한도로 보상한다.

　㉣ 공제액 : 엔진, 변속기, 화물차의 적재함 등 중요한 부품을 새
부품으로 교환할 경우 그 교환된 부품이 감가상각에 해당되는
금액을 공제

3 보상하지 않는 손해

배상 책임을 지는 피보험자가 피해자인 동시에 가해자가 되어 권리 혼
돈과 같은 현상이 생기는 점과 피보험자의 도덕적 위험을 방지하기 위
해 피보험자(차주 및 운전자) 또는 그 부모 배우자 및 자녀가 소유, 사
용, 관리하는 재물에 생긴 손해는 보상하지 않는다.

1 안전 운전의 필수적 과정으로 옳은 것은?

① 실행-확인-예측-판단 ② 확인-예측-실행-판단
③ 예측-확인-판단-실행 ④ 확인-예측-판단-실행

2 예측의 주요 요소로 옳지 않은 것은?

① 감각 ② 위험원
③ 교차 지점 ④ 주행로

해설
예측의 주요 요소는 주행로, 행동, 타이밍, 위험원, 교차 지점이다.

3 시야 고정의 빈도가 높은 운전자의 특징으로 옳지 않은 것은?

① 예측회피 운전이 용이하다.
② 주변에서 다른 위험 사태가 발생하더라도 파악할 수 없다.
③ 주변 사물 변화에 둔감해진다.
④ 좌우를 살피지 못해 움직임, 조명을 파악하기가 어렵다.

해설
좌우를 살피는 운전자는 움직임과 사물, 조명을 파악할 수 있지만, 시선이 한 방향에 고정된 운전자는 주변에서 다른 위험 사태가 발생하더라도 파악할 수 없다. 그러므로 전방만 주시하는 것이 아니라, 동시에 좌우도 항상 같이 살펴야 한다.

4 안전거리의 의미로 옳은 것은?

① 운전자가 위험을 발견하고 자동차를 완전히 멈추기까지의 거리
② 앞차가 갑자기 정지하게 되는 경우 그 앞차와의 충돌을 피할 수 있는 거리
③ 주행하던 자동차의 브레이크 작동 시점부터 완전히 멈추기까지의 거리
④ 브레이크 페달을 밟은 시점부터 실제 제동되기까지의 거리

해설
안전거리 : 앞차가 갑자기 정지하게 되는 경우 그 앞차와의 충돌을 피할 수 있는 거리

5 앞지르기 방법에 대한 설명으로 옳지 않은 것은?

① 전방의 안전을 확인함과 동시에 후사경으로 좌측 및 좌측 후방을 확인한다.
② 앞지르기가 끝나면 진로를 서서히 우측으로 변경한 후 차가 일직선이 되었을 때 방향 지시등을 끈다.
③ 우측 방향 지시등을 켠다.
④ 최고 속도의 제한 범위 내에서 가속하여 진로를 서서히 좌측으로 변경한다.

해설
③ 좌측 방향 지시등을 켠다.

6 앞지르기 시 방어운전에 대한 설명으로 옳지 않은 것은?

① 앞지르기에 필요한 속도가 그 도로의 최고 속도 범위 이내일 때 시도한다.
② 앞차가 앞지르기를 하고 있을 때는 시도 금지이다.
③ 앞차의 왼쪽으로는 앞지르기 금지이다.
④ 앞지르기에 필요한 충분한 거리와 시야가 확보되었을 때 시도한다.

해설
③ 앞차의 오른쪽으로는 앞지르기 금지이다.

7 다음 중 기본적인 사고유형에 대한 방어운전 방법으로 옳지 않은 것은?

① 앞차 너머의 상황에 시선을 두지 않는다.
② 정면충돌 사고 시, 핸들 조작의 기본적 동작은 오른쪽으로 한다.
③ 과로를 피하고 심신이 안정된 상태에서 운전한다.
④ 악천후 시, 제동 상태가 나쁠 경우 도로 조건에 맞춰 속도를 낮춘다.

해설
① 앞차 너머의 상황을 살펴 앞차의 행동을 예측하고 대비해야 한다.

8 전방탐색 시 주의 사항으로 옳지 않은 것은?

① 보행자
② 주변 건물의 위치
③ 다른 차로의 차량
④ 대형차에 가려진 것들에 대한 단서

해설
전방탐색 시 주의해서 봐야할 것들은 다른 차로의 차량, 보행자, 자전거 교통의 흐름과 신호 등이다. 특히 화물 자동차와 같은 대형차가 있을 때는 대형차에 가려진 것들에 대한 단서에 주의한다.

9 다음 중 예측회피 운전의 방법으로 옳지 않은 것은 무엇인가?

① 상황에 따라 속도를 낮추거나 높이는 결정을 해야 한다.
② 사고 상황이 발생할 경우에 대비하여 진로를 변경한다.
③ 주변에 시선을 두지 않고 전방만 주시해야 한다.
④ 필요할 시 다른 사람에게 자신의 의도를 알려야 한다.

해설
예측회피 운전의 기본적 방법
㉠ 속도 가속, 감속 : 때로는 속도를 낮추거나 높이는 결정을 해야 한다.
㉡ 위치 바꾸기(진로 변경) : 사고 상황이 발생할 경우를 대비해서 주변에 긴급 상황 발생시 회피할 수 있는 완충 공간을 확보하면서 운전한다.
㉢ 다른 운전자에게 신호하기 : 가다 서고를 반복하고 수시로 차선변경을 필요로 하는 택시의 운전은 자신의 의도를 주변에 등화 신호로 미리 알려 주어야 한다.

10 방어 운전의 기본 사항 중 옳지 않은 것은?

① 예측 능력과 판단력 ② 자기중심적인 빠른 판단
③ 능숙한 운전 기술 ④ 반성의 자세

해설
방어 운전의 기본 사항 : 능숙한 운전 기술, 정확한 운전 지식, 세심한 관찰력, 예측 능력과 판단력, 양보와 배려의 실천, 교통상황 정보 수집, 반성의 자세, 무리한 운행 배제

11 주행 중 앞바퀴가 터졌을 시 운전법으로 옳은 것은?

① 미끄러지는 방향으로 핸들을 틀어 대처한다.
② 수시로 브레이크 페달을 밟아 제동이 잘 되는지 확인한다.
③ 핸들을 단단하게 잡아 한 쪽으로 쏠리는 것을 막고 의도한 방향을 유지한 후 감속한다.
④ 다른 차량과 거리를 좁힌다.

해설
①은 뒷바퀴가 터졌을 시의 요령이다.
②는 미끄러짐 사고 시의 방어 운전법이다.
④ 다른 차량과는 안전거리를 유지한다.

12 내리막 주행 중 브레이크가 고장 났을 때 취하는 방법 중 옳지 않는 것은?

① 주차 브레이크를 서서히 당긴다.
② 변속장치를 저단으로 변속하여 엔진 브레이크를 활용한다.
③ 풋 브레이크를 여러 번 나누어 밟아본다.
④ 최악의 경우는 피해를 최소화하기 위해 수풀이나 산의 사면으로 핸들을 돌린다.

해설
③ 풋 브레이크를 과도하게 사용하면 브레이크 이상 현상이 발생한다.

13 미끄러운 눈길에서 자동차를 정지시키고자 할 때 가장 안전한 제동 방법으로 옳은 것은?

① 엔진 브레이크와 핸드 브레이크를 함께 사용한다.
② 풋 브레이크와 핸드 브레이크를 동시에 힘 있게 작용시킨다.
③ 클러치 페달을 밟은 후 풋 브레이크 강하게 한 번에 밟는다.
④ 엔진 브레이크로 속도를 줄인 다음 서서히 풋 브레이크를 사용한다.

14 후미 추돌 사고의 원인으로 옳지 않은 것은?

① 앞차의 과속 ② 안전거리 미확보
③ 급제동 ④ 전방주시 태만

해설
① 다른 차량의 끼어들기에 의한 앞차의 급제동 및 감속

15 후미 추돌 사고를 회피하는 방어운전 요령으로 옳지 않은 것은?

① 앞차 너머의 상황을 살펴 앞차의 행동을 예측하고 대비하기
② 앞차의 징후나 신호를 살펴 항상 앞차에 대해 주의하기
③ 위험 상황이 전개될 경우 바로 상대보다 더 빠르게 속도 줄이기
④ 앞차와 바짝 붙어 주행하기

해설 ④ 앞차와 충분한 거리를 유지하기

16 운전 상황별 방어운전 요령으로 옳지 않은 것은?

① 주행 시 속도 조절 : 주행하는 차들과 맞춰 물 흐르듯이 주행
② 차간 거리 : 다른 차량이 끼어들지 못하도록 가급적 밀착하여 주행
③ 앞지르기 할 때 : 반드시 안전을 확보 후, 앞지르기 허용 지역에서 지정된 속도로 주행
④ 주행차로 사용 : 자기 차로를 선택하여 가급적 변경 없이 주행

해설
② 차간 거리 : 앞차와는 정해진 안전거리를 유지하고, 끼어드는 경우 양보운전으로 안전하게 진입하도록 돕는다.

17 추돌 사고를 발생시키거나 당하지 않는 안전운행 요령이 아닌 것은?

① 적재물이 실린 차를 뒤따르는 경우 평소보다 차간 거리를 더 여유롭게 둔다.
② 앞차와 간격을 좁혀 앞차의 상황을 자세히 주시한다.
③ 가급적 3~4대 앞의 교통상황에도 주의를 기울인다.
④ 앞차의 급제동에 대비하여 안전거리를 유지한다.

해설
② 앞차와의 간격은 항상 안전거리를 유지해야 한다.

18 시가지 도로 운전 중 안전 운전 방법으로 옳지 않은 것은?

① 교차로에서 성급한 우회전은 금지
② 이면 도로에서 자전거나 이륜차의 갑작스런 회전 등에 대비
③ 교차로에서 황색 신호일 때 모든 차는 정지선 바로 앞에 정지
④ 교차로에서 통과하는 앞차에만 집중하여 따라가기

해설
④ 시가지 교차로에서는 앞서 통과하는 차량을 맹목적으로 따라가지 않도록 주의한다.

19 다음 중 커브길 주행 방법으로 옳지 않은 것은?

① 감속된 속도에 맞는 기어로 변속
② 엔진 브레이크만으로 속도가 충분히 줄지 않으면 풋 브레이크를 사용해 회전 중에 더 이상 감속하지 않도록 조치
③ 커브 길에 진입하기 전 가속 페달을 밟아 신속히 통과
④ 회전이 끝나는 부분에 도달하였을 때는 핸들을 바르게 위치

해설
③ 커브 길에 진입하기 전에 경사도나 도로의 폭을 확인하고 가속 페달에서 발을 떼어 엔진 브레이크가 작동되도록 감속한다.

20 교차로 황색신호에서의 방어 운전으로 옳지 않은 것은?

① 이미 교차로 안으로 진입해 있을 때 황색 신호로 변경된 경우 신속히 교차로 밖으로 이동
② 교차로 부근에는 무단 횡단하는 보행자 등 위험 요인이 많으므로 돌발 상황에 대비
③ 모든 차는 정지선 바로 앞에 정지
④ 다른 차량을 방해하지 않도록 가속하여 빠르게 통과

해설
④ 황색 신호일 때는 멈출 수 있도록 감속하여 접근한다.

21 주행 중 타이어 펑크가 발생하였을 때, 운전자의 올바른 주차 방법이 아닌 것은?

① 저단기어로 변속하고 엔진 브레이크를 사용한다.
② 즉시 급제동하여 차량을 정지시킨다.
③ 조금씩 속도를 떨어뜨려 천천히 도로 가장자리에 멈춰야 한다.
④ 핸들을 꽉 잡고 속도를 줄인다.

22 주행 중 가속 페달에서 발을 떼거나 저단 기어로 변속하여 감속하는 운전방법은 무엇인가?

① 기어 중립　　　　② 주차 브레이크
③ 엔진 브레이크　　④ 풋 브레이크

🔵 해설
엔진 브레이크는 내리막길이나 악천후로 노면 상태가 미끄러울 때 감속에 용이하다.

23 용어의 설명으로 옳지 않은 것은?

① 슬로우 인 패스트 아웃 – 커브 길에 진입할 때에는 속도를 줄이고, 진출할 때에는 속도를 높이는 것
② 원심력 – 어떠한 물체가 회전운동을 할 때 회전반경 안으로 잡아 당겨지는 힘
③ 아웃 인 아웃 – 차로 바깥쪽에서 진입하여 안쪽, 바깥쪽 순으로 통과하는 것
④ 자동차의 원심력 – 속도의 제곱에 비례하고, 커브의 반경이 짧을수록 커지는 힘

🔵 해설
② 원심력 : 어떠한 물체가 회전운동을 할 때 회전반경으로부터 뛰쳐나가려고 하는 힘

24 오르막길에서의 방어 운전 방법으로 옳지 않은 것은?

① 오르막길의 정상 부근은 시야가 제한되므로 반대 차로의 차량을 대비해 서행한다.
② 정차할 때는 앞차가 뒤로 밀려 충돌할 가능성이 있으므로 충분한 차간 거리를 유지한다.
③ 오르막길에서 부득이하게 앞지르기 할 때는 저단 기어를 사용하지 않는 것이 안전하다.
④ 정차해 있을 때에는 가급적 풋 브레이크와 핸드 브레이크를 동시에 사용한다.

🔵 해설
③ 오르막길에서 부득이하게 앞지르기 할 때에는 힘과 가속이 좋은 저단 기어를 사용하는 것이 안전하다.

25 철길 건널목 통과 시 방어 운전의 요령으로 옳지 않은 것은?

① 건널목 건너편 여유 공간을 확인 후 통과
② 일시 정지 후에는 철도 좌·우의 안전을 확인
③ 철길 건널목에 접근할 때는 속도를 높여 신속히 통과
④ 건널목을 통과할 때는 기어 변속 금지

🔵 해설
③ 철길 건널목에 접근할 때는 속도를 줄여 접근

26 시가지 이면 도로에서의 안전 운전 방법으로 옳지 않은 것은?

① 자전거나 이륜차가 통행하고 있을 때에는 통행 공간을 배려하면서 운행
② 주·정차된 차량이 출발하려고 할 때는 가속하여 신속히 주행
③ 돌출된 간판 등과 충돌하지 않도록 주의
④ 자전거나 이륜차의 갑작스런 회전 등에 대비

🔵 해설
② 주·정차된 차량이 출발하려고 할 때는 감속하여 안전거리를 확보

27 커브길 주행 시 주의 사항으로 옳지 않은 것은?

① 급커브 길 등에서의 앞지르기는 금지 표지가 없어도 전방에 대한 안전 확인 없이는 절대 하지 않는다.
② 회전 중에 발생하는 가속과 감속에 주의해야 한다.
③ 중앙선을 침범하거나 도로의 중앙선으로 치우친 운전은 피한다.
④ 커브 길에서는 차량이 전복될 위험이 증가하므로 급제동할 준비가 돼 있어야 한다.

🔵 해설
④ 커브 길에서는 기상 상태, 노면 상태 및 회전 속도 등에 따라 차량이 미끄러지거나 전복될 위험이 증가하므로 부득이한 경우가 아니면 핸들 조작·가속·제동은 갑작스럽게 하지 않는다.

28 고속도로 진입부에서의 안전 운전 요령으로 옳지 않은 것은?

① 적절한 휴식
② 전 좌석 안전띠 착용
③ 진입 전 가속, 진입 후 감속
④ 전방 주시

🔵 해설
③ 진입 전 천천히 안전하게, 진입 후 빠른 가속한다.

29 운전 중 앞지르기 할 때 발생하기 쉬운 사고 유형으로 옳지 않은 것은?

① 앞지르기 후 본선 진입 시, 앞지르기 당한 차와의 충돌
② 앞지르기를 시도하는 차와 앞지르기 당하는 차의 정면충돌
③ 최초 진로 변경 시, 동일한 방향의 차 혹은 나란히 진행하는 차와의 충돌
④ 중앙선을 넘게 되는 경우, 반대 방향 차와의 충돌

🔵 해설
② 앞지르기를 시도하는 차는 앞지르기 당하는 차와 후미 추돌 사고의 위험이 있다.

30 다음 중 타이어의 역할이 아닌 것은?

① 자동차의 하중을 지탱한다.
② 엔진의 구동력 및 제동력을 노면에 전달한다.
③ 노면으로부터 받은 충격력을 흡수하여 승차감을 저하시킨다.
④ 진행방향을 전환 또는 유지시키는 기능을 한다.

🔵 해설
③ 노면으로부터 전달되는 충격을 완화하여 승차감을 좋게 한다.

31 타이어 공기압 부족 시 발생할 수 있는 현상은?

① 하이드로플레닝 현상   ② 스탠딩 웨이브 현상
③ 베이퍼 록 현상   ④ 시미현상

해설
스탠딩웨이브(Standing wave) : 주행 시 변형과 복원을 반복하는 타이어가 고속 회전으로 인해 속도가 올라가면 변형된 접지부가 복원되기 전에 다시 접지하게 된다. 이 때 접지한 곳 뒷부분에서 진동의 물결이 발생하게 된다. 이를 스탠딩웨이브라 한다.

32 야간 운전 시 안전 운전 방법으로 옳지 않은 것은?

① 대향차의 전조등을 직접 바라보지 않는다.
② 전조등 불빛의 방향을 정면으로 향하여 자신의 위치를 알린다.
③ 속도를 줄여 운행한다.
④ 보행자 확인에 더욱 세심한 주의를 기울인다.

해설
② 전조등 불빛의 방향을 아래로 향해야 한다.

33 빗길 운전 시 안전 운전 방법으로 옳지 않은 것은?

① 폭우로 가시거리가 100m 이내인 경우에는 최고 속도의 30%를 줄인 속도로 운행한다.
② 보행자 옆을 통과할 때에는 속도를 줄여 흙탕물이 튀지 않도록 주의한다.
③ 비가 내려 노면이 젖어있는 경우에는 최고 속도의 20%를 줄인 속도로 운행한다.
④ 물이 고인 길을 통과할 때에는 속도를 줄여 저속으로 통과한다.

해설
① 폭우로 가시거리가 100m 이내인 경우 최고 속도의 50%를 줄인 속도로 운행한다.

34 회전 교차로의 통행 방법에 대한 설명으로 옳은 것은?

① 회전 교차로 통과 시 모든 자동차가 중앙 교통섬을 중심으로 시계방향으로 회전하며 통과한다.
② 회전차로 내부에서 주행 중인 차를 방해할 우려가 있을 시 진입을 금지한다.
③ 회전 교차로에 진입할 때는 속도를 높여 진입한다.
④ 회전 중인 자동차는 회전 교차로에 진입하는 자동차에게 양보한다.

해설
① 회전 교차로 통과 시 모든 자동차가 중앙 교통섬을 중심으로 하여 시계 반대 방향으로 회전하며 통과 한다.
③ 회전 교차로에 진입 시 충분히 속도를 줄인 후 진입한다.
④ 회전 교차로에 진입하는 자동차는 회전 중인 자동차에게 양보한다.

35 지방 도로에서의 방어운전으로 옳지 않은 것은?

① 오르막길에서 부득이하게 앞지르기 할 때에는 힘과 가속이 좋은 저단 기어를 사용하는 것이 안전하다.
② 커브길에서 중앙선을 침범하거나 도로의 중앙선으로 치우친 운전은 피한다.
③ 내리막길을 내려갈 때에는 풋 브레이크로만 속도를 조절하는 것이 좋다.
④ 언덕길에서는 도로의 내리막이 시작되는 시점에서 브레이크를 힘껏 밟아 브레이크를 점검한다.

해설
③ 내리막길을 내려갈 때에는 엔진 브레이크로 속도 조절하는 것이 바람직하다.

36 커브길 사고가 빈번한 이유로 옳지 않은 것은?

① 겨울철 커브 길은 노면이 얼어있는 경우가 많기 때문
② 기상 상태, 회전 속도 등에 따라 차량이 미끄러지거나 전복될 위험이 높기 때문
③ 커브 길에서 감속할 경우 차량의 무게 중심이 한쪽으로 쏠리기 때문
④ 커브 길에서는 마찰력이 크게 작용하기 때문

해설
④ 커브 길에서는 원심력이 크게 작용하기 때문이다.

37 다음 설명 중 오르막길 운전방법으로 옳지 않은 것은?

① 뒤로 미끄러지는 것을 방지하기 위해 정지했다가 출발할 때 핸드 브레이크를 사용
② 오르막길에서 부득이하게 앞지르기 할 때 힘과 가속이 좋은 저단 기어를 사용
③ 언덕길에서는 올라가는 차량에게 통행 우선권이 있으므로 내려가는 차량이 양보
④ 정차할 때는 앞차와 충분한 차간 거리를 유지

해설
③ 언덕길에서 올라가는 차량과 내려오는 차량이 교차할 때는 내려오는 차량에게 통행 우선권이 있으므로 올라가는 차량이 양보해야 한다.

38 내리막길에서의 방어 운전에 대한 사항으로 옳지 않은 것은?

① 풋 브레이크를 사용하면 브레이크 이상 현상 예방이 가능
② 경사길 주행 중간에 불필요하게 속도를 줄이거나 급제동하는 것은 주의
③ 비교적 경사가 가파르지 않은 긴 내리막길을 내려갈 때 운전자의 시선은 먼 곳을 응시
④ 도로의 내리막이 시작되는 시점에서 브레이크를 힘껏 밟아 브레이크를 점검

해설
① 엔진 브레이크를 사용하면 페이드 현상 및 베이퍼 록 현상을 예방하여 운행 안전도를 높일 수 있다.

39 브레이크의 올바른 조작 방법으로 옳은 것은?

① 내리막길에서 운행할 때 연료 절약 등을 위해 기어를 중립에 둔다.
② 주행 중에는 핸들을 안정적으로 잡고 변속 기어가 들어가 있는 상태에서 제동한다.
③ 풋 브레이크를 자주 밟으면 안정적 제동이 가능하고, 뒤따라오는 차량에게 안전 조치를 취할 수 있는 시간이 생겨 후미 추돌을 방지할 수 있다.
④ 길이가 긴 내리막 도로에서는 고단 기어로 변속한다.

40 다음 중 내리막길에서 브레이크에 이상 발생 시 요령으로 옳지 않은 것은?

① 풋 브레이크만 과도하게 사용하면 브레이크 이상 현상이 발생하니 주의한다.

② 최악의 경우는 피해를 최소화하기 위해 수풀이나 산의 사면으로 핸들을 돌린다.

③ 변속 장치를 저단으로 변속하여 엔진 브레이크를 활용한다.

④ 속도가 10km 이하가 되었을 때, 주차 브레이크를 서서히 당긴다.

🔎해설 ④ 속도가 30km 이하가 되었을 때, 주차 브레이크를 서서히 당긴다.

41 다음 중 경사로 주차 방법으로 옳지 않은 것은?

① 바퀴를 벽 방향으로 돌려놓아야 한다.

② 변속기 레버를 'P'에 위치시킨다.

③ 받침목까지 뒷바퀴에 대주는 것이 좋다.

④ 수동 변속기의 경우 내리막길에서 위를 보고 주차하는 경우 후진 기어를 넣는다.

🔎해설 ④ 수동 변속기의 경우 내리막길에서 아래를 보고 주차하는 경우 후진 기어를 넣는다.

42 철길 건널목에서의 안전 운전 요령으로 옳지 않은 것은?

① 건널목 건너편 여유 공간을 확인 후 통과

② 일시 정지 후에는 곧바로 신속히 통과

③ 건널목을 통과할 때는 기어 변속 금지

④ 철길 건널목에 접근할 때는 속도를 줄여 접근

🔎해설 ② 일시 정지 후에는 철도 좌·우의 안전을 확인

43 고속도로에서의 안전 운전 방법에 대한 설명 중 옳지 않은 것은?

① 진입 전·후 모두 신속하게 진행한다.

② 앞지르기 상황이 아니면 주행 차로로 주행한다.

③ 전방 주시에 만전을 기한다.

④ 주변 교통 흐름에 따라 적정 속도 유지한다.

🔎해설 ① 진입 전 천천히 안전하게, 진입 후 빠른 가속을 사용해 나온다.

44 고속도로 진출입부에서의 방어 운전 요령으로 옳은 것은?

① 다른 차량의 흐름에 상관없이 자신만의 속도로 진행한다.

② 가속 차로에서는 충분히 속도를 높인다.

③ 진입 후 감속하여 위험을 방지한다.

④ 고속도로에 진입 전에는 빠르게 진입한다.

🔎해설 고속도로 진입 방법
고속도로에 진입할 때는 방향 지시등으로 진입 의사를 표시한 후, 가속 차로에서 충분히 속도를 높인 뒤 주행하는 다른 차량의 흐름을 살펴 안전을 확인 후 진입한다. 진입한 후에는 빠른 속도로 가속해서 교통 흐름에 방해가 되지 않도록 한다.

45 야간에 보행자가 사고 방지를 위해 입으면 좋은 옷 색깔로 가장 적절한 것은?

① 흑색   ② 적색
③ 회색   ④ 백색

🔎해설 ② 야간에 식별하기에 용이한 색은 적색, 백색 순이며 흑색이 가장 어려운 색이다.

46 야간 운행 중 마주 오는 대향차의 전조등 불빛으로 인해 운전자의 눈 기능이 순간적으로 저하되는 현상으로 옳은 것은?

① 광막 현상   ② 현혹 현상
③ 착시 현상   ④ 수막 현상

47 야간 운행 중 마주 오는 대향차의 전조등 불빛으로 인해 도로 보행자의 모습을 볼 수 없게 되는 현상으로 옳은 것은?

① 착시 현상   ② 현혹 현상
③ 증발 현상   ④ 광막 현상

48 안개길 운전 시 주의사항으로 옳지 않은 것은?

① 전조등, 안개등 및 비상점멸표시등을 켜고 운행한다.

② 앞을 분간하지 못할 정도의 짙은 안개로 운행이 어려울 시 차를 안전한 곳에 세우고 잠시 기다린다.

③ 안개가 짙으면 앞차가 보이지 않으므로 최대한 붙어서 간다.

④ 가시거리가 100m 이내인 경우에는 최고속도를 50% 정도 감속하여 운행한다.

🔎해설 ③ 앞차와의 차간거리를 충분히 확보하고, 앞차의 제동이나 방향 지시등의 신호를 예의 주시하며 운행한다.

49 야간 운전 시 주의 사항으로 옳지 않은 것은?

① 야간에는 시야가 제한됨에 따라 노면과 앞차의 후미등 전방만을 보게 되므로 가시거리가 100m 이내인 경우에는 최고 속도를 20% 정도 감속하여 운행한다.

② 술 취한 사람이 갑자기 도로에 뛰어들거나, 도로에 누워있는 경우가 발생하므로 주의해야 한다.

③ 밤에는 낮보다 장애물이 잘 보이지 않거나, 발견이 늦어 조치 시간이 지연될 수 있다.

④ 원근감과 속도감이 저하되어 과속으로 운행하는 경향이 발생할 수 있다.

🔎해설 ① 야간에는 시야가 제한됨에 따라 노면과 앞차의 후미등 전방만을 보게 되므로 가시거리가 100m 이내인 경우에는 최고 속도를 50% 정도 감속하여 운행한다.

50 야간 운전 시 안전 운전 요령으로 옳지 않은 것은?

① 선글라스를 착용하여 대향차의 전조등에 대비한다.

② 대향차의 전조등을 직접 바라보지 않는다.

③ 해가 지기 시작하면 곧바로 전조등을 켜 다른 운전자들에게 자신을 알린다.

④ 커브 길에서는 상향등과 하향등을 적절히 사용하여 자신이 접근하고 있음을 알린다.

🔎해설 ① 선글라스를 착용하고 운전하지 않는다.

51 야간 및 악천후 시 운전에 대한 설명으로 옳지 않은 것은?

① 대향차의 전조등을 직접 바라보지 않는다.
② 안개 길에서는 가시거리가 100m 이내인 경우에는 최고 속도를 50% 정도 감속 운행한다.
③ 보행자 확인에 더욱 세심한 주의를 기울인다.
④ 비가 내려 노면이 젖어있는 경우에는 최고 속도의 30%를 줄인 속도로 운행한다.

🔍**해설**
④ 비가 내려 노면이 젖어있는 경우에는 최고 속도의 20%를 줄인 속도로 운행한다.

52 겨울철 자동차 관리에 필수 사항이 아닌 것은?

① 냉각수 　　　　　② 와이퍼 액
③ 정온장치 　　　　④ 에어컨

53 야간에는 주간에 비해 시야가 전조등의 범위로 한정되는 경향이 있다. 그러므로 주간보다 야간에는 속도를 감속해야 하는데 그 속도로 옳은 것은?

① 주간 속도보다 약 50% 감속
② 주간 속도보다 약 40% 감속
③ 주간 속도보다 약 30% 감속
④ 주간 속도보다 약 20% 감속

54 다음 중 경제 운전 요령에 대한 설명 중 틀린 것은?

① 불필요한 짐은 싣고 다니지 않는다.
② 속도에 따라 엔진에 무리가 없는 범위 내에서 고단기어를 사용한다.
③ 가능한 한 고속 주행으로 목적지까지 빨리 간다.
④ 타이어 공기압력을 적당한 수준으로 유지한다.

55 다음 중 경제운전의 기본 방법으로 옳지 않은 것은?

① 불필요한 공회전을 피한다. ② 급제동을 피한다.
③ 급한 운전을 피한다. 　　　④ 고속 주행을 유지한다.

🔍**해설**
④ 일정한 차량 속도 (정속 주행)를 유지한다.

56 경제 운전에서는 가·감속이 없는 정속 주행을 해야 한다. 이러한 속도의 명칭은 무엇인가?

① 최고 속도 　　　　② 일정 속도
③ 최저 속도 　　　　④ 제한 속도

57 다음 중 경제 운전 시 발생하는 요인으로 옳지 않은 것은?

① 운전자 및 승객의 스트레스 감소
② 고장 수리 작업 및 유지관리 작업 등의 시간 손실 증가
③ 공해 배출 등 환경 문제의 감소
④ 차량 구조 장치 내구성 증가

🔍**해설**
② 경제 운전 시 차량에 주는 부담이 적어지므로, 고장 수리나 유지관리 때문에 투자하게 되는 시간이 감소한다.

58 경제 운전의 용어 중 연료가 차단된다는 의미로, 관성을 이용한 운전에 속하는 용어는 무엇인가?

① 토-인 　　　　　　② 슬로우-인, 패스트-아웃
③ 퓨얼-컷 　　　　　④ 아웃-인-아웃

🔍**해설**
퓨얼-컷(Fuel-cut)이란 운전자가 주행하다가 가속 페달을 밟고 있던 발을 떼었을 때, 자동차의 모든 제어 및 명령을 담당하는 컴퓨터인 ECU가 가속 페달의 신호에 따라 스스로 연료를 차단시키는 작업을 말한다. 자동차가 달리고 있던 관성(가속력)에 의해 축적된 운동 에너지의 힘으로 계속 달려가게 되는 경제 운전 방법 중 하나이다.
①은 앞바퀴를 위에서 내려다봤을 때 양쪽 바퀴의 중심선 사이 거리가 뒤쪽보다 앞쪽이 약간 작게 돼 있는 것을 지칭하는 용어이다. ②, ④는 커브 길 주행 시 사용되는 운전 방법을 지칭하는 용어이다.

59 다음 중 경제 운전에 영향을 미치는 요인으로 옳지 않은 것은?

① 운전자의 감정 　　② 도심의 교통 상황
③ 기상 조건 　　　　④ 도로 조건

🔍**해설**
② 도심은 고밀도 인구에 도로가 복잡하고 교통 체증도 심각한 환경이므로 운전자들이 바쁘고, 그로인해 가속·감속 및 잦은 브레이크에 자동차 연비도 증가한다.
③ 맞바람은 공기 저항을 증가시켜 연료 소모율을 높인다.
④ 도로의 젖은 노면과 경사도는 연료 소모를 증가시킨다.

60 운전 중 정지 시 기본 운행 수칙에 어긋나는 것은?

① 정지를 위한 감속 시, 엔진 브레이크와 고단 기어를 활용한다.
② 미끄러운 노면에서는 제동으로 인해 차량이 회전하지 않도록 주의
③ 정지할 때는 미리 감속하여 급정지로 인한 타이어 흔적이 발생하지 않도록 주의
④ 정지할 때까지 여유가 있는 경우에는 브레이크 페달을 가볍게 2~3회 나누어 밟는 조작을 통해 정지

🔍**해설**
① 정지할 때는 미리 감속하여 급정지로 인한 타이어 흔적이 발생하지 않도록 한다. 이때 엔진 브레이크와 저단 기어 변속을 활용하도록 한다.

61 다음 중 앞지르기 시 기본 운행에 관한 설명으로 어긋나는 것은?

① 앞지르기를 할 때는 항상 방향 지시등을 작동시킨다.
② 앞지르기한 후 본 차로로 진입할 때에는 뒤차와의 안전을 고려하여 진입한다.
③ 앞지르기는 허용된 구간에서만 시행한다.
④ 앞 차량의 우측 차로를 통해 앞지르기를 한다.

🔍**해설** ④ 앞 차량의 좌측 차로를 통해 앞지르기를 한다.

62 다음 중 진로 변경에 관한 기본 운행 수칙으로 옳지 않은 것은?

① 다른 통행 차량 등에 대한 배려나 양보 없이 본인 위주의 진로 변경을 하지 않는다.
② 일반 도로에서는 차로를 변경하려는 지점에 도착하기 전 30m(고속도로에서는 100m) 이상의 지점에 이르렀을 때 방향 지시등을 작동시킨다.
③ 백색 실선이 설치된 곳에서만 진로를 변경한다.
④ 갑작스럽게 차로 변경을 하지 않는다.

🔍**해설** ③ 백색 실선이 설치된 곳에서는 진로를 변경하지 않는다.

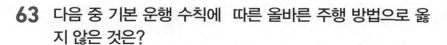

63 다음 중 기본 운행 수칙에 따른 올바른 주행 방법으로 옳지 않은 것은?

① 앞차가 급제동할 때 후미를 추돌하지 않도록 안전거리를 유지한다.
② 노면 상태가 불량한 도로에서는 감속하여 주행한다.
③ 해질 무렵, 터널 등 조명 조건이 불량한 경우에는 감속하여 주행한다.
④ 앞뒤로 일정한 간격을 유지하되, 좌·우측 차량과는 밀접한 거리를 유지한다.

⊕ 해설
④ 좌·우측 차량과 일정 거리를 유지한다.

64 운행 중 과로나 운전피로로 인해 발생하는 현상은?

① 현혹 현상
② 증발 현상
③ 졸음 현상
④ 수막 현상

⊕ 해설
①, ②는 야간 운전 시 발생하는 현상이며, ④는 빗길에서 고속주행 시 나타나는 현상이다.

65 다음 중 주차에 관한 기본 운행 수칙으로 옳지 않은 것은?

① 주차가 허용된 지역이나 갓길에 주차한다.
② 도로에서 차가 고장이 일어난 경우에는 안전한 장소로 이동한 후 비상 삼각대와 같은 고장 자동차의 표지를 설치한다.
③ 주행 차로로 주차된 차량의 일부분이 돌출되지 않도록 주의한다.
④ 경사가 있는 도로에 주차할 때에는 밀리는 현상을 방지하기 위해 바퀴에 고임목 등을 설치하여 안전 여부를 확인한다.

⊕ 해설
① 주차가 허용된 지역이나 안전한 지역에 주차한다. 갓길 주차는 매우 위험하므로 피한다.

66 다음 중 출발 시 기본 운행 수칙에 어긋나는 행동은?

① 운행을 시작하기 전에 제동등이 점등되는지 확인한다.
② 주차 브레이크가 채워진 상태에서 출발한다.
③ 매일 운행을 시작할 때는 후사경이 제대로 조정되어 있는지 확인한다.
④ 출발 후 진로 변경이 끝나면 신호를 중지한다.

⊕ 해설
② 주차 브레이크가 채워진 상태에서는 출발하지 않는다.

67 고속도로 주행 시 연료 절약을 위한 경제속도는?

① 60km/h
② 80km/h
③ 100km/h
④ 110km/h

68 차량 운행에 있어 봄철의 계절별 특성에 해당 되는 것은?

① 날씨가 따뜻해짐에 따라 사람들의 활동이 활발함
② 무더운 현상이 지속되는 열대야 현상이 나타남
③ 단풍을 구경하려는 행락객 등 교통수요가 많음
④ 사람, 자동차, 도로환경 등 다른 계절에 비해 열악함

⊕ 해설
②는 여름, ③은 가을 ④는 겨울이다.

69 겨울철에 해야 하는 자동차 점검 사항으로 옳지 않은 것은?

① 정온기(온도조절기) 상태 점검
② 월동장비 점검
③ 에어컨 냉매 가스 관리
④ 냉각장치 점검

⊕ 해설
③ 여름철 점검 사항이다.

70 습도와 불쾌지수로 인해 사고가 발생하게 되는 계절은?

① 가을
② 봄
③ 겨울
④ 여름

71 보행자의 통행, 교통량이 증가함에 따라 어린이 관련 교통사고가 많이 발생하는 계절은?

① 여름
② 가을
③ 겨울
④ 봄

72 가을철 안전 운행 및 교통사고 예방법으로 옳지 않은 것은?

① 보행자에 주의하여 운행
② 농기계와의 사고 주의
③ 안개 지역을 통과할 때는 고속 운행
④ 행락철에는 단체 여행의 증가로 운전자의 주의력이 산만해질 수 있으므로 주의

⊕ 해설
③ 안개 지역을 통과할 때는 감속 운행

73 다음 중 겨울철 안전 운행 및 교통사고 예방법으로 옳지 않은 것은?

① 앞바퀴는 직진 상태로 변경해서 출발
② 충분한 차간 거리 확보 및 감속 운행
③ 도로가 미끄러울 때에는 부드럽게 천천히 출발
④ 다른 차량과 나란히 주행

⊕ 해설
④ 다른 차량과 나란히 주행하지 않도록 주의

74 여름철 무더위와 장마로 인해 습도와 불쾌지수가 높아지면 나타날 수 있는 현상으로 옳지 않은 것은?

① 스트레스의 증가로 신체이상이 나타날 수 있다.
② 차량 조작의 민첩성이 떨어지고, 운전 시 예민해진다.
③ 감정에 치우친 운전으로 사고가 발생할 수 있다.
④ 불쾌지수로 인한 예민도가 높아져 주변 상황에 민감하게 대처가 가능하다.

⊕ 해설
④ 감정이 예민해져 사소한 일에도 주의를 쏟게 되고, 그로인해 주변 상황에 대한 대처가 저하될 가능성이 높다.

75 다음 중 겨울철 자동차 관리법으로 옳지 않은 것은?

① 히터 및 서리제거 장치를 점검한다.
② 부동액의 양 및 점도를 점검한다.
③ 눈길에 대비하여 바퀴 체인을 구비한다.
④ 온도조절기의 상태를 확인한다.

해설
①은 가을철 관리법이다.

76 다음 중 봄철 자동차 관리법으로 옳지 않은 것은?

① 월동장비 정리   ② 배터리 및 오일류 점검
③ 에어컨 작동 확인   ④ 에어컨 냉매 가스 관리

해설
④는 여름철 관리법이다.

77 다음 중 가을철에 자동차 관리 시 요령에 대해 옳은 것은?

① 에어컨 작동 확인
② 정온기(온도조절기) 상태 점검
③ 세차 및 곰팡이 제거
④ 월동장비 점검

해설
①은 봄철 관리법이고, ②, ④는 겨울철 관리법이다.

78 계절별 교통사고를 예방하기 위한 안전운행 수칙에 대한 설명으로 옳지 않은 것은?

① 봄에는 졸음이 오기 쉬운 계절이므로 과로운전에 주의
② 여름에 주행 중 갑자기 시동이 꺼졌을 경우 더위 때문에 위험하므로 신속하게 재시동
③ 가을에는 단체 여행의 증가로 운전자의 주의력이 산만해질 수 있으므로 주의
④ 겨울에 장거리 운행 시 기상악화나 불의의 사태에 대비

해설
② 주행 중 갑자기 시동이 꺼졌을 경우 통풍이 잘 되고 그늘진 곳으로 옮겨 열을 식힌 후 재시동을 건다.

79 유턴을 할 수 있는 곳의 도로 표시로 옳은 것은?

① 중앙선이 백색 점선으로 표시된 곳
② 중앙선이 황색 실선으로 표시된 곳
③ 중앙선이 황색 점선으로 표시된 곳
④ 중앙선이 백색 실선으로 표시된 곳

80 앞지르기할 수 있는 곳은?

① 중앙선이 황색실선인 구간
② 중앙선이 황색점선인 구간
③ 백색실선 구간
④ 황색실선과 황색점선의 복선구간

81 베이퍼 록과 페이드 현상에 대한 설명으로 틀린 것은?

① 페이드 현상 등이 발생하면 브레이크가 듣지 않아 대형 사고의 원인이 된다.
② 내리막길을 내려갈 때에는 반드시 핸드 브레이크만 사용해야 한다.
③ 베이퍼 록이란 브레이크를 자주 밟으면 마찰열로 인해 브레이크가 듣지 않는 현상이다.
④ 페이드란 브레이크를 자주 밟으면 마찰열이 브레이크 라이닝 재질을 변화시켜 브레이크가 밀리거나 듣지 않는 현상이다.

해설
② 길이가 긴 내리막 도로에서는 저단 기어로 변속하여 엔진 브레이크가 작동되게 한다.

82 제동 장치의 마찰부가 과열되어 제동력이 저하되는 현상은?

① 베이퍼 록 현상   ② 페이드 현상
③ 노킹 현상   ④ 오버 히트 현상

83 브레이크슈와 드럼의 과열로 인해 마찰력이 급격히 떨어져 브레이크가 잘 듣지 않게 되는 페이드 현상의 원인은?

① 긴 내리막길에서 풋 브레이크를 한 번에 세게 밟았을 때
② 긴 내리막길에서 엔진 브레이크를 세게 밟았을 때
③ 긴 내리막길에서 풋 브레이크를 남용했을 때
④ 긴 내리막길에서 엔진 브레이크를 남용했을 때

84 수막현상에 대한 대응 방법 중 맞는 것은?

① 과다 마모된 타이어나 재생타이어 사용을 자제한다.
② 출발하기 전 브레이크를 몇 차례 밟아 녹을 제거한다.
③ 엔진 브레이크를 사용하여 저단 기어를 유지한다.
④ 속도를 낮추고 타이어 공기압을 높인다.

85 빗길 속 수막현상에 대한 설명으로 올바르지 않은 것은?

① 속도를 조절할 수 없어 사고가 많이 일어난다.
② 이러한 현상은 시속 90km 이상일 때 많이 일어나지만 물이 고여 있는 곳에서는 더 낮은 속도에서도 나타난다.
③ 타이어가 새 것일수록 이러한 현상이 많이 나타난다.
④ 타이어와 노면과의 사이에 물막이 생겨 자동차가 물 위에 뜨는 현상이 나타난다.

86 스탠딩 웨이브 현상이 일어나는 원인이 아닌 것은?

① 속도가 빠를 때   ② 타이어 공기압이 낮을 때
③ 타이어가 펑크 났을 때   ④ 빗길일 때

87 자동차의 동력 전달 장치에 대한 설명으로 옳은 것은?

① 동력을 주행 상황에 맞는 적절한 상태로 변화를 주어 바퀴에 전달하는 장치
② 자동차의 진행 방향을 운전자가 의도하는 바에 따라 임의로 조작할 수 있는 장치
③ 노면으로부터 발생하는 진동이나 충격을 완화시켜 자동차를 보호하고 주행 안전성을 향상시키는 장치
④ 자동차의 주행과 주행에 필요한 보조 장치들을 작동시키기 위한 동력을 발생시키는 장치

해설
②는 조향 장치, ③은 현가장치, ④는 동력 발생 장치이다.

88 타이어의 기능으로 옳지 않은 것은?

① 자동차의 진행 방향을 전환 또는 유지
② 자동차의 동력을 발생
③ 자동차의 하중을 지탱
④ 엔진의 구동력 및 브레이크의 제동력을 노면에 전달

⊕ 해설
②는 동력 발생 장치에 대한 설명이다. 타이어는 노면으로부터 전달되는 충격을 완화하는 기능도 있다.

89 자동 변속기 차량의 엔진 시동 순서로 옳은 것은?

① 시동키 작동 → 브레이크 밟음 → 변속 레버의 위치 확인 → 핸드브레이크 확인
② 핸드브레이크 확인 → 브레이크 밟음 → 변속 레버의 위치 확인 → 시동키 작동
③ 핸드브레이크 확인 → 브레이크 밟음 → 시동키 작동 → 변속 레버의 위치 확인
④ 브레이크 밟음 → 핸드브레이크 확인 → 변속 레버의 위치 확인 → 시동키 작동

90 타이어 마모 시 발생하는 현상으로 옳지 않은 것은?

① 빗길에서의 빈번한 미끄러짐
② 수막현상
③ 제동거리의 증가
④ 브레이크의 성능 증가

91 튜브리스타이어에 대한 설명으로 옳지 않은 것은?

① 펑크 수리가 간단하고, 작업 능률이 향상됨
② 튜브 타이어에 비해 공기압을 유지하는 성능이 떨어짐
③ 못에 찔려도 공기가 급격히 새지 않음
④ 유리 조각 등에 의해 손상되면 수리가 곤란

⊕ 해설
② 튜브 타이어에 비해 공기압을 유지하는 성능이 우수

92 바이어스 타이어의 대한 것으로 옳은 것은?

① 스탠딩 웨이브 현상이 잘 일어나지 않음
② 오랜 연구 기간의 연구 성과로 인해 전반적으로 안정된 성능을 발휘
③ 현재는 타이어의 주류로 주목받고 있음
④ 저속 주행 시 조향 핸들이 다소 무거움

⊕ 해설
①, ④는 레디얼 타이어에 관한 설명이다.
• 바이어스 타이어
　㉠ 오랜 연구 기간의 연구 성과로 인해 전반적으로 안정된 성능을 발휘
　㉡ 현재는 타이어의 주류에서 서서히 밀리고 있음

93 수막현상의 예방법으로 옳지 않은 것은?

① 배수 효과가 좋은 타이어를 사용
② 마모된 타이어 사용 금지
③ 고속 주행
④ 공기압을 조금 높임

⊕ 해설 ③ 저속 주행

94 레디얼 타이어의 설명으로 옳은 것은?

① 림이 변형되면 타이어와의 밀착 불량으로 공기가 새기 쉬워짐
② 회전할 때 구심력이 좋음
③ 주행 중 발생하는 열의 발산이 좋아 발열이 적음
④ 유리 조각 등에 의해 손상되면 수리가 곤란

⊕ 해설
①, ③, ④는 튜브리스타이어에 대한 설명이다.

95 주행 시 변형과 복원을 반복하는 타이어가 고속 회전으로 인해 속도가 올라가면 변형된 접지부가 복원되기 전에 다시 접지하게 된다. 이때 접지한 곳 뒷부분에서 진동의 물결이 발생하게 되는데, 이를 무엇이라 하는가?

① 페이드 현상
② 스탠딩웨이브 현상
③ 수막현상
④ 베이퍼록 현상

⊕ 해설
①, ④는 브레이크 이상 현상이고, ③은 빗길에서의 타이어 이상으로 인한 현상이다.

96 스탠딩웨이브 현상의 원인으로 옳지 않은 것은?

① 타이어의 펑크
② 고속으로 2시간 이상 주행 시 타이어에 축적된 열
③ 배수 효과가 나쁜 타이어
④ 타이어의 공기압 부족

⊕ 해설
③은 수막현상의 원인이다.

97 다음 중 스노 타이어에 대한 설명으로 옳지 않은 것은?

① 견인력 감소를 막기 위해 천천히 출발해야 함
② 눈길 미끄러짐을 막기 위한 타이어로, 바퀴가 고정되면 제동 거리가 길어짐
③ 트레드 부위가 30% 이상 마멸되면 제 기능을 발휘하지 못함
④ 구동 바퀴에 걸리는 하중을 크게 해야 함

⊕ 해설
③ 트레드 부위가 50% 이상 마멸되면 제 기능을 발휘하지 못함

98 자동차 클러치가 미끄러지는 원인으로 옳지 않은 것은?

① 오일이 묻은 클러치 디스크
② 강한 클러치 스프링의 장력
③ 자유간극 (유격)이 없는 클러치 페달
④ 마멸이 심각한 클러치 디스크

⊕ 해설
② 클러치 스프링의 장력이 약할 때 발생한다.

99 자동 변속기의 장점과 단점에 대한 설명으로 옳지 않은 것은?

① 연료 소비율이 약 10% 정도 많아진다.
② 충격이나 진동이 적다.
③ 구조가 복잡하고 가격이 비싸다.
④ 발진과 가속·감속이 원활하지 못해 승차감이 떨어진다.

⊕ 해설 ④ 발진과 가속·감속이 원활하여 승차감이 좋다.

100 변속기에 대한 설명으로 옳지 않은 것은?

① 엔진과 차축 사이에서 회전력을 변환시켜 전달해준다.

② 엔진을 시동할 때 엔진을 무부하 상태로 만들어준다.

③ 노면으로부터 발생하는 진동이나 충격을 완화시킨다.

④ 자동차를 후진시키기 위하여 필요하다.

해설
③ 현가장치에 대한 설명이다.

101 다음 중 현가장치의 구성품으로 옳지 않은 것은?

① 쇽업소버

② 캠버

③ 스프링

④ 스태빌라이저

해설
② 조향 장치에 속한다.

102 스프링의 종류에 관한 설명 중, 잘못 짝지어진 것은?

① 공기 스프링 – 차체의 기울기를 감소시킴

② 코일 스프링 – 승용차에 많이 사용

③ 토션바 스프링 – 진동의 감쇠 작용이 없어 쇽업소버를 병용

④ 판 스프링 – 버스나 화물차에 사용

해설
① 쇽업소버에 관한 설명이다. 공기 스프링은 스프링의 세기가 하중과 거의 비례해서 변화하는 특징이 있다.

103 현가장치의 주요 기능으로 옳지 않은 것은?

① 타이어의 접지 상태를 유지

② 올바른 휠 밸런스 유지

③ 차체의 무게를 지탱

④ 엔진의 구동력 및 브레이크의 제동력을 노면에 전달

해설
④는 타이어의 기능이다.

104 자동차의 진행 방향을 운전자가 의도하는 바에 따라 임의로 조작할 수 있는 장치로 앞바퀴의 방향을 바꿀 수 있는 장치를 무엇이라 하는가?

① 제동 장치

② 현가장치

③ 조향 장치

④ 동력 전달 장치

105 조향 장치 중 조향하였을 때 직진 방향으로의 복원력을 부여하는 장치는 무엇인가?

① 토인

② 캠버

③ 조향축

④ 캐스터

106 조향 장치 중 조향 핸들 조작을 가볍게 하고, 수직 방향 하중에 의한 앞 차축의 휨을 방지하는 장치는 무엇인가?

① 토인

② 캠버

③ 캐스터

④ 조향축

107 주행 자동차를 감속 또는 정지시키고 동시에 주차 상태를 유지하기 위해 사용하는 자동차 구조 장치를 무엇이라 하는가?

① 현가장치

② 동력 발생 장치

③ 조향 장치

④ 제동 장치

108 제동 장치 ABS(Anti-lock Break System)의 특징으로 옳은 것은?

① 노면이 비에 젖으면 제동 효과가 떨어짐

② 자동차의 방향 안정성, 조종 성능을 확보해 줌

③ 뒷바퀴의 고착에 의한 조향 능력 상실 방지

④ 경우에 따라 바퀴의 미끄러짐이 다소 발생함

해설 ABS(Anti-lock Break System)
'기계'와 '노면의 환경'에 따른 제동 시 바퀴의 잠김 순간을 컴퓨터로 제어하여 1초에 10여 차례 이상, 브레이크 유압을 통해 바퀴가 잠기기 직전 풀고 잠그고를 반복하는 기능으로, 차량 급제동 시 차체는 주행함에도 바퀴가 잠기는 상태를 방지하는 시스템
㉠ 바퀴의 미끄러짐이 없는 제동 효과를 얻을 수 있음
㉡ 자동차의 방향 안정성, 조종 성능을 확보해 줌
㉢ 앞바퀴의 고착에 의한 조향 능력 상실 방지
㉣ 노면이 비에 젖더라도 우수한 제동 효과를 얻을 수 있음

109 운행 전 차량 외관 점검 사항으로 옳지 않은 것은?

① 유리의 상태 및 손상 여부

② 차체의 기울기 여부

③ 액셀레이터 페달 상태

④ 휠 너트의 조임 상태

해설
③ 액셀레이터 페달 상태는 운행 중 출발 전에 하는 점검 사항이다.

110 운행 전 차량 엔진 점검 시 확인해야 할 사항으로 옳지 않은 것은?

① 각종 벨트의 장력 상태 및 손상의 여부

② 냉각수의 적당량과 변색 유무

③ 배선의 정리, 손상, 합선 등의 누전 여부

④ 연료의 게이지량

해설
④는 운행 전 자동차 점검 중 운전석에서 점검할 사항이다.

111 운행 중에 해야 할 점검 사항 중 출발 전 점검 사항으로 옳지 않은 것은?

① 공기 압력 상태

② 시동 시 잡음 유무

③ 브레이크 페달 상태

④ 휠 너트의 조임 상태

해설
④는 운행 전에 해야 할 점검 사항 중 외관 점검에 해당한다.

112 자동차 일상 점검 시의 주의사항으로 옳지 않은 것은?

① 경사가 없는 평탄한 장소에서 점검

② 점검은 항상 밀폐 된 공간에서 시행

③ 검사 시에는 반드시 엔진의 시동을 끈 후 점검

④ 변속 레버를 '주차'에 위치시킨 후 주차 브레이크 걸기

해설
② 점검은 항상 환기가 잘 되는 장소에서 시행

정답 **100** ③ **101** ② **102** ① **103** ④ **104** ③ **105** ④ **106** ② **107** ④ **108** ② **109** ③ **110** ④ **111** ④ **112** ②

113 다음의 일상 점검 내용 중 엔진 룸 내부에 관한 점검 내용이 아닌 것은?

① 변속기 오일
② 라디에이터 상태
③ 윈도 워셔액
④ 배기가스의 색깔

🚦해설
④ 자동차 외관의 배기가스 관련 점검 사항이다.

114 운행 중에 하는 점검 중 출발 전 점검 사항으로 옳은 것은?

① 동력 전달 이상 유무
② 등화 장치 이상 유무
③ 계기 장치 위치
④ 배선 상태

🚦해설
①, ③은 운행 중 점검 사항, ④는 운행 후 점검 사항이다.

115 일상적으로 점검해야 하는 사항 중 운전석에서 검사할 사항으로 옳지 않은 것은?

① 라이트의 점등 상황
② 브레이크 페달의 밟히는 정도
③ 와이퍼 정상 작동 여부
④ 오작동 신호 확인

🚦해설
①은 일상 점검 중 자동차의 외관에서 검사할 사항이다.

116 다음 중 운행 중 안전 수칙에 어긋나는 행동은 무엇인가?

① 창문 밖으로 신체의 일부를 내밀지 않는다.
② 문이 잘 닫혔는지 확인 후 운전한다.
③ 급한 용무가 있을 때는 잠시 핸드폰을 사용한다.
④ 높이 제한이 있는 도로에서는 차의 높이에 주의한다.

🚦해설
③ 핸드폰 사용을 금지한다.

117 다음 중 운행 후의 안전 수칙으로 옳지 않은 것은?

① 워밍업이나 주·정차를 할 때는 배기관 주변을 확인한다.
② 점검이나 워밍업 시도는 반드시 밀폐된 공간에서 한다.
③ 차에서 내리거나 후진할 경우 차 밖의 안전을 확인한다.
④ 주행 종료 후에도 긴장을 늦추지 않는다.

🚦해설
② 밀폐된 곳에서는 점검이나 워밍업 시도를 금한다.

118 다음은 주차 시 안전 수칙에 관한 설명이다. 안전 수칙을 위반한 경우는 무엇인가?

① 오르막길 주차는 1단, 내리막길 주차는 후진에 기어를 놓고, 바퀴에는 고임목을 설치한다.
② 가능한 편평한 곳에 주차한다.
③ 습하고 통풍이 없는 차고에는 주차하지 않는다.
④ 주차 브레이크는 상황에 따라 작동시킨다.

🚦해설
④ 반드시 주차 브레이크를 작동시킨다.

119 다음 자동차 관리 요령 중 세차해야 하는 시기에 관한 설명으로 옳지 않은 것은?

① 해안 지대를 주행하였을 경우
② 아스팔트 공사 도로를 주행하였을 경우
③ 차체가 열기로 뜨거워졌을 경우
④ 진흙 및 먼지 등으로 심하게 오염되었을 경우

120 다음 중 LPG 자동차의 일반적 특성으로 옳지 않은 것은?

① 원래 무색무취의 가스이나 가스누출 시 위험을 감지할 수 있도록 부취제가 첨가 됨
② 감압 또는 가열 시 쉽게 기화되며 발화하기 쉬우므로 취급 주의
③ 과충전 방지 장치가 내장돼 있어 75% 이상 충전되지 않으나 약 70%가 적정
④ 주성분은 부탄과 프로판의 혼합체

🚦해설
③ 과충전 방지 장치가 내장돼 있어 85% 이상 충전되지 않으나 약 80%가 적정

121 다음 중 LPG 자동차의 장·단점에 관한 설명이다. 잘못된 설명은 무엇인가?

① 연료비가 적게 들어 경제적
② 가스 누출 시 가스가 잔류하여 점화원에 의해 폭발의 위험성이 있음
③ LPG 충전소가 적어 연료 충전이 불편
④ 유해 배출 가스량이 높음

🚦해설
④ 유해 배출 가스량이 적음

122 LPG 자동차의 엔진 시동 전 점검 사항으로 옳지 않은 것은?

① 연료 파이프의 연결 상태 및 연료 누기 여부 점검
② LPG 탱크 밸브(적색, 녹색)의 잠김 상태 점검
③ LPG 탱크 고정 벨트의 풀림 여부 점검
④ 냉각수 적정 여부를 점검

🚦해설
② LPG 탱크 밸브(적색, 녹색)의 열림 상태 점검

123 LPG 자동차 주행 중 준수사항으로 잘못된 것은?

① LPG 용기의 구조상 급가속, 급제동, 급선회 및 경사로를 지속 주행할 시 경고등이 점등될 우려가 있으나 이상 현상은 아니다.
② 주행 상태에서 계속 경고등이 점등되면 바로 연료를 충전한다.
③ 주행 중 갑자기 시동이 꺼졌을 경우 통풍이 잘 되고 그늘진 곳으로 옮겨 열을 식힌 후 재시동한다.
④ 주행 중에는 LPG 스위치에 손을 대지 않는다.

🚦해설
③은 여름철 안전 운행 및 교통사고 예방 수칙이다.

124 엔진 과열 시 조치 사항에 관한 내용으로 짝지어진 내용 중 옳지 않은 것은?

① 느슨한 팬벨트의 장력 – 적정 공기압으로 조정
② 냉각수 부족 및 누수 – 냉각수 보충 및 누수 부위 수리
③ 라디에이터 캡의 완전한 장착 – 라디에이터 캡의 완전한 장착
④ 냉각팬 작동 불량 – 냉각팬, 전기배선 등의 수리

🔎 **해설**
① 느슨한 팬벨트의 장력 – 팬벨트 장력 조정

125 배기가스의 색이 검을 때 추정해 볼 수 있는 원인과 할 수 있는 조치 방법은?

① 연료 부족 – 연료 보충 후 공기 배출
② 연료 누출 – 연료 계통 점검 및 누출 부위 정비
③ 비정상적인 밸브 간극 – 밸브 간극 조정
④ 공기 누설 – 브레이크 계통 점검 후 다시 조임

🔎 **해설**
①은 시동 모터가 작동되나 시동이 걸리지 않는 상황
②는 연료 소비량이 많은 상황
④는 브레이크의 제동 효과가 나쁜 상황

126 타이어 펑크 시 조치 사항으로 옳지 않은 것은?

① 브레이크를 밟아 차를 도로 옆 평탄하고 안전한 장소에 주차 후 주차 브레이크 당기기
② 밤에는 사방 500m 지점에서 식별 가능한 적색 섬광 신호, 전기제등 또는 불꽃 신호 추가 설치
③ 핸들이 돌아가지 않도록 견고하게 잡고, 비상 경고등 작동
④ 잭으로 차체를 들어 올릴 시 교환할 타이어의 반대편 쪽 타이어에 고임목 설치

🔎 **해설**
④ 잭으로 차체를 들어 올릴 시 교환할 타이어의 대각선 쪽 타이어에 고임목 설치

127 잭을 사용할 때 주의해야 할 사항으로 옳지 않은 것은?

① 잭 사용 시 후륜의 경우에는 리어 액슬 윗부분에 설치
② 잭으로 차량을 올린 상태일 때 차량 하부로 들어가면 위험
③ 잭 사용 시 시동 금지
④ 잭 사용 시 평탄하고 안전한 장소에서 사용

🔎 **해설**
① 잭 사용 시 후륜의 경우에는 리어 액슬 아랫부분에 설치

128 LPG 가스 누출 시 주의해야 하는 사항으로 옳지 않은 것은?

① LPG 스위치를 끈다.
② 비눗물로 누출 여부를 확인한다.
③ 엔진을 정지시킨다.
④ 누출량이 많은 부위는 하얗게 서리 현상이 발생하면 곧바로 닦는다.

🔎 **해설**
④ 누출량이 많아 하얗게 서리 현상이 발생한 곳은 동상 위험이 있으므로 절대 손대지 않는다.

129 LPG 자동차 주차 요령으로 옳은 것은?

① 장시간 주차 시 연료 충전 밸브(적색)를 잠가야 한다.
② 주차 시, 지하 주차장이나 밀폐된 장소 등에 주차한다.
③ 연료 출구 밸브(적색, 황색)를 반시계 방향으로 돌려 잠근다.
④ 옥외 주차 시에는 엔진룸의 위치가 건물 벽을 향하도록 주차한다.

🔎 **해설**
LPG 자동차 주차 시 준수 사항
㉠ 지하 주차장이나 밀폐된 장소 등에 장시간 주차하지 말아야 하고 장시간 주차 시 연료 충전 밸브(녹색)를 잠가야 한다.
㉡ 연료 출구 밸브(적색, 황색)를 시계 방향으로 돌려 잠근다.
㉢ 가급적 환기가 잘되는 건물 내 또는 지하 주차장에 주차 하거나 옥외 주차 시에는 엔진룸의 위치가 건물 벽을 향하도록 주차한다.

130 다음 중 LPG 연료 충전 방법으로 옳지 않은 것은?

① 연료를 충전하기 전에 반드시 시동을 끈다.
② LPG 주입 뚜껑을 열어, LPG 충전량이 85%를 초과하지 않도록 충전한다.
③ 밀폐된 공간에서는 충전하지 않는다.
④ 연료 출구 밸브(적색, 황색)를 연다.

🔎 **해설**
출구 밸브 핸들(적색)을 잠근 후, 충전 밸브 핸들(녹색)을 연다.

131 자동차 정기검사를 받지 않은 경우 과태료 최고 한도 금액으로 옳은 것은?

① 30만원   ② 40만원
③ 50만원   ④ 60만원

🔎 **해설**
자동차 종합 검사 미필시 과태료 부과 기준
㉠ 자동차 종합 검사를 받아야 하는 기간 만료일부터 30일 이내인 경우 : 4만원
㉡ 자동차 종합 검사를 받아야 하는 기간 만료일부터 30일 초과 114일 이내인 경우 : 4만원에 31일째부터 계산하여 3일 초과 시마다 2만원을 더한 금액
㉢ 자동차 종합 검사를 받아야 하는 기간 만료일부터 115일 이상인 경우 : 60만원

132 다음 중 정밀검사 대상 자동차에 속하지 않는 것은 무엇인가?

① 차령이 4년 초과인 비사업용 경형 · 소형의 승합 및 화물 자동차
② 차령이 2년 미만인 사업용 승용 자동차
③ 차령이 4년 초과인 비사업용 승용 자동차
④ 차령이 2년 초과 사업용 대형 화물 자동차

🔎 **해설**
② 차령이 2년 초과인 사업용 승용 자동차

133 사업용 승용 자동차의 검사 유효기간으로 옳은 것은?

① 5년
② 3년
③ 1년
④ 2년

🔎 **해설**
③ 단, 신조차로서 신규 검사를 받은 것으로 보는 자동차의 최초 검사 유효 기간은 2년이다.

134 튜닝 승인 불가 항목으로 옳지 않은 것은?

① 튜닝 전보다 성능 또는 안전도가 저하될 우려가 있는 경우의 튜닝
② 총중량이 감소하는 튜닝
③ 승차 정원 또는 최대 적재량의 증가를 가져오는 승차 장치 또는 물품 적재 장치의 튜닝
④ 자동차의 종류가 변경되는 튜닝

⊕ 해설
② 총중량이 증가되는 튜닝

135 자동차 보험 중 대인 배상Ⅰ(책임 보험)에 미가입시 부과되는 벌금으로 옳은 것은?

① 400만 원 이하 벌금
② 500만 원 이하 벌금
③ 200만 원 이하 벌금
④ 300만 원 이하 벌금

136 자동차 보험 중 대인 배상Ⅱ가 보상하는 손해가 아닌 것은?

① 사망(2017년 이후)
② 부상
③ 후유 장애
④ 무면허 운전을 하거나 무면허 운전을 승인한 사람

⊕ 해설
자동차 보험 중 대인 배상Ⅱ가 보상하지 않는 손해
㉠ 기명 피보험자 또는 그 부모, 배우자 및 자녀
㉡ 피보험 자동차를 운전 중인 자(운전 보조자 포함) 및 그 부모, 배우자, 자녀
㉢ 허락 피보험자 또는 그 부모, 배우자, 자녀
㉣ 피보험자의 피용자로서 산재 보험 보상을 받을 수 있는 사람. (단, 산재 보험 초과 손해는 보상)
㉤ 피보험자의 동료로서 산재 보험 보상을 받을 수 있는 사람
㉥ 무면허 운전을 하거나 무면허 운전을 승인한 사람
㉦ 군인, 군무원, 경찰 공무원, 향토 예비군 대원이 전투 훈련 기타 집무 집행과 관련하거나 국방 또는 치안 유지 목적상 자동차에 탑승 중 전사, 순직 또는 공상을 입은 경우 보상하지 않음

제1장 🧑‍✈️ 여객운수종사자의 기본자세

제1절 서비스의 개념

01. 올바른 서비스 제공을 위한 5요소
① 단정한 용모 및 복장
② 밝은 표정
③ 공손한 인사
④ 친근한 말
⑤ 따뜻한 응대

02. 서비스의 특징
① 무형성 : 눈에 보이지 않음
② 동시성 : 생산과 소비가 동시에 발생하므로 재고가 발생하지 않음
③ 인적 의존성 : 사람에 의존
④ 소멸성 : 즉시 사라짐
⑤ 무소유권 : 소유가 불가
⑥ 변동성 : 운송 서비스의 소비 활동은 택시 실내의 공간적 제약 요인으로 인해 상황의 발생 정도에 따라 시간, 요일 및 계절별로 변동성을 가질 수 있음
⑦ 다양성 : 승객 욕구의 다양함과 감정의 변화, 서비스 제공자에 따라 상대적이며, 승객의 평가 역시 주관적이어서 일관되고 표준화된 서비스 질을 유지하기 어려움

제2절 승객 만족

01. 기본 예절
① 승객을 기억하기
② 자신만 챙기는 이기주의는 바람직한 인간관계 형성의 저해 요소
③ 약간의 어려움을 감수하는 것은 좋은 인간관계 유지를 위한 투자
④ 예의란 인간관계에서 지켜야할 도리
⑤ 연장자는 사회의 선배로서 존중하고, 공 · 사를 구분하여 예우
⑥ 상스러운 말의 금지
⑦ 승객을 향한 관심은 승객으로 하여금 나를 향한 호감을 불러일으킴
⑧ 관심을 통해 인간관계는 더욱 성숙함
⑨ 승객의 입장을 이해하고 존중
⑩ 승객의 여건, 능력, 개인차를 인정하고 배려
⑪ 승객의 결점 지적 시 진지한 충고와 격려가 동반돼야 함
⑫ 승객을 존중하는 것은 돈 한 푼 들이지 않고 승객을 접대하는 효과를 가져옴
⑬ 모든 인간관계는 성실을 바탕으로 함
⑭ 항상 변함없는 진실한 마음으로 승객을 대하기

02. 승객의 욕구
① 기억되길 원함
② 환영받길 원함
③ 관심 받길 원함
④ 중요한 사람으로 인식되길 원함
⑤ 편안해지고자 함
⑥ 존경받길 원함
⑦ 기대와 욕구가 수용되고 인정받길 원함

제3절 승객을 위한 행동예절

01. 인사
1 올바른 인사
① 밝고 부드러운 미소 (표정)
② 고개는 반듯하게 들되, 턱을 내밀지 않고 자연스럽게 당긴 상태 (고개)
③ 인사 전 · 후에 상대방의 눈을 정면으로 바라보며, 진심으로 존중하는 마음을 눈빛에 담기 (시선)
④ 머리와 상체는 일직선이 된 상태로 천천히 숙이기 (머리와 상체)
⑤ 남자는 가볍게 쥔 주먹을 바지 재봉 선에 자연스럽게 붙이고 주머니에 손 넣지 않기 (손)
⑥ 뒤꿈치를 붙이되, 양발의 각도는 여자 15°, 남자 30° 정도 유지 (발)
⑦ 적당한 크기와 속도의 자연스러운 음성 (음성)
⑧ 본 사람이 먼저 하는 것이 좋으며, 상대방이 먼저 인사한 경우에는 응대 (인사)

2 잘못된 인사
① 턱을 쳐들거나 눈을 치켜뜨는 인사
② 할까 말까 망설이는 인사
③ 성의 없이 말로만 하는 인사
④ 무표정한 인사
⑤ 경황없이 급히 하는 인사
⑥ 뒷짐을 지고 하는 인사
⑦ 상대방 눈을 보지 않는 인사
⑧ 자세가 흐트러진 인사
⑨ 머리만 까딱거리는 인사
⑩ 고개를 옆으로 돌리고 하는 인사

02. 호감받는 표정 관리

1 시선 처리

① 자연스럽고 부드러운 시선으로 응시

② 눈동자는 항상 중앙에 위치

③ 가급적 승객의 눈높이와 맞추기

> **승객이 싫어하는 시선**
>
> ㉠ 위로 치켜뜨는 눈
> ㉡ 곁눈질
> ㉢ 한 곳만 응시하는 눈
> ㉣ 위·아래로 훑어보는 눈

2 좋은 표정 만들기

① 밝고 상쾌한 표정

② 얼굴 전체가 웃는 표정

③ 돌아서면서 굳어지지 않는 표정

④ 가볍게 다문 입

⑤ 양 꼬리가 올라간 입

3 잘못된 표정

① 상대의 눈을 보지 않는 표정

② 무관심하고 의욕 없는 표정

③ 입을 일자로 굳게 다문 표정

④ 갑자기 자주 변하는 표정

⑤ 눈썹 사이에 세로 주름이 지는 찡그리는 표정

⑥ 코웃음을 치는 것 같은 표정

4 승객 응대 마음가짐 10가지

① 사명감 가지기

② 승객의 입장에서 생각하기

③ 원만하게 대하기

④ 항상 긍정적인 생각하기

⑤ 승객이 호감을 갖게 만들기

⑥ 공사를 구분하고 공평하게 대하기

⑦ 투철한 서비스 정신을 가지기

⑧ 예의를 지켜 겸손하게 대하기

⑨ 자신감을 갖고 행동하기

⑩ 부단히 반성하고 개선하기

03. 용모 및 복장

첫인상과 이미지에 영향을 미치는 중요한 사항

1 복장의 기본 원칙

① 깨끗함

② 단정함

③ 품위있게

④ 규정에 적합함

⑤ 통일감있게

⑥ 계절에 적합함

⑦ 편한 신발 (단, 샌들이나 슬리퍼는 금지)

2 불쾌감을 주는 주요 몸가짐

① 충혈 된 눈

② 잠잔 흔적이 남아 있는 머릿결

③ 정리되지 않은 덥수룩한 수염

④ 길게 자란 코털

⑤ 지저분한 손톱

⑥ 무표정한 얼굴

04. 언어 예절

1 대화의 원칙

① 밝고 적극적인 어조

② 공손한 어조

③ 명료한 어투

④ 품위 있는 어조

2 승객에 대한 호칭과 지칭

① 누군가를 부르는 말은 그 사람에 대한 예의를 반영하므로 매우 조심스럽게 사용

② '고객'보다는 '승객'이나 '손님'이란 단어를 사용하는 것이 바람직

③ 나이 드신 분들은 '어르신'으로 호칭하거나 지칭

④ '아줌마', '아저씨'는 하대하는 인상을 주기 때문에 호칭이나 지칭으로 사용 자제

⑤ 초등학생과 미취학 어린이는 호칭 끝에 '어린이', '학생' 등의 호칭이나 지칭을 사용

⑥ 중·고등학생은 호칭 끝에 '승객'이나 '손님' 등 성인에 준하는 호칭이나 지칭을 사용

3 주의 사항

① 듣는 입장

  ㉠ 무관심한 태도 금물

  ㉡ 불가피한 경우를 제외하고 가급적 논쟁 금물

  ㉢ 상대방 말을 중간에 끊거나 말참견 금물

  ㉣ 다른 곳을 보면서 듣거나 말하기 금물

  ㉤ 팔짱 끼거나 손장난 금물

② 말하는 입장

  ㉠ 함부로 불평불만 말하기 금물

  ㉡ 전문적인 용어나 외래어 남용 금물

  ㉢ 욕설, 독설, 험담, 과장된 몸짓 금물

  ㉣ 중상모략의 언동 금물

  ㉤ 쉽게 감정에 치우치고 흥분하기 금물

  ㉥ 손아랫사람이라 할지라도 언제나 농담 조심

  ㉦ 함부로 단정하고 말하기 금물

  ㉧ 상대방의 약점을 잡는 언행 주의

  ㉨ 일반화의 오류 주의

  ㉩ 도전적 말하기, 태도 그리고 버릇 조심

  ㉪ 일방적인 말하기 주의

제2장 운송사업자 및 운수종사자 준수 사항

제1절 운송사업자 준수 사항

01. 일반적인 준수사항

① 운송사업자는 노약자·장애인 등에 대해서는 **특별한 편의**를 제공해야 한다.

② 운송사업자는 여객에 대한 서비스의 향상 등을 위하여 관할 관청이 필요하다고 인정하는 경우에는 운수종사자로 하여금 **단정한 복장 및 모자**를 착용하게 해야 한다.

③ 운송사업자는 자동차를 항상 깨끗하게 유지하여야 하며, 관할 관청이 단독으로 실시하거나 관할 관청과 조합이 합동으로 실시하는 청결 상태 등의 검사에 대한 확인을 받아야 한다.

④ 운송사업자[대형(승합자동차를 사용하는 경우로 한정) 및 고급형 택시운송사업자는 제외]는 회사명(개인택시운송사업자의 경우는 게시하지 아니한다), **자동차번호, 운전자 성명, 불편사항 연락처** 및 **차고지** 등을 적은 표지판을 승객이 자동차 안에서 쉽게 볼 수 있는 위치에 게시해야 한다. 이 경우 택시운송사업자는 앞좌석의 승객과 뒷좌석의 승객이 각각 볼 수 있도록 **2곳 이상**에 게시해야 한다.

⑤ 운송사업자는 운수종사자로 하여금 **여객을 운송**할 때 다음의 사항을 성실하게 지키도록 하고, 이를 항시 **지도·감독**해야 한다.

  ㉠ 정류소 또는 택시 승차대에서 주차 또는 정차할 때에는 **질서를 문란하게** 하는 일이 없도록 할 것

  ㉡ 정비가 불량한 사업용자동차를 운행하지 않도록 할 것

  ㉢ 위험 방지를 위한 운송사업자·**경찰 공무원** 또는 도로 관리청 등의 조치에 응하도록 할 것

  ㉣ 교통사고를 일으켰을 때에는 긴급조치 및 신고의 의무를 충실하게 이행하도록 할 것

  ㉤ 자동차의 차체가 헐었거나 망가진 상태로 운행하지 않도록 할 것

⑥ 운송사업자는 속도 제한 장치 또는 운행 기록계가 장착된 운송사업용 자동차를 해당 장치 또는 기기가 정상적으로 작동되는 상태에서 운행되도록 해야 한다.

⑦ 택시운송사업자 [대형(승합자동차를 사용하는 경우로 한정) 및 고급형 택시운송사업자는 제외]는 차량의 입·출고 내역, 영업 거리 및 시간 등 택시 미터기에서 생성되는 **택시운송사업용 자동차의 운행 정보를 1년 이상 보존**해야 한다.

⑧ 일반택시운송사업자는 소속 운수종사자가 아닌 자(형식상의 근로 계약에도 불구하고 실질적으로는 소속 운수종사자가 아닌 자를 포함)에게 관계 법령상 허용되는 경우를 제외하고는 **운송사업용 자동차를 제공**해서는 안 된다.

⑨ 운송사업자(개인택시운송사업자 및 특수여객자동차운송사업자는 제외)는 **차량 운행 전**에 운수종사자의 건강 상태, 음주 여부 및 운행 경로 숙지 여부 등을 확인해야 하고, 확인 결과 운수종사자가 질병·피로·음주 또는 그 밖의 사유로 안전한 운전을 할 수 없다고 판단되는 경우에는 해당 운수종사자가 **차량을 운행하도록** 해서는 안 된다.

⑩ 수요응답형 여객자동차운송사업자는 여객의 운행 요청이 있는 경우 이를 거부해서는 안 된다.

⑪ 운송사업자(개인택시운송사업자 및 특수여객자동차운송사업자는 제외)는 운수종사자를 위한 휴게실 또는 대기실에 난방 장치, 냉방 장치 및 음수대 등 편의 시설을 설치해야 한다.

02. 자동차의 장치 및 설비 등에 관한 준수 사항

① 택시운송사업용 자동차 및 수요응답형 여객자동차(승용 자동차만 해당)

① 택시운송사업용 자동차[대형(승합자동차를 사용하는 경우로 한정) 및 고급형 택시운송사업용 자동차는 제외]의 안에는 여객이 쉽게 볼 수 있는 위치에 요금미터기를 설치해야 한다.

② 대형(승합자동차를 사용하는 경우는 제외) 및 모범형 택시운송사업용 자동차에는 요금영수증 발급과 신용카드 결제가 가능하도록 관련기기를 설치해야 한다.

③ 택시운송사업용 자동차 및 수요응답형 여객자동차 안에는 **난방 장치 및 냉방 장치**를 설치해야 한다.

④ 택시운송사업용 자동차 [대형(승합자동차를 사용하는 경우로 한정) 및 고급형 택시운송사업용 자동차는 제외] 윗부분에는 택시운송사업용 자동차임을 표시하는 설비를 설치하고, 빈차로 운행 중일 때에는 외부에서 빈차임을 알 수 있도록 하는 조명 장치가 자동으로 작동되는 설비를 갖춰야 한다.

⑤ 대형(승합자동차를 사용하는 경우는 제외) 및 모범형 택시운송사업용 자동차에는 **호출 설비**를 갖춰야 한다.

⑥ 택시운송사업자[대형(승합자동차를 사용하는 경우로 한정) 및 고급형 택시운송사업자는 제외]는 택시 미터기에서 생성되는 택시운송사업용 자동차 운행 정보의 수집·저장 장치 및 정보의 조작을 막을 수 있는 장치를 갖춰야 한다.

⑦ 수요응답형 여객자동차에는 시·도지사가 정하는 수요응답 시스템을 갖춰야 한다.

⑧ 그 밖에 국토교통부장관이나 시·도지사가 지시하는 설비를 갖춰야 한다.

제2절 운수종사자 준수 사항

01. 준수 사항

① 여객의 안전과 사고 예방을 위하여 운행 전 사업용 자동차의 안전 설비 및 등화 장치 등의 이상 유무를 확인해야 한다.

② 질병·피로·음주나 그 밖의 사유로 안전한 운전을 할 수 없을 때에는 그 사정을 해당 운송사업자에게 알려야 한다.

③ 자동차의 운행 중 중대한 고장을 발견하거나 사고가 발생할 우려가 있다고 인정될 때는 즉시 운행을 중지하고 적절한 조치를 해야 한다.

④ 운전 업무 중 해당 도로에 이상이 있었던 경우에는 운전 업무를 마치고 교대할 때에 다음 운전자에게 알려야 한다.

⑤ 관계 공무원으로부터 운전면허증, 신분증 또는 자격증의 제시 요구를 받으면 즉시 이에 따라야 한다.

⑥ 여객자동차운송사업에 사용되는 자동차 안에서 담배를 피워서는 안 된다.

⑦ 사고로 인하여 **사상자가 발생**하거나 사업용 자동차의 운행을 중단할 때는 사고의 상황에 따라 적절한 조치를 취해야 한다.

⑧ 영수증 발급기 및 신용카드 결제기를 설치해야 하는 택시의 경우 승객이 요구하면 영수증의 발급 또는 신용카드 결제에 응해야 한다.

⑨ 관할 관청이 필요하다고 인정하여 복장 및 모자를 지정할 경우에는 그 지정된 복장과 모자를 착용하고, 용모를 항상 단정하게 해야 한다.

⑩ 택시운송사업의 운수종사자[구간 운임제 시행 지역 및 시간 운임제 시행 지역의 운수종사자와 대형(승합자동차를 사용하는 경우로 한정) 및 고급형 택시운송사업의 운수종사자는 제외]는 승객이 탑승하고 있는 동안에는 미터기를 사용해 운행해야 한다.

⑪ 운송사업자의 운수종사자는 운송 수입금의 전액에 대하여 다음 각 호의 사항을 준수해야 한다.
　㉠ 1일 근무 시간 동안 택시요금미터에 기록된 운송 수입금의 전액을 운수종사자의 근무 종료 당일 운송사업자에게 납부할 것
　㉡ 일정 금액의 운송 수입금 기준액을 정하여 납부하지 않을 것

⑫ 운수종사자는 차량의 출발 전에 여객이 좌석 안전띠를 착용하도록 안내해야 한다. 이때 안내의 방법, 시기, 그 밖에 필요한 사항은 국토교통부령으로 정한다.

⑬ 그 밖에 이 규칙에 따라 운송사업자가 지시하는 사항을 이행해야 한다.

02. 금지 사항

① 문을 완전히 닫지 않은 상태에서 자동차를 출발시키거나 운행하는 행위

② 택시요금미터를 임의로 조작 또는 훼손하는 행위

제3장 운수종사자가 알아야 할 응급처치 방법 등

제1절 운전자의 기본자세 및 예절

01. 기본자세

① 교통 법규에 대해 이해하고 이를 준수해야 한다.

② 여유 있는 마음가짐으로 양보 운전을 해야 한다.

③ 운전 시 주의력이 흐트러지지 않도록 집중해야 한다.

④ 운전하기에 알맞은 안정된 심신 상태에서 운전을 해야 한다.

⑤ 추측 운전을 하지 않도록 주의해야 한다.

⑥ 자신의 운전 기술에 대해 과신하지 않도록 해야 한다.

⑦ 배출 가스로 인한 대기 오염 및 소음 공해를 최소화하려 노력해야 한다.

02. 운전예절

1 운전자가 지켜야 하는 행동

① 횡단보도에서의 올바른 행동
　㉠ 신호등이 없는 횡단보도에서 보행자가 통행 중이라면 일시 정지하여 보행자를 보호한다.
　㉡ 보행자가 통행하고 있는 횡단보도 안으로 차가 넘어가지 않도록 정지선을 지킨다.

② 전조등의 올바른 사용
　㉠ 야간 운행 중 반대 방향에서 오는 차가 있으면 전조등을 하향등으로 조정해 상대 운전자의 눈부심 현상을 방지한다.
　㉡ 야간에 커브 길을 진입하기 전, 상향등을 깜박여 반대 방향에서 주행 중인 차에게 자신의 진입을 알린다.

③ 차로 변경에서 올바른 행동
　방향 지시등을 작동시켜 차로 변경을 시도하는 차가 있는 경우, 속도를 줄여 원활하게 진입할 수 있도록 도와준다.

④ 교차로를 통과할 때 올바른 행동
　㉠ 교차로 전방의 정체 현상으로 인해 통과하지 못할 때는 교차로에 진입하지 않고 대기한다.
　㉡ 앞 신호에 따라 진행 중인 차가 있는 경우, 안전하게 통과하는 것을 확인한 후 출발한다.

2 운전자가 삼가야 하는 행동

① 다른 운전자를 불안하게 만드는 행동을 하지 않는다.

② 과속 주행을 하며 급브레이크를 밟는 행위를 하지 않는다.

③ 운행 중 갑자기 끼어들거나 다른 운전자에게 욕설을 하지 않는다.

④ 도로상에서 사고가 발생 시, 시비 · 다툼 등의 행위로 다른 차량의 통행을 방해하지 않는다.

⑤ 운행 중 갑자기 오디오 볼륨을 올려 승객을 놀라게 하거나, 경음기를 눌러 다른 운전자를 놀라게 하지 않는다.

⑥ 신호등이 바뀌기 전, 빨리 출발하라고 전조등을 깜빡이거나 경음기를 누르는 등의 행위를 하지 않는다.

⑦ 교통 경찰관의 단속에 불응 · 항의하는 행위를 하지 않는다.

⑧ 갓길 통행하지 않는다.

제2절 운전자 상식

01. 교통사고조사규칙(경찰청 훈령)에 따른 사고

1 대형 사고

① 3명 이상이 사망 (교통사고 발생일로부터 30일 이내에 사망)

② 20명 이상의 사상자가 발생

2 중대한 교통사고

① 전복 사고

② 화재가 발생한 사고

③ 사망자 2명 이상이 발생한 사고

④ 사망자 1명과 중상자 3명 이상이 발생한 사고

⑤ 중상자 6명 이상이 발생한 사고

02. 교통사고조사규칙에 따른 교통사고 용어

① 충돌 사고 : 차가 반대 방향 또는 측방에서 진입하여 그 차의 정면으로 다른 차의 정면 또는 측면을 충격한 것

② 추돌 사고 : 2대 이상의 차가 동일 방향으로 주행 중 뒤차가 앞차의 후면을 충격한 것

③ 접촉 사고 : 차가 추월, 교행 등을 하려다가 차의 좌우측면을 서로 스친 것

④ 전도 사고 : 차가 주행 중 도로 또는 도로 이외의 장소에 차체의 측면이 지면에 접하고 있는 상태

> **전도 사고**
> 좌측면이 지면에 접해 있으면 좌전도 사고, 우측면이 지면에 접해 있으면 우전도 사고

⑤ 전복 사고 : 차가 주행 중 도로 또는 도로 이외의 장소에 뒤집혀 넘어진 것

⑥ 추락 사고 : 자동차가 도로의 절벽 등 높은 곳에서 떨어진 사고

03. 자동차와 관련된 용어

① 공차 상태 : 자동차에 사람이 승차하지 않고 물품(예비 부분품 및 공구 기타 휴대 물품을 포함)을 적재하지 않은 상태로서, 연료·냉각수 및 윤활유를 만재하고 예비 타이어(예비 타이어를 장착한 자동차만 해당)를 설치하여 운행할 수 있는 상태

② 차량 중량 : 공차 상태의 자동차 중량

③ 적차 상태 : 공차 상태의 자동차에 승차 정원의 인원이 승차하고 최대 적재량의 물품이 적재된 상태

> 🚗 적재 시, 다음과 같이 적재시킨 상태여야 한다.
>
> ① 승차 정원 1인의 중량은 65kg으로 계산 (13세 미만의 자는 1.5인이 승차 정원 1인)
> ② 좌석 정원의 인원은 정위치에, 입석 정원의 인원은 입석에 균등하게 승차
> ③ 물품은 물품 적재 장치에 균등하게 적재시킨 상태

④ 차량 총중량 : 적차 상태의 자동차의 중량

⑤ 승차 정원 : 자동차에 승차할 수 있도록 허용된 최대 인원 (운전자 포함)

04. 교통사고 현장에서의 원인조사

◼ 노면에 나타난 흔적 조사
타이어 자국, 적재물의 낙하 위치, 혈흔, 피해자의 위치 및 방향 등

◼ 사고 차량 및 피해자 조사
사고 차량의 손상 부위 및 방향, 사고 차량에 묻은 흔적, 피해자의 위치 및 방향 등

◼ 사고 당사자 및 목격자 조사
운전자, 탑승자, 목격자 등에 대한 사고 상황 조사

◼ 사고 현장 시설물 조사
사고 지점 부근의 시설물 위치, 신호등 및 신호 체계, 안전표지, 노면 상태 등

◼ 사고 현장 측정 및 사진 촬영
사고 지점의 위치, 물리적 흔적 등에 대한 사진촬영, 도로의 시설물 위치 등

제3절 ❭ 응급 처치 방법

01. 부상자 의식 상태 확인

① 말을 걸거나 팔을 꼬집어 눈동자를 확인 후 의식이 있으면 말로 안심시키기

② 의식이 없다면 기도 확보 시도. 머리를 뒤로 충분히 젖힌 후, 입안에 있는 피나 토한 음식물 등을 긁어내 막힌 기도 확보하기

③ 의식이 없거나 구토할 시 질식을 방지하기 위해 옆으로 눕히기

④ 목뼈 손상의 가능성이 있는 경우 목 뒤쪽을 한 손으로 받치기

⑤ 환자의 몸을 심하게 흔드는 것은 금지

02. 심폐소생술

◼ 의식·호흡 확인 및 주변에 도움 요청
① 성인·소아 : 환자를 바로 눕히고 양쪽 어깨를 가볍게 두드리며 의식 확인. 정상적인 호흡이 이뤄지는 지 확인 후, 주변 사람들에게 119 신고 및 자동 제세동기를 가져오도록 요청

② 영아 : 한쪽 발바닥을 가볍게 두드리며 의식이 있는지 확인. 정상적인 호흡이 이뤄지는지 확인 후 주변 사람들에게 119 신고 및 자동 제세동기를 가져오도록 요청

◼ 가슴 압박 30회
① 성인, 소아 : 가슴 압박 30회 (분당 100~120회 / 약 5cm 이상의 깊이)

② 영아 : 가슴압박 30회 (분당 100~120회 / 약 4cm 이상의 깊이)

◼ 기도 개방 및 인공호흡 2회
성인, 소아, 영아 – 가슴이 충분히 올라올 정도로 2회 실시(1회당 1초간)

◼ 반복 시행
30회 가슴 압박과 2회 인공호흡 반복 (30:2)

> 🚗 심폐소생술
>
> (1) 가슴 압박 방법
> 1) 성인
>   ① 가슴의 중앙인 흉골의 아래쪽 절반 부위에 손바닥을 위치
>   ② 양손을 깍지 긴 상태로 손바닥의 아래 부위만을 환자의 흉골 부위에 접촉
>   ③ 시술자의 어깨는 환자의 흉골이 맞닿는 부위와 수직이 되게 위치
>   ④ 양어깨의 힘을 이용해 분당 100~120회 속도, 5cm 이상 깊이로 강하고 빠르게 30회 압박
> 2) 소아
>   ① 양쪽 젖꼭지의 부위를 잇는 선의 정중앙 바로 아랫부분에 위치
>   ② 한 손으로 손바닥의 아래 부위만을 환자의 흉골 부위에 접촉
>   ③ 시술자의 어깨는 환자의 흉골이 맞닿는 부위와 수직이 되게 위치
>   ④ 한 손으로 분당 100~120회 정도의 속도, 5cm 이상 깊이로 강하고 빠르게 30회 압박
> 3) 영아
>   ① 양쪽 젖꼭지 부위를 잇는 선 정중앙의 바로 아랫부분에 위치
>   ② 검지·중지 또는 중지·약지 손가락을 모아 첫마디 부위를 환자의 흉골 부위에 접촉
>   ③ 시술자의 손가락은 환자의 흉골이 맞닿는 부위와 수직이 되게 위치
>   ④ 분당 100~120회의 속도, 4cm 이상의 깊이로 강하고 빠르게 30회 압박
> (2) 기도 개방 및 인공호흡 방법
> 1) 성인
>   ① 한 손으로 턱을 들어 올리고, 다른 손으로 머리를 뒤로 젖혀 기도를 개방
>   ② 머리를 젖힌 손의 검지와 엄지로 코 막기
>   ③ 가슴 상승이 눈으로 확인될 정도로 1초 동안 인공호흡을 2회 실시
> 2) 소아
>   ① 한 손으로 턱을 들어 올리고, 다른 손으로 머리를 뒤로 젖혀 기도를 개방
>   ② 머리를 젖힌 손의 검지와 엄지로 코 막기
>   ③ 가슴 상승이 눈으로 확인될 정도로 1초 동안 인공호흡을 2회 실시
> 3) 영아
>   ① 한 손으로 귀와 바닥이 평행하도록 턱을 들어 올리고, 다른 손으로 머리를 뒤로 젖혀 기도 개방
>   ② 환자의 입과 코에 동시에 숨을 불어 넣을 준비
>   ③ 가슴 상승이 눈으로 확인될 정도로 1초 동안 인공호흡을 2회 실시

03. 출혈 또는 골절

◼ 출혈
① 출혈이 심할 시 출혈 부위보다 심장에 가까운 부위를 헝겊 또는 손수건 등으로 지혈될 때까지 꽉 잡아맨다.

② 출혈이 적을 때에는 거즈나 깨끗한 손수건으로 상처를 꽉 누른다.

◼ 내출혈
① 가슴이나 배를 강하게 부딪쳐 내출혈 발생 시, 얼굴에 핏기가 사라져 창백해지고 식은땀을 흘리며 호흡이 얕고 빨라지는 쇼크 증상이 나타난다.

② 옷을 헐렁하게 하고 하반신을 높게 한다.

③ 부상자가 춥지 않도록 모포 등을 덮어주되, 햇볕은 직접 쬐지 않도록 조치한다.

❸ 골절

① 골절 부상자는 가급적 구급차가 올 때까지 기다리는 것이 바람직하다.

② 지혈이 필요하다면 골절 부분은 건드리지 않도록 주의하며 지혈한다.

③ 팔이 골절되었다면 헝겊으로 띠를 만들어 팔을 매달도록 한다.

04. 차멀미

① 환자의 경우 통풍이 잘되고 비교적 흔들림이 적은 앞쪽으로 앉도록 조치한다.

② 심한 경우 휴게소 내지는 안전하게 정차할 수 있는 곳에 정차 후 차에서 내려 시원한 공기를 마시도록 조치한다.

③ 토할 경우를 대비해 위생 봉지를 준비한다.

④ 토한 경우에는 주변 승객이 불쾌하지 않도록 신속히 처리한다.

05. 교통사고 발생 시 조치 사항

피해 최소화와 제2차 사고 방지를 우선적으로 조치

❶ 탈출

우선 엔진을 멈추게 하고 연료가 인화되지 않도록 조치. 안전하고 신속하게 사고차량에서 탈출해야 하며 반드시 침착할 것

❷ 인명구조

① 적절한 유도로 승객의 혼란 방지

② 부상자, 노인, 여자, 어린이 등 노약자를 우선적으로 구조

③ 정차 위치가 위험한 장소일 때는 신속히 도로 밖의 안전 장소로 유도

④ 부상자가 있을 때는 우선 응급조치를 시행

⑤ 야간에는 특히 주변 안전에 주의 하며 냉정하고 기민하게 구출 유도

❸ 후방방호

고장 시 조치 사항과 동일. 특히 경황이 없는 와중 위험한 행동은 금물

❹ 연락

보험 회사나 경찰 등에 다음 사항을 연락

① 사고 발생 지점 및 상태

② 부상 정도 및 부상자 수

③ 회사명

④ 운전자 성명

⑤ 우편물, 신문, 여객의 휴대 화물 상태

⑥ 연료 유출 여부

❺ 대기

고장 시 조치 사항과 동일. 다만, 부상자가 있는 경우 부상자 구호에 필요한 조치를 먼저 하고 후속 차량에 긴급 후송을 요청할 것. 이때 부상자는 위급한 환자부터 먼저 후송하도록 조치

06. 차량 고장 시 조치 사항

① 정차 차량의 결함이 심할 시 비상등을 점멸시키면서 갓길에 바짝 차를 대어 정차

② 차에서 하차 시, 옆 차로의 차량 주행 상황을 살핀 후 하차

③ 야간에는 밝은 색 옷 혹은 야광 옷 착용이 좋음

④ 비상 전화하기 전, 차의 후방에 경고 반사판을 설치. 야간에는 특히 더욱 주의

⑤ 비상 주차대에 정차할 때는 다른 차량의 주행에 지장이 없도록 정차

⑥ 후방에 대한 안전 조치 시행

07. 재난 발생 시 조치 사항

① 신속하게 차량을 안전지대로 이동시킨 후 즉각 회사 및 유관 기관에 보고

② 장시간 고립 시 유류, 비상식량, 구급 환자 발생 등을 현재 상황을 즉시 신고한 뒤, 한국도로공사 및 인근 유관 기관 등에 협조를 요청

③ 승객의 안전 조치를 가장 우선적으로 시행

　㉠ 폭설 및 폭우 시, 응급환자 및 노인, 어린이를 우선적으로 안전지대에 대피시킨 후, 유관 기관에 협조 요청

　㉡ 차내에 유류 확인 및 업체에 현재 위치보고 후, 도착 전까지 차내에서 안전하게 승객을 보호

　㉢ 차량 내부의 이상 여부 확인 및 신속하게 안전지대로 차량 대피

1 승객의 만족을 위해 파악해야 할 일반적인 승객의 욕구에 관한 설명 중 옳지 않은 것은?

① 환영받길 원함
② 관심받길 원함
③ 평범한 사람으로 인식되길 원함
④ 기대와 욕구가 수용되고 인정받길 원함

해설
③ 중요한 사람으로 인식되길 원함

2 올바른 서비스를 제공하기 위한 요소들 중 옳지 않은 것은?

① 가벼운 인사
② 따뜻한 응대
③ 밝은 표정
④ 단정한 용모 및 복장

해설
① 공손한 인사

3 승객을 응대할 때 지녀야 할 마음가짐으로 옳지 않은 것은?

① 항상 긍정적인 생각하기
② 원만하게 대하기
③ 예의를 지켜 겸손하게 대하기
④ 특별한 손님에겐 차별화 된 서비스 제공하기

해설
④ 공사를 구분하고 공평하게 대하기

4 승객을 위해 지켜야 하는 언어 예절로 옳지 않은 것은?

① 손아랫사람에겐 농담을 섞어 친숙하게 말하기
② 공손한 어조를 사용하여 말하기
③ 품위 있는 어조로 말하기
④ '고객'보다는 '승객'이나 '손님'이란 단어를 사용하는 것이 바람직

해설
① 손아랫사람이라 할지라도 언제나 농담 조심

5 다음 중 서비스의 특징에 속하지 않는 것은 무엇인가?

① 무형성
② 소멸성
③ 획일성
④ 동시성

해설
③ 다양성 - 승객 욕구의 다양함과 감정의 변화, 서비스 제공자에 따라 상대적이며, 승객의 평가도 주관적이어서 일관되고 표준화된 서비스 질을 유지하기 어려운 특징이 있다.

6 택시운전자가 지켜야할 기본예절 중 옳지 않은 것은?

① 승객의 여건, 능력, 개인차는 배제하기
② 상스러운 말의 금지
③ 승객의 입장을 이해하고 존중
④ 모든 인간관계는 성실을 바탕으로 한다는 것을 유념

해설
① 승객의 여건, 능력, 개인차를 인정하고 배려해야 한다.

7 다음 기본예절에 대한 설명 중 올바른 것은 무엇인가?

① 승객보다 자신의 입장을 먼저 고려하기
② 관심을 통해 인간관계는 더욱 성숙함을 기억하기
③ 상스러운 농담을 섞어 분위기를 부드럽게 만들기
④ 승객의 결점 지적 시 따끔하게 혼내기

해설
① 승객의 입장을 이해하고 존중
③ 상스러운 말의 금지
④ 승객의 결점 지적 시 진지한 충고와 격려가 동반돼야 함

8 다음 중 올바른 인사법이 아닌 것은?

① 우렁차고 시원한 음성
② 머리와 상체는 일직선이 된 상태로 천천히 숙이기
③ 밝고 부드러운 미소
④ 고개는 반듯하게 들되, 턱을 내밀지 않고 자연스럽게 당긴 상태

해설
① 적당한 크기와 속도의 자연스러운 음성

9 올바른 서비스 제공을 위한 요소에 해당되지 않는 것은?

① 단정한 용모 및 복장
② 공손한 인사와 밝은 표정
③ 친근한 말과 따뜻한 응대
④ 문의할 때 무응답

10 다음 중 잘못된 인사법에 해당하는 것은 무엇인가?

① 적당한 크기와 속도를 지닌 인사.
② 공손한 자세로 하는 인사
③ 머리만 까딱거리는 인사
④ 밝고 부드러운 미소가 동방된 인사

11 **승객만족을 위한 기본예절에 대한 설명으로 아닌 것은?**

① 승객에 대한 관심을 표현함으로써 승객과의 관계는 더욱 가까워진다.
② 예의란 인간관계에서 지켜야할 도리이다.
③ 승객에게 관심을 갖는 것은 승객으로 하여금 회사에 호감을 갖게 한다.
④ 승객을 존중하는 것은 돈 한 푼 들이지 않고 승객을 접대하는 효과가 있다.

해설
③ 승객을 향한 관심은 승객으로 하여금 나를 향한 호감을 불러일으킨다.

12 **승객을 위한 행동예절 중 "인사의 의미"에 대한 설명으로 틀린 것은?**

① 인사는 서비스의 첫 동작이다.
② 인사는 서비스의 마지막 동작이다.
③ 인사는 서로 만나거나 헤어질 때 "말"로만 하는 것이다.
④ 인사는 존경, 사랑, 우정을 표현하는 행동 양식이다.

해설
③ 진심으로 존중하는 마음을 담아야 한다.

13 **호감 받는 표정 관리에서 "표정의 중요성"의 설명이다. 틀린 것은?**

① 표정은 첫인상을 좋게 만든다.
② 밝은 표정과 미소는 회사를 위함이다.
③ 상대방과의 원활하고 친근한 관계를 만들어 준다.
④ 밝은 표정과 미소는 신체와 정신 건강을 향상시킨다.

해설
② 밝은 표정과 미소는 나를 향한 호감으로 이어진다.

14 **호감 받는 표정 관리 중 "좋은 표정 만들기" 표현이 아닌 것은?**

① 밝고 상쾌한 표정을 만든다.
② 얼굴 전체가 웃는 표정을 만든다.
③ 돌아서면서 표정이 굳어지지 않도록 한다.
④ 상대의 눈을 보지 않는다.

해설
④ 가급적 승객의 눈높이와 맞춰야 한다.

15 **여객자동차 운전자의 "복장의 기본원칙"으로 옳지 않은 것은?**

① 깨끗하게, 단정하게
② 통일감 있게, 규정에 맞게
③ 품위 있게, 계절에 맞게
④ 편한 신발을 착용하고, 샌들이나 슬리퍼도 무방하다.

해설
④ 편한 신발을 신되, 샌들이나 슬리퍼는 금지다.

16 **택시운전자의 서비스와 관계가 없는 사항은?**

① 단정한 복장
② 고객서비스 정신 유지
③ 친절한 태도
④ 회사의 수익 확대

17 **승객에게 행선지를 물어볼 때의 적당한 시기로 옳은 것은 무엇인가?**

① 승차 전 행선지를 물어본다.
② 승차 후 출발하기 전 행선지를 물어본다.
③ 승차하기 전 운행하면서 승객에게 행선지를 물어본다.
④ 승차 후 출발하면서 행선지를 물어본다.

18 **택시운수종사자가 미터기를 작동시켜야 하는 시점으로 옳은 것은?**

① 승객이 문을 열었을 때
② 승객이 탑승하여 착석한 때
③ 목적지를 확인한 때
④ 목적지로 출발할 때

19 **불쾌감을 주는 몸가짐에 속하지 않는 것은?**

① 정리되지 않은 덥수룩한 수염
② 지저분한 손톱
③ 밝은 표정의 얼굴
④ 잠잔 흔적이 남아 있는 머릿결

20 **고객과 대화를 할 때 바람직하지 않은 것은?**

① 잦은 농담으로 고객을 즐겁게 한다.
② 도전적 언사는 가급적 자제한다.
③ 불평불만을 함부로 떠들지 않는다.
④ 불가피한 경우를 제외하고 논쟁을 피한다.

해설
① 손아랫사람이라 할지라도 언제나 농담 조심

21 **운송사업자는 운수종사자로 하여금 여객을 운송할 때 다음 사항을 성실하게 지키도록 지도 · 감독해야 한다. 적절하지 않은 것은?**

① 정류소에서 주차 또는 정차할 때에는 질서를 문란하게 하는 일이 없도록 할 것
② 자동차의 차체가 다소 헐었어도 운행에 지장이 없으면 운행 조치 할 것
③ 위험방지를 위한 운송사업자 · 경찰공무원 또는 도로관리청 등의 조치에 응하도록 할 것
④ 교통사고를 일으켰을 때에는 긴급조치 및 신고의 의무를 충실하게 이행하도록 할 것

해설
② 자동차의 차체가 헐었거나 망가진 상태로 운행하지 않도록 할 것

정답 11 ③ 12 ③ 13 ② 14 ④ 15 ④ 16 ④ 17 ② 18 ④ 19 ③ 20 ① 21 ②

22 운송사업자의 일반적 준수사항 설명이 잘못되어 있는 것은?

① 운송사업자는 13세 미만의 어린이에 대해서는 특별한 편의를 제공해야 한다.
② 운송사업자는 관할관청이 필요하다고 인정하는 경우 운수종사자로 하여금 단정한 복장 및 모자를 착용하게 해야 한다.
③ 운송사업자는 자동차를 항상 깨끗하게 유지하여야 하며, 관할관청이 실시하거나 관할관청과 조합이 합동으로 실시하는 청결 상태 등의 확인을 받아야 한다.
④ 운송사업자는 회사명, 자동차번호, 운전자 성명, 불편사항 연락처 및 차고지 등을 적은 표지판이나 운행계통도 등을 승객이 자동차 안에서 쉽게 볼 수 있는 위치에 게시하여야 한다.

⊕ 해설
① 운송사업자는 노약자 · 장애인 등에 대해서는 특별한 편의를 제공해야 한다.

23 다음의 여객자동차 운수종사자의 준수사항 중 옳지 않은 것은?

① 여객의 안전과 사고예방을 위하여 운행 전 사업용 자동차의 안전설비 및 등화 장치 등의 이상 유무를 확인해야 한다.
② 자동차의 운행 중 중대한 고장을 발견하거나 사고가 발생할 우려가 있다고 인정될 때에는 즉시 운행을 중지하고 적절한 조치를 해야 한다.
③ 운전업무 중 해당 도로에 이상이 있을 경우에는 즉시 운행을 중지하고 운송사업자에게 알려야 한다.
④ 1일 근무 시간 동안 택시요금미터에 기록된 운송 수입금의 전액을 운수종사자의 근무 종료 당일 운송사업자에게 납부해야 한다.

⊕ 해설
③ 운전 업무 중 해당 도로에 이상이 있었던 경우에는 운행을 마치고 교대할 때에 다음 운전자에게 알려야 한다.

24 운수종사자 준수 사항이 아닌 것은?

① 질병 · 피로 · 음주나 그 밖의 사유로 안전한 운전을 할 수 없을 때에는 그 사정을 해당 운송사업자에게 알리는 것
② 관계 공무원으로부터 운전면허증 또는 자격증의 제시 요구를 받으면 즉시 응해야 하는 것
③ 택시 안에서 담배를 피워서 아니 되는 것
④ 택시 안에 냉 · 난방장치를 설치하는 것

⊕ 해설
④ 운송사업자의 준수 사항이다.

25 운수종사자의 준수 사항으로 옳지 않은 것은?

① 사고로 인하여 사상자가 발생하거나 사업용 자동차의 운행을 중단할 때는 사고의 상황에 따라 적절한 조치를 취해야 한다.
② 승객이 탑승하고 있는 동안에는 미터기를 사용해 운행해야 한다.
③ 운수종사자는 좌석 안전띠 착용에 대해 안내할 의무가 없다.
④ 운송사업 중 자동차 안에서 흡연을 금지한다.

⊕ 해설
③ 운수종사자는 차량의 출발 전에 여객이 좌석 안전띠를 착용하도록 안내해야 한다.

26 택시운전 금지사항에 속하지 않는 것은?

① 충분한 휴식을 취하고 운전하였다.
② 피로한 상태에서 운전하였다.
③ 술을 마시고 운전하였다.
④ 감기약을 먹고 운전하였다.

27 운송사업자의 준수사항 중, 자동차의 장치 및 설비 등에 관한 준수 사항에 관한 설명으로 옳지 않은 것은?

① 모든 택시운송사업용 자동차는 윗부분에 택시운송사업용 자동차임을 표시하는 설비를 설치해야 한다.
② 택시운송사업용 자동차의 안에는 여객이 쉽게 볼 수 있는 위치에 요금미터기를 설치해야 한다.
③ 대형 및 모범형 택시운송사업용 자동차에는 호출 설비를 갖춰야 한다.
④ 택시운송사업용 자동차 안에는 난방 장치 및 냉방 장치를 설치해야 한다.

⊕ 해설
① 대형 및 고급형 택시운송사업용 자동차는 제외한다.

28 운송사업자의 일반적인 준수사항으로 옳은 것은?

① 수요응답형 여객자동차운송사업자는 여객의 운행 요청이 있는 경우 이를 거부해도 된다.
② 운송사업자는 어린이에게 특별한 편의를 제공해야 한다.
③ 운송사업자는 자동차를 항상 깨끗하게 유지해야 한다.
④ 운송사업자는 소속 운수종사자가 아닌 자에게 운송사업용 자동차를 임의 제공이 가능하다.

⊕ 해설
① 수요응답형 여객자동차운송사업자는 여객의 운행 요청이 있는 경우 이를 거부해서는 안 된다.
② 운송사업자는 노약자 · 장애인 등에 대해서는 특별한 편의를 제공해야 한다.
④ 운송사업자는 소속 운수종사자가 아닌 자에게 관계 법령상 허용되는 경우를 제외하고 운송사업용 자동차를 제공해서는 안 된다.

29 운행기록이나 다른 택시운행정보들을 보관해야 하는 기간으로 옳은 것은?

① 1개월   ② 3개월
③ 6개월   ④ 1년

⊕ 해설
택시 미터기에서 생성되는 택시운송사업용 자동차의 운행 정보를 1년 이상 보존해야 한다.

30 승객이 택시 안에 반입해서는 안 되는 것으로 옳지 않은 것은?

① 혐오동물   ② 시체
③ 인화물질   ④ 인사불성 상태의 환자

31 애완견을 태울 수 있는 경우는?

① 애완견만을 뒷좌석에 싣는 경우
② 애완견을 트렁크 안에 싣는 경우
③ 장애인 보조견 또는 애완견 승차요금을 별도로 지불하는 경우
④ 장애인 보조견 또는 애완견 케이스 안에 있는 경우

32 다음의 택시운송사업용 자동차 유형 중 윗부분에 택시임을 표시하는 설비를 부착하지 않고 운행할 수 있는 유형은 무엇인가?

① 중형   ② 모범형
③ 고급형   ④ 경형

해설
③ 대형 및 고급형 택시운송사업용 자동차는 윗부분에 택시임을 표시하는 설비를 부착하지 않고 운행할 수 있다.

33 택시운전자가 택시 안에 반드시 게시해야 할 내용이 아닌 것은?

① 운전자 성명
② 운행계통도
③ 불편사항 연락처 및 차고지 등을 적은 표지판
④ 택시운전자격증명

해설
② 운행계통도는 노선운송사업자에게만 해당된다.

34 택시 청결을 항상 유지해야 하는 이유로 가장 알맞은 것은?

① 회사의 규칙을 준수하기 위하여
② 승객에게 많은 요금을 받기 위하여
③ 승객에게 쾌적함을 제공하기 위하여
④ 승객에게 안정감을 제공하기 위하여

35 택시운송사업자가 택시의 바깥에 반드시 표시해야할 사항으로 옳지 않은 것은?

① 자동차의 종류
② 여객자동차운송가맹사업자 전화번호
③ 운송사업자의 명칭, 기호
④ 관할관청

36 운수종사자의 금지사항으로 옳지 않은 것은?

① 문을 완전히 닫지 않은 상태에서 자동차를 출발시키거나 운행하는 행위
② 자동차 안에서 담배를 피우는 행위
③ 택시요금미터를 임의로 조작 또는 훼손하는 행위
④ 안전한 운전을 할 수 없을 시 그 사정을 해당 운송사업자에게 알리는 행위

해설
④ 운수종사자의 준수사항이다.

37 다음 중 운수종사자가 지켜야 할 준수사항으로 옳은 것은?

① 자동차의 운행 중 중대한 고장을 발견하면 운행 업무를 마치는 대로 적절한 조치를 해야 한다.
② 영수증 발급기 및 신용카드 결제기를 설치해야 하는 택시의 경우 승객의 요구에도 불구하고 영수증의 발급 또는 신용카드 결제를 거부할 수 있다.

③ 관계 공무원으로부터 자격증의 제시 요구를 받으면 즉시 이에 따라야 한다.
④ 운수종사자는 승객이 좌석 안전띠를 착용하도록 안내할 의무는 없다.

해설
① 자동차의 운행 중 중대한 고장을 발견하거나 사고가 발생할 우려가 있다고 인정될 때는 즉시 운행을 중지하고 적절한 조치를 해야 한다.
② 영수증 발급기 및 신용카드 결제기를 설치해야 하는 택시의 경우 승객이 요구하면 영수증의 발급 또는 신용카드 결제에 응해야 한다.
④ 운수종사자는 차량의 출발 전에 여객이 좌석 안전띠를 착용하도록 안내해야 한다.

38 택시운수종사자의 금지사항에 속하는 경우가 아닌 것은?

① 문을 완전히 닫기 전에 자동차를 출발시키는 경우
② 승객의 승차를 거부한 경우
③ 승객에게서 부당한 요금을 받는 경우
④ 승객을 태운 자동차를 운행 중, 중대한 고장을 발견한 뒤, 즉시 운행을 중단하고 조치한 경우

해설
④ 운수종사자의 준수사항 중 하나다.

39 다음 중 운수종사자가 승객을 제지할 수 있는 대상에서 제외되는 경우는?

① 혐오 동물과 함께 탑승하려는 승객
② 장애 보조견과 함께 승차하려는 장애인
③ 인화성 물질을 들고 승차하려는 승객
④ 케이스에 넣지 않은 애완동물을 들고 탑승하려는 승객

해설
장애인 보조견과 전용 운반상자에 넣은 애완동물은 함께 탑승할 수 있다.

40 운송사업자가 운수종사자에게 성실하게 지키도록 항시 지도 · 감독해야 하는 사항 중 옳지 않은 것은?

① 택시 승차대에서 주차 또는 정차할 시 질서를 문란하게 하는 일이 없도록 할 것
② 정비가 불량한 사업용자동차를 운행하지 않도록 할 것
③ 위험 방지를 위한 운송사업자 · 경찰 공무원 또는 도로 관리청 등의 조치에 응하도록 할 것
④ 교통사고를 일으켰을 때에는 회사에 피해가 없도록 사고지를 신속히 이탈하게 할 것

해설
④ 교통사고를 일으켰을 때는 긴급조치 및 신고의 의무를 충실하게 이행하도록 할 것

41 운전자의 기본자세에 대한 사항으로 옳지 않은 것은?

① 여유 있는 마음가짐으로 양보 운전을 해야 한다.
② 추측운전을 하지 않도록 주의해야 한다.
③ 다소 컨디션이 안 좋더라도 참고 운전한다.
④ 교통 법규에 대해 이해하고 이를 준수해야 한다.

해설
③ 운전하기에 알맞은 안정된 심신 상태에서 운전을 해야 한다.

정답   32 ③   33 ②   34 ③   35 ②   36 ④   37 ③   38 ④   39 ②   40 ④   41 ③

42 각 상황과 장소에 따른 운전자의 운전 예절로 옳지 않은 것은?

① 보행자가 통행하고 있는 횡단보도 안으로 차가 넘어가지 않도록 정지선을 지킨다.
② 앞 신호에 따라 진행 중인 앞차만 주시하며 교차로에 진입한다.
③ 야간에 커브 길 진입 전, 상향등을 깜박여 대향차에게 자신의 진입을 알린다.
④ 차로 변경을 시도하는 차가 있는 경우, 속도를 줄여 원활하게 진입할 수 있도록 도와준다.

🔍 **해설**
② 앞 신호에 따라 진행 중인 차가 있는 경우, 안전하게 통과하는 것을 확인한 후 출발한다.

43 운전자가 준수해야 할 운전 예절에 대한 설명 중 옳지 않은 것은?

① 운전 기술이 뛰어난 경우 다소 여유를 가져도 무방하다.
② 교통 법규에 대해 이해하고 이를 준수해야 한다.
③ 여유 있는 마음가짐으로 양보 운전을 해야 한다.
④ 추측운전을 하지 않도록 주의해야 한다.

🔍 **해설**
① 자신의 운전 기술에 대해 과신하지 않도록 해야 한다.

44 운전자가 지녀야 할 친절한 운전자의 자세로 옳은 것은?

① 승객에게 농담을 많이 해준다.
② 손님에게 동의를 얻고 담배를 피운다.
③ 손님에게 무표정한 얼굴로 응대한다.
④ 손님과 대화 중 비속어나 외래어를 사용하지 않는다.

🔍 **해설**
① 나이 어린 승객일지라도 함부로 농담을 건네지 않는다.
② 손님의 동의 여부에 상관없이 차내에서는 반드시 금연한다.
③ 손님에게는 밝고 부드러운 표정을 유지한다.

45 운전자가 지녀서는 안 되는 자세로 옳은 것은?

① 이기적인 사고
② 심신의 안정을 도모
③ 추측 운전 금지
④ 교통법규의 이해와 준수

🔍 **해설**
여유로운 마음으로 양보운전을 습관화해야 한다.

46 다음 중 운전자가 삼가야 하는 사항으로 옳지 않은 것은?

① 도로상에서 사고가 발생 시 시비·다툼 등의 행위로 다른 차량의 통행을 방해하지 않는다.
② 상황에 따라 갓길 통행 등의 유동적인 운전을 한다.
③ 교통 경찰관의 단속에 불응·항의하는 행위를 하지 않는다.
④ 다른 운전자를 불안하게 만드는 행동을 하지 않는다.

🔍 **해설**
② 갓길 통행하지 않는다.

47 외국인 승객에게 하지 말아야 할 행동으로 옳은 것은?

① 언어의 부족을 정중하게 설명하고 승차를 거부한다.
② 목적지까지 올바른 코스로 운행한다.
③ 부당한 요금을 받지 않는다.
④ 언어가 부족한 경우 보디랭귀지를 적극 활용한다.

🔍 **해설**
언어가 부족한 경우, 여타 다른 기기의 도움을 받아 승차 거부를 하지 않도록 한다.

48 다음의 상황 중 승차거부에 해당하지 않는 것은 무엇인가?

① 승객이 탑승 후 목적지에 따라 하차시키는 경우
② 빈차임에도 목적지를 들은 후 승차를 거부하는 경우
③ 급한 환자를 태운 상황에서 승객을 지나친 경우
④ 목적지로 향하는 도중 승객을 하차시키는 경우

49 방향 지시등의 행동 절차로 올바른 것은?

① 예측 → 행동 → 확인
② 행동 → 확인 → 예측
③ 확인 → 행동 → 예고
④ 예고 → 확인 → 행동

50 야간 시 전조등 사용에 관한 운전 예절로 옳은 것은?

① 대향차의 눈부심을 방지하기 위해 야간에는 전조등을 끈다.
② 전조등을 하향등으로 조정해 대향차의 눈부심을 방지한다.
③ 전조등을 상향등으로 조정해 대향차에게 자신의 위치를 명확히 알린다.
④ 야간 커브 길에서는 자신의 진입을 알릴 필요가 없다.

🔍 **해설**
야간 시 전조등에 관한 운전 예절
㉠ 야간 운행 중 반대 방향에서 오는 차가 있으면 전조등을 하향등으로 조정해 상대 운전자의 눈부심 현상을 방지한다.
㉡ 야간에 커브 길을 진입하기 전, 상향등을 깜박여 반대 방향에서 주행 중인 차에게 자신의 진입을 알린다.

51 운전자가 횡단보도에서 지켜야 할 운전 예절로 옳지 않은 것은?

① 신호가 끊기기 전 갑자기 튀어나오는 보행자가 있음을 항상 인지한다.
② 신호등이 없는 횡단보도에서 보행자가 통행 중이라면 일시 정지하여 보행자를 보호한다.
③ 녹색불임에도 보행자가 없으면 그냥 신속히 통과한다.
④ 보행자가 통행하고 있는 횡단보도 안으로 차가 넘어가지 않도록 정지선을 지킨다.

🔍 **해설**
③ 반드시 정지선을 지켜 녹색불에 횡단보도를 침범하지 않도록 한다.

52 사업용 운전자가 가져야 할 기본자세가 아닌 것은?

① 교통법규 이해와 준수 : 그 상황에 맞는 적절한 판단으로 교통법규를 준수한다.
② 운전 기술에 대한 자기 신뢰 : 자신의 경험과 판단을 믿고 행동한다.
③ 여유 있는 양보운전 : 서로 양보하는 마음의 자세로 운전한다.
④ 주의력 집중 : 한 순간의 방심도 허용되지 않는 복잡한 과정이다.

53 교통사고 발생 시 경찰관서에 신고할 내용으로 적절치 않은 것은?

① 운전자 주민등록번호　　② 사고 일시
③ 사고 장소　　　　　　　④ 피해 정도

54 응급처치법의 정의를 설명 중 옳지 않은 것은?

① 전문적인 의료서비스를 받을 때까지 도움이 되게 한다.
② 치료비용을 줄이는 데 있다.
③ 귀중한 목숨을 구하는 데 있다.
④ 환자의 고통을 경감시키는 데 있다.

55 응급처치에 대한 설명으로 올바르지 않은 것은?

① 환자나 부상자의 보호를 통해 고통을 덜어주는 것
② 의약품을 사용하여 환자나 부상자를 치료하는 행위
③ 전문적인 의료행위를 받기 전에 이루어지는 처치
④ 즉각적이고, 임시적인 적절한 처치

🔵해설
응급처치는 치료 행위가 아닌 전문적 치료를 받기 전에 이루어지는 행위이다.

56 교통사고 현장에서 부상자 구호조치에 대한 설명으로 적절하지 못한 것은?

① 접촉차량 안에 유아나 어린이 유무를 살핀다.
② 부상자는 최대한 빨리 인근 병원으로 후송한다.
③ 후송이 어려우면 호흡상태, 출혈상태 등을 관찰 위급 순위에 따라 응급처치 한다.
④ 부상자가 토하려고 할 때에는 토할 수 있게 앞으로 엎드리게 자세를 조정한다.

🔵해설
④ 기도가 막히지 않도록 옆으로 눕힌다.

57 응급처치의 실시 범위에 대한 설명으로 옳지 않은 것은?

① 전문 의료 요원에 의한 처치
② 원칙적으로 의약품을 사용하지 않음
③ 처치요원 자신의 안전을 확보
④ 환자나 부상자에 대한 생사의 판정은 금물

58 교통사고 발생 시 부상자에 대한 응급구호요령으로 틀린 것은?

① 부상자가 의식이 없는 때에는 바르게 눕힌 자세를 유지한다.
② 호흡이 멈춘 경우 호흡이 원활하도록 기도를 확보하고 인공호흡을 실시한다.
③ 출혈이 심한 때에는 우선적으로 지혈을 하여야 한다.
④ 심장박동이 느껴지지 않는 경우 인공호흡과 심장마사지를 하여야 한다.

🔵해설
① 의식이 없거나 구토할 시 질식을 방지하기 위해 옆으로 눕히기

59 가장 먼저 응급처치를 해야 할 대상은?

① 임신한 산모　　　　　② 어린아이
③ 위독한 사람　　　　　④ 나이든 어르신

🔵해설
항상 가장 먼저 응급처치를 할 사람은 가장 위독한 상태에 있는 사람이다.

60 다음 중 부상자가 의식이 있는지 확인하는 방법으로 올바른 것은?

① 말을 걸어보거나 꼬집어본다.
② 기도에 이물질이 있는지 확인한다.
③ 귀를 심장 가까이 대고 심장이 뛰는지 확인한다.
④ 상처 부위의 출혈정도를 확인한다.

61 부상자의 기도 확보에 대한 설명으로 옳지 않은 것은?

① 의식이 없을 경우 머리를 뒤로 젖히고 턱을 끌어 올려 목구멍을 넓힌다.
② 기도 확보는 공기가 입과 코를 통해 폐에 도달할 수 있는 통로를 확보하는 것이다.
③ 엎드려 있을 경우에는 무리가 가지 않도록 그대로 둔 상태에서 등을 두드린다.
④ 기도에 이물질 또는 분비물이 있는 경우 이를 우선 제거한다.

🔵해설
반드시 바로 눕혀 기도를 확보해야 한다. 단, 의식이 없거나 구토를 하는 경우는 옆으로 눕혀 질식의 위험을 방지한다.

62 기도가 폐쇄되어 말은 할 수 있으나 호흡이 힘들 때에 응급처치법으로 맞는 것은?

① 하임리히법　　　　　② 인공호흡법
③ 가슴압박법　　　　　④ 심폐소생술

63 교통사고로 부상자 발생 시 가장 먼저 확인해야 할 사항은?

① 부상자의 체온 확인
② 부상자의 신분 확인
③ 부상자의 출혈 확인
④ 부상자의 호흡 확인

64 교통사고 시 심폐소생술의 순서로 올바른 것은?

① 인공호흡 → 가슴압박 → 기도개방
② 기도개방 → 인공호흡 → 가슴압박
③ 가슴압박 → 인공호흡 → 기도개방
④ 인공호흡 → 기도개방 → 가슴압박

65 신속한 후송을 하기 위해 적절한 응급처치 시간은?

① 2시간
② 1시간
③ 30분
④ 10분

66 인공호흡에 대한 설명으로 거리가 먼 것은?

① 우선 인공호흡으로 환자의 가슴이 올라오지 않는다면 기도를 다시 확보한다.

② 인공호흡을 시도했으나 잘 되지 않는다면 잘 될 때까지 시도한다.

③ 인공호흡의 가장 일반적인 방법은 구강 대 구강법이다.

④ 인공호흡하기 전에 기도 확보가 되어 있어야 한다.

67 교통사고 시 부상자에 대한 인공호흡을 해야 하는 경우는?

① 호흡은 없고 맥박이 있을 때

② 호흡과 맥박이 둘 다 없을 때

③ 호흡은 있고 맥박이 없을 때

④ 출혈이 심할 때

68 골절 부상자를 위한 응급조치로 옳지 않은 것은?

① 팔이 골절되었다면 헝겊으로 띠를 만들어 팔을 매달도록 한다.

② 골절 부상자는 가급적 구급차가 올 때까지 기다리는 것이 바람직하다.

③ 다친 부위를 심장보다 낮게 한다.

④ 잘못 다루면 위험하므로 움직이지 않도록 한다.

🔴 **해설**
③ 지혈이 필요하다면 골절 부분은 건드리지 않도록 주의하며 지혈한다.

69 척추 골절이 의심되는 경우 응급조치 방법으로 옳지 않은 것은?

① 환자를 움직이지 말고 손으로 머리를 고정하고 환자를 지지한다.

② 가급적 구급차가 오기를 기다린다.

③ 체온이 떨어지지 않도록 모포를

④ 얼른 차에 싣고 병원으로 이송한다.

🔴 **해설**
골절 부상자는 가급적 움직이지 않은 채로 구급차를 기다리는 것이 바람직하다.

70 교통사고로 부상자가 쓰러져 있는 경우 가장 우선적으로 해야 하는 행동으로 옳은 것은?

① 말을 걸거나 팔을 꼬집어서 의식이 있는지 확인한다.

② 가슴압박을 실시한다.

③ 고개를 뒤로 젖혀 기도를 확보한다.

④ 인공호흡을 실시한다.

71 교통사고 현장에서의 원인 조사 시 파악해야 하는 사항으로 옳지 않은 것은?

① 노면에 나타난 흔적 조사

② 사고 현장 시설물 조사

③ 부상자의 주민등록 번호

④ 사고 현장 측정 및 사진 촬영

🔴 **해설**
③ 운전자, 탑승자, 목격자 등에 대한 사고 상황에 대한 것을 조사한다.

72 자동제세동기의 사용 순서로 옳은 것은?

① 전원 켜기 → 패드 부착 → 멀리 떨어져 심장리듬 분석 → 심폐 소생술 반복 → 전기 충격

② 전원 켜기 → 패드 부착 → 전기 충격 → 멀리 떨어져 심장리듬 분석 → 심폐 소생술 반복

③ 전원 켜기 → 패드 부착 → 전기 충격 → 심폐 소생술 반복 → 멀리 떨어져 심장리듬 분석

④ 전원 켜기 → 패드 부착 → 멀리 떨어져 심장리듬 분석 → 전기 충격 → 심폐 소생술 반복

🔴 **해설** 자동제세동기 사용 순서
전원 켜기 → 패드 부착 → 멀리 떨어져 심장리듬 분석 → 전기 충격 → 심폐 소생술 반복

73 교통사고 발생 시 조치 사항으로 옳지 않은 것은?

① 보험회사와 경찰에 신고하고 부상자는 위급한 환자부터 후송하도록 조치한다.

② '탈출 → 인명구조 → 후방방호 → 신고 → 대기'의 순서로 조치한다.

③ 엔진을 정지시키고 신속히 탈출 한다.

④ 어린이, 노약자부터 응급조치를 시행한다.

🔴 **해설**
④ 위급한 부상자가 있을 때는 우선적으로 응급조치를 시행한다.

74 다음의 설명 중 내출혈 시 조치 사항으로 옳지 않은 것은?

① 부상자가 춥지 않도록 모포 등을 덮어준다.

② 얼굴에 핏기가 사라져 창백해지고 식은땀을 흘리며 호흡이 얕고 빨라지는 쇼크 증상이 나타나는 지 확인한다.

③ 추위를 호소하면 양지로 옮겨 햇볕을 직접 쬐도록 조치한다.

④ 옷을 헐렁하게 하고 하반신을 높게 한다.

🔴 **해설**
③ 햇볕은 직접 쬐지 않도록 조치한다.

75 다음 중 차멀미를 하는 승객이 있을 때 조치할 수 있는 사항으로 옳지 않은 것은?

① 토할 경우를 대비해 위생 봉지를 준비한다.

② 토한 경우에는 신속히 처리한다.

③ 안전하게 정차할 수 있는 곳에 정차 후 차에서 내려 시원한 공기를 마시도록 조치한다.

④ 환자의 경우 가급적 뒤쪽으로 앉도록 조치한다.

🔴 **해설**
④ 환자의 경우 통풍이 잘되고 비교적 흔들림이 적은 앞쪽으로 앉도록 조치한다.

76 다음 중 차량 고장 시 조치해야 하는 사항 중 옳은 것은?

① 정차 차량의 결함이 심하더라도 갓길에 차를 대는 것은 위험하다.

② 후방에 대한 안전 조치를 시행한다.

③ 야간에는 검은색이나 회색 옷을 입는 것이 좋다.

④ 차에서 하차 시, 후방 상황을 살핀 후 하차한다.

🔴 **해설**
① 정차 차량의 결함이 심할 시 비상등을 점멸시키면서 갓길에 바짝 차를 대어 정차
③ 야간에는 밝은 색 옷 혹은 야광 옷 착용이 좋음
④ 차에서 하차 시, 옆 차로의 차량 주행 상황을 살핀 후 하차

정답 66 ② 67 ① 68 ③ 69 ④ 70 ① 71 ③ 72 ④ 73 ④ 74 ③ 75 ④ 76 ②

77 폭우나 폭설로 인한 재난 발생 시 해야 하는 조치사항으로 옳지 않은 것은?

① 장시간 고립 시 현재 상황을 즉시 신고하고 한국도로공사 등에 협조를 요청

② 신속하게 차량을 안전지대로 이동시킨 후 즉각 회사 및 유관 기관에 보고

③ 업체에 현재 위치보고 후, 도착 전까지 만일을 대비해 차 밖에서 안전하게 승객을 보호

④ 승객의 안전 조치를 가장 우선적으로 시행

⊕ 해설
③ 차내에 유류 확인 및 업체에 현재 위치보고 후, 도착 전까지 차내에서 안전하게 승객을 보호

78 교통사고 시 보험 회사나 경찰 등에 연락해야 할 사항으로 옳지 않은 것은?

① 사고 발생 지점 및 상태

② 여객과 운전자의 주민등록번호

③ 부상 정도 및 부상자 수

④ 운전자 성명

⊕ 해설
교통사고 시, 보험 회사나 경찰 등에 다음 사항을 연락해야 한다.
① 사고 발생 지점 및 상태
② 부상 정도 및 부상자 수
③ 회사명
④ 운전자 성명
⑤ 우편물, 신문, 여객의 휴대 화물 상태
⑥ 연료 유출 여부

79 열사병의 응급조치에 관한 설명으로 틀린 것은?

① 환자의 회복은 응급처치의 신속성과 효율성에 따라 달라진다.

② 환자의 의복을 제거하고 젖은 타월 등으로 환자의 체온을 떨어뜨린다.

③ 환자의 몸을 얼음물에 담가 체온을 떨어뜨리는 것이 가장 좋다.

④ 환자를 서늘하고 그늘진 곳으로 옮긴다.

⊕ 해설
열사병 환자를 얼음물에 담그는 것은 매우 위험하고 환자의 몸에 부담이 많이 가는 행동이다. 가장 좋은 방법은 그늘진 곳에서 옷을 벗기고 몸을 적시면서 시원한 바람을 통해 중심 체온을 40도 이하로 빨리 떨어뜨리는 것이다.

80 화상 환자의 응급처치에 관한 사항으로 옳지 않은 것은?

① 피부에 붙은 의류를 강제로 떼어내는 것은 절대 금지

② 환자의 호흡 상태를 관찰하여 필요 시 고농도 산소를 투여

③ 체액 손실이 많은 화상 환자에게 현장에서 음식과 수분을 즉시 보충

④ 화상 환자를 위험 지역에서 멀리 이격 후, 신속하게 불이 붙거나 탄 옷을 제거

⊕ 해설
③ 체액 손실이 많은 화상 환자에게는 정확한 투여량과 배설량을 측정하여 수액투여 여부를 결정한다. 그러므로 현장에서의 직접적인 음식물 섭취는 삼간다.

광주광역시 주요지리 요점정리

광주광역시 지역 응시자용

요 약

위 치	한반도의 남서부를 차지하고 있는 호남지방의 중심부
면 적	501.13km²
행 정 구 분	5개구 95개 행정동
시청 소재지	광주광역시 서구 치평동 1200
시 의 꽃	철쭉
시 의 나무	은행나무
시 의 새	비둘기
인 구	약 1,428,927명 (2023.02.)

※ 다음의 주요 위치는 통합 검색 사이트에서 검색한 결과를 수록한 것으로 오차가 있을 수 있습니다.

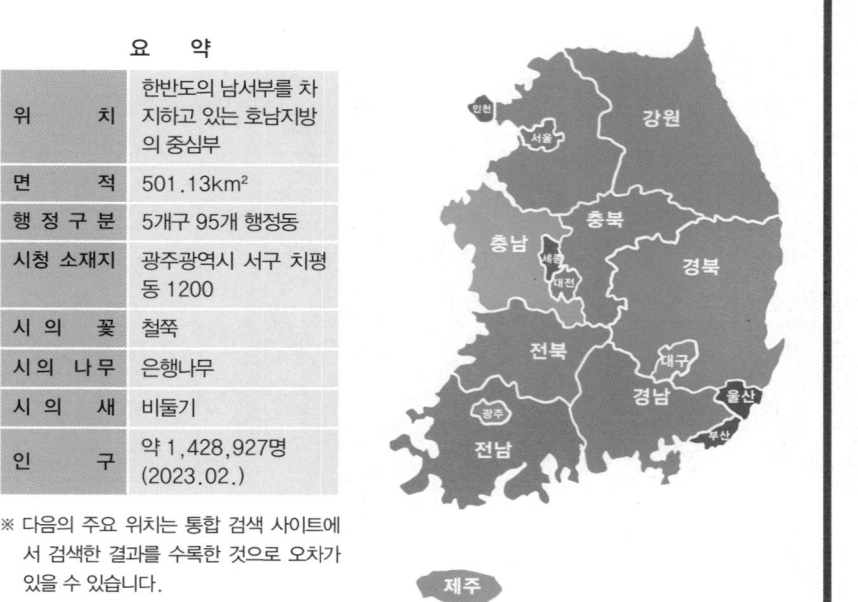

01. 지역별 주요 관공서 및 공공건물 위치

소재지		명 칭
광산구	고룡동	고룡정보산업학교
	산월동	광주보훈병원
	산정동	광주여자대학교
	신가동	신가병원
	쌍암동	TBN광주교통방송, 첨단종합병원
	서봉동	호남대학교, 동명고교
	소촌동	광주광역시경찰청, 광주광역시소방학교, 정광고교
	송정동	광산구청, 광주소프트웨어마이스터고교
	신창동	전남공고, 진흥고교
	신촌동	광주공항
	월계동	광주전자공고, 남부대학교, 한국방송통신대학 광주전남지역대학, 첨단고교, 숭덕고교
	우산동	호남요양병원, 광주자동화설비공고
	운남동	한사랑병원, 운남고교
	운수동	광주광산경찰서, 보문고교
	하남동	광산세무서, 광산소방서
남구	덕남동	빛고을전남대병원
	방림동	숭의과학기술고
	백운동	동아병원, 석산고교
	봉선동	광주남부경찰서, 동아여고, 남구청, 문성고교

소재지		명 칭
남구	송하동	광주남부소방서, 한국교통안전공단 광주전남본부, 광주택시운송사업조합, 송원대학교, 송원고교
	양림동	광주기독병원, 광주수피아여고, 호남신학대학, 기독간호대학, 사직도서관
	월산동	광주MBC, 동신대광주한방병원
	주월동	원광대광주한방병원, 대광여고
	진월동	광주대학교, 대성여고, 동성고교
동구	계림동	광주고려요양병원
	대의동	광주동부경찰서, 전남일보
	대인동	광주동부소방서, 광주은행본점
	동명동	광주중앙도서관
	서석동	동구청, 조선대학교, 전남대학교 학동캠퍼스
	장동	전남여고
	지산동	광주고등법원, 광주고등검찰청, 광주지방법원, 광주지방검찰청, 조선대부속여고, 살레시오여고
	학동	전남지방병무청, 전남대학교병원, 조선대학교병원, 남광주역, 조선대 부속고교
	호남동	광주세무서
북구	각화동	광주화물터미널
	두암동	광주병원
	매곡동	한국폴리텍대학 광주2캠퍼스, 광주공고
	본촌동	광신대학교

소재지		명 칭
북구	북동	광주고용복지플러스센터
	삼각동	전남여상, 고려고교, 국제고교
	양산동	본촌일반산업단지
	오룡동	정부광주지방합동청사(광주지방국세청, 광주지방보훈청, 광주지방조달청, 광주지방고용노동청, 광주본부세관), 국립광주과학관, 광주과학기술원, 광주과학고, 조선대학교 첨단산학캠퍼스
	오치동	광주북부경찰서, 광주북부소방서, 광주자연과학고
	용봉동	북구청, 도로교통공단 광주전남지부, 전남대학교, 광주현대병원, 전남사대부고, 경신여고, 광주예술고
	운암동	광주지방기상청, 광주시문화예술회관, 운암한국병원, 광주체육고, 서영대학교 광주캠퍼스, 한국폴리텍대학 광주1캠퍼스
	유동	해피뷰병원, 천주의성요한병원
	일곡동	광주교도소, 광주시교통문화연수원, 광주일곡병원, 살레시오고교, 광주광역시교통문화연수원, 숭일고교
	중흥동	광주동부교육지원청, 광주역, 무등일보, 북광주세무서
	풍향동	광주교육대학교, 동강대학교, 동신고교, 동신여고
서구	광천동	KBC광주방송
	금호동	CBS광주방송
	농성동	서구청, 광주상공회의소, 농성역
	동천동	호남지방통계청
	마륵동	광주도시철도공사
	매월동	광주대동고교
	쌍촌동	서광주세무서, 광주출입국외국인사무소, 광주한국병원
	유촌동	전남지방우정청, 영산강유역환경청
	치평동	광주광역시청, 광주서부교육지원청, 광주시소방안전본부, 광주서부경찰서, 광주가정법원, 광주도시공사, KBS광주방송총국, 상무병원
	화정동	광주광역시교육청, 광주서부소방서

02. 문화유적·관광지

소재지		명 칭
광산구	광산동	월봉서원
	도산동	임방울생가
	본덕동	호가정 (영산강 6경)
	송정동	아우라호텔, 마드리드광주호텔
	쌍암동	쌍암공원, 탑클라우드호텔 광주점, 노블스테이호텔, 마이다스관광호텔
	우산동	화훼관광단지, 싼타모호텔
	월계동	무양서원, 장고분, 엠파이어관광호텔, 더존비즈니스호텔
남구	구동	광주공원, 광주향교
	백운동	호텔더힐
	사동	광주사직공원
	원산동	포충사
	주월동	국제비즈니스호텔W
동구	광산동	국립아시아문화전당
	금남로1가	5.18민주광장
	대인동	롯데백화점 광주점
	불로동	벤틀리호텔
	용연동	무등산주상절리대
	운림동	증심사
	지산동	신양파크호텔, 호텔무등파크

북구	금곡동	충장사, 무등산국립공원
	화암동	충민사
	망월동	경열사
	매곡동	광주국립박물관
	오룡동	호텔더스팟
	오치동	광주관광호텔
	용봉동	광주역사민속박물관, 광주비엔날레
	운암동	광주시립미술관, 중외공원
	운정동	국립5.18민주묘지
	임동	광주기아챔피언스필드
	충효동	광주호호수생태원
서구	광천동	신세계백화점 광주점
	금호동	병천사
	쌍촌동	5.18기념문화센터, 운천저수지
	치평동	상무시민공원, 5.18자유공원, 라마다플라자광주호텔, 홀리데이인광주호텔, 호텔더메이, 피렌체관광호텔, 마스터스관광호텔, 김대중컨벤션센터
	풍암동	광주월드컵경기장
	화정동	화담사

03. 주요 도로

1 광주광역시 고속도로

명 칭	노선 번호	구 간
광주대구고속도로	12번	광주 – 대구
무안광주고속도로	12번	광주 – 무안
호남고속도로	25번	천안 – 광주 – 순천

2 광주광역시 주요도로

명 칭	구 간
무진대로	광천1교 – 운수IC
대남대로	농성교차로 – 백운교차로 – 남광주교차로
빛고을대로	계수교차로 – 신룡교차로
임방울대로	양산택지지구교차로 – 상무교차로
서암대로	동운고가사거리 – 서방사거리
죽봉대로	동운고가도로 – 농성교차로
남문로	남광주교차로 – 원지교사거리 – 너릿재터널
동문대로	서방사거리 – 문화사거리 – 죽향대로
상무대로	임동오거리 – 송정1교삼거리
서문대로	백운교차로 – 건덕터널 북단
우치로	중흥삼거리 – 용산교차로
하남대로	광산구 하남동 – 동운고가교차로
독립로	북구 우산동 – 동구 수기동
금남로	5.18민주광장오거리 – 발산교앞
북문대로	동운고가차로 – 신창교차로 – 아산교차로
사암로	비아지하보차도 – 흑석사거리 – 송정고가차도
양일로	북구 삼각동 – 북구 연제동
중앙로	서방사거리 – 무진중학교오거리
회재로	남구 백운동 – 남평교사거리
필문대로	서방사거리 – 남광주교차로
무등로	북구 동운고가사거리 – 무등산장임시파출소

89

04. 광주광역시 주요 교통시설

1 주요 열차역

명 칭	위 치
광주역	북구 중흥동
광주송정역(KTX)	광산구 송정동
서광주역	서구 매월동

2 주요 공항

명 칭	위 치
광주공항	광산구 신촌동

3 주요 철도

명 칭	구 간
호남선	용산역 – 광주송정역 – 목포역
광주선	광주역 – 광주송정역
전라선	익산역 – 서광주역 – 여수역

4 주요 지하철역

명 칭	위 치
녹동역	동구 월남동
소태역	동구 소태동
학동증심사입구역	동구 학동
남광주역	동구 학동
문화전당역	동구 광산동
금남로4가역	동구 금남로4가
금남로5가역	북구 북동
양동시장역	서구 양동
돌고개역	서구 농성동
농성역	서구 농성동
화정역	서구 화정동
쌍촌역	서구 쌍촌동
운천역	서구 쌍촌동
상무역	서구 마륵동
김대중컨벤션센터역	서구 마륵동
공항역	광산구 신촌동
송정공원역	광산구 신촌동
광주송정역	광산구 송정동
도산역	광산구 도산동
평동역	광산구 월전동

5 주요 버스터미널

명 칭	위 치
광주종합버스터미널	서구 광천동
소태역시외버스정류소	동구 용산동
광주남부시외버스정류소	남구 진월동
학동시외버스정류소	동구 학동
운암동시외버스정류소	북구 운암동
문화동시외버스정류소	북구 문화동

6 주요 교량

명 칭	구 간
홍림교	동구 운림동 – 동구 학동
양림교	동구 학동 – 남구 양림동
학림교	동구 학동 – 남구 방림동
광암교	서구 광천동 – 북구 운암동
서창교	서구 서창동 – 서구 서창동
광신대교	서구 덕흥동 – 광산구 신가동
동천교	서구 동천동 – 서구 쌍촌동
중앙대교	남구 구동 – 동구 호남동
신안교	북구 신안동 – 북구 신안동
산동교	북구 동림동 – 광산구 신창동
발산교	북구 임동 – 서구 양동
광천2교	북구 운암동 – 서구 광천동
광천1교	북구 임동 – 서구 농성동
용산교	북구 용전동 – 북구 용전동
첨단대교	북구 오룡동 – 북구 신용동
용두교	북구 대촌동 – 북구 용두동
동림교	북구 동림동 – 북구 동림동
어등대교	광산구 우산동 – 서구 덕흥동
임곡교	광산구 선동 – 광산구 임곡동
극락교	광산구 신촌동 – 서구 벽진동
성덕교	광산구 장덕동 – 광산구 수완동
용진교	광산구 임곡동 – 광산구 임곡동
송정교	광산구 복룡동 – 광산구 황룡동

7 주요 터널

명 칭	주요 구간
소태터널	동구 소태동 – 동구 지원동
지산터널	동구 학동 – 동구 지산동
	동구 지산동 – 동구 학운동
지원터널	동구 소태동 – 동구 지원동
산수터널	동구 지산동 – 동구 산수동
짚봉터널	서구 화정동 – 서구 주월동
용산터널	남구 봉선동 – 남구 봉선동
방림터널	남구 방림동 – 남구 방림동
건덕터널	남구 대촌동 – 나주 남평읍
송암터널	남구 송하동 – 남구 풍암동
금당산터널	남구 송하동 – 남구 송하동
각화터널	북구 각화동 – 북구 문화동
장등터널	북구 장등동 – 북구 석곡동
어등산호남대터널	광산구 선암동 – 광산구 어룡동
용진터널	광산구 임곡동 – 광산구 본량동
수남터널	광산구 장수동 – 광산구 어룡동
어등터널	광산구 운수동 – 광산구 어룡동
삼화터널	광산구 삼도동 – 광산구 삼도동

1 다음 중 광산구청의 소재지는?

① 신촌동　　　　　② 송정동
③ 월계동　　　　　④ 운남동

2 다음 중 광주광역시청의 소재지는?

① 남구 봉선동　　　② 동구 서석동
③ 북구 운암동　　　④ 서구 치평동

3 광산구에 속한 동이 아닌 것은?

① 소촌동　　　　　② 월계동
③ 신촌동　　　　　④ 주월동

4 광산경찰서의 소재지로 옳은 것은?

① 서봉동　　　　　② 하남동
③ 운수동　　　　　④ 신가동

5 다음 중 광주남부경찰서와 가장 먼 곳은?

① 동아병원
② 정부광주지방합동청사
③ 숭의과학기술고
④ 광주대학교

6 광주월드컵경기장의 소재지로 옳은 것은?

① 북구 오룡동　　　② 남구 원산동
③ 서구 풍암동　　　④ 동구 금남로1가

7 광산구에 위치하지 않는 병원으로 옳은 것은?

① 광주보훈병원　　② 첨단종합병원
③ 전남대학교병원　④ 호남요양병원

8 TBN광주교통방송국 위치한 동으로 옳은 것은?

① 송정동　　　　　② 비아동
③ 운남동　　　　　④ 쌍암동

9 다음 중 김대중컨벤션센터의 소재지로 옳은 것은?

① 서구 화정동　　　② 서구 치평동
③ 동구 대인동　　　④ 광산구 쌍암동

10 광산구에 소재하지 않는 호텔은?

① 피렌체관광호텔　② 노블스테이호텔
③ 아우라호텔　　　④ 마드리드광주호텔

11 다음 중 광주MBC의 소재지로 옳은 것은?

① 광산구 신창동　　② 북구 오치동
③ 남구 월산동　　　④ 동구 장동

12 광주종합버스터미널의 소재지로 옳은 것은?

① 서구 광천동　　　② 광산구 신촌동
③ 남구 진월동　　　④ 서구 마륵동

13 광주광역시의 주요 교량 중 북구 임동 – 서구 농성동을 지나는 교량은?

① 중앙대교　　　　② 광신대교
③ 광천1교　　　　 ④ 임곡교

14 주요 도로 중, 백운교차로 – 건덕터널 북단을 지나는 도로는?

① 빛고을대로　　　② 서문대로
③ 대남대로　　　　④ 죽봉대로

15 광산구에 소재한 고등학교가 아닌 것은?

① 광주자동화설비공고
② 숭의과학기술고
③ 광주소프트웨어마이스터고교
④ 전남공고

16 광산구청에서 가장 인접한 지하철역으로 옳은 것은?

① 광주송정역　　　② 평동역
③ 서광주역　　　　④ 송정공원역

17 광주공항이 위치한 곳은?

① 광산구 본덕동　　② 광산구 서봉동
③ 광산구 월계동　　④ 광산구 신촌동

18 다음 중 동구청의 소재지로 옳은 것은?

① 동구 학동　　　　② 동구 동명동
③ 동구 서석동　　　④ 동구 계림동

정답　1 ②　2 ④　3 ④　4 ③　5 ②　6 ③　7 ③　8 ④　9 ②　10 ①　11 ③　12 ①　13 ③　14 ②　15 ②　16 ①　17 ④　18 ③

19 광주광역시경찰청의 소재지로 옳은 것은?
① 광산구 신창동　　② 남구 송하동
③ 동구 서석동　　④ 광산구 소촌동

20 다음 중 광주상공회의소가 소재한 지역으로 옳은 것은?
① 북구 오치동　　② 동구 지산동
③ 서구 농성동　　④ 서구 화정동

21 다음 지역 중 5.18자유공원이 위치한 곳은?
① 북구 임동　　② 서구 치평동
③ 남구 원산동　　④ 북구 화암동

22 KBC광주방송이 위치한 곳은?
① 서구 상무동　　② 서구 광천동
③ 동구 동명동　　④ 동구 호남동

23 광주종합버스터미널 인근에 소재하지 않는 것은?
① 광주공항　　② 신세계백화점 광주점
③ 농성역　　④ KBC광주방송

24 광주전남지방병무청이 위치한 곳은?
① 서구 치평동　　② 동구 학동
③ 남구 봉선동　　④ 북구 일곡동

25 살레시오고등학교가 위치한 곳은?
① 북구 일곡동　　② 북구 본촌동
③ 동구 서석동　　④ 동구 대인동

26 KBS광주방송총국의 소재지로 옳은 곳은?
① 북구 유동　　② 광산구 송정동
③ 서구 치평동　　④ 남구 양림동

27 다음 중 소재지가 다른 곳 하나는?
① 국립광주과학관
② 광주과학고
③ 조선대학교 첨단산학캠퍼스
④ 광주도시철도공사

28 다음 중 한국교통안전공단 광주전남본부의 소재지로 옳은 것은?
① 광산구 고룡동　　② 남구 송하동
③ 남구 덕남동　　④ 광산구 소촌동

29 지하철 운천역 근처에 위치하지 않은 것은?
① 광주중앙도서관　　② 광주한국병원
③ 김대중컨벤션센터　　④ 운천저수지

30 양산택지지구교차로 – 상무교차로로 연결되는 도로명은?
① 무등로　　② 사암로
③ 임방울대로　　④ 무진대로

31 광주비엔날레가 소재한 곳은?
① 서구 마륵동　　② 동구 서석동
③ 북구 용봉동　　④ 광산구 소정동

32 남구에 위치하지 않는 것은?
① 광주역　　② 국제비지니스호텔 W
③ 포충사　　④ 호남신학대학교

33 다음 중 동구에 속한 병원이 아닌 것은?
① 광주고려요양병원　　② 조선대학교병원
③ 전남대학교병원　　④ 광주현대병원

34 다음 중 남구에 소재한 공원인 것은?
① 5 · 18자유공원　　② 무등산국립공원
③ 광주사직공원　　④ 중외공원

35 남구 봉선동에 소재하는 것은?
① 광주기독병원　　② 광주지방보훈청
③ 광주남부경찰서　　④ 광주남부소방서

36 광주월드컵경기장과 동일한 지역에 속한 공원은?
① 무등산국립공원　　② 5 · 18자유공원
③ 쌍암공원　　④ 광주사직공원

37 다음 중 광주국립박물관의 소재지로 옳은 것은?
① 북구 화암동　　② 광산구 본덕동
③ 동구 불로동　　④ 북구 매곡동

38 다음 도로 중 농성교차로– 백운교차로 – 남광주교차로로 연결되는 것은?
① 우치로　　② 회재로
③ 대남대로　　④ 무등로

39 다음 중 광주공항 인근에 있는 건물로 옳은 것은?
① 전남여고　　② 광주과학고
③ 송정공원역　　④ 사직도서관

 정답　19 ④　20 ③　21 ②　22 ②　23 ①　24 ②　25 ①　26 ③　27 ④　28 ②　29 ①　30 ③　31 ③　32 ①
33 ④　34 ③　35 ③　36 ②　37 ④　38 ③　39 ③

40 다음 중 충민사가 소재한 위치로 옳은 것은?

① 서구 풍암동
② 북구 화암동
③ 남구 주월동
④ 동구 불로동

41 광주광역시 교통문화연수원 인근에 위치한 건물은?

① 광주가정법원
② 호남지방통계청
③ 살레시오고교
④ 광주중앙도서관

42 다음 건물 중 포충사와 소재지가 다른 것은?

① 광주사직공원
② 벤틀리호텔
③ 호텔더힐
④ 광주기독병원

43 다음 중 광산구에 소재한 지하철역은?

① 돌고개역
② 평동역
③ 상무역
④ 화정역

44 다음 중 북구 북동에 위치한 건물로 옳은 것은?

① 광주고등법원
② CBS광주방송
③ 광주고용복지플러스센터
④ 광주도시철도공사

45 다음 중 충장사와 같은 지역에 소재한 건물은?

① 증심사
② 포충사
③ 경열사
④ 화담사

46 다음 중 북구에 위치한 호텔로 옳은 것은?

① 호텔더스팟
② 신양파크호텔
③ 호텔무등파크
④ 호텔더힐

47 다음 지하철역 중 다른 지역에 소재한 역은?

① 남광주역
② 녹동역
③ 소태역
④ 농성역

48 다음 중 북구 오룡동 – 북구 신용동을 잇는 교량은?

① 산동교
② 임곡교
③ 첨단대교
④ 서창교

49 다음 지역 중 광주고려요양병원의 소재지로 옳은 것은?

① 동구 학동
② 동구 서석동
③ 동구 호남동
④ 동구 계림동

50 다음 중 동구의 관광지로 옳지 않은 것은?

① 화담사
② 국립아시아문화전당
③ 5.18민주광장
④ 증심사

51 다음 중 동부경찰서가 위치한 곳은?

① 동구 대의동
② 동구 계림동
③ 동구 동명동
④ 동구 지산동

52 다음 지역 중 전남지방우정청이 위치한 지역으로 옳은 것은?

① 서구 쌍촌동
② 서구 농성동
③ 서구 유촌동
④ 서구 치평동

53 북구에 있는 광주역사민속박물관 인근에 소재하지 않은 것은?

① 광주사직공원
② 광주국립박물관
③ 광주관광호텔
④ 광주기아챔피언스필드

54 다음 중 광주택시운송사업조합이 위치한 곳은?

① 광산구 쌍암동
② 남구 송하동
③ 북구 문흥동
④ 동구 서석동

55 다음의 지하철역 중 서구에 소재한 지하철역은?

① 돌고개역
② 평동역
③ 소태역
④ 녹동역

56 다음 터널 중 남구 송하동 – 남구 풍암동으로 이어지는 터널의 이름은?

① 지원터널
② 송암터널
③ 장등터널
④ 각화터널

57 다음 중 남광주교차로 – 원지교사거리 – 너릿재터널을 지나는 도로는?

① 대남대로
② 회재로
③ 남문로
④ 서문대로

58 남구에 소재한 대남대로와 서문대로가 교차하는 지점은?

① 백운교차로
② 주월교차로
③ 산수오거리
④ 진월교차로

59 다음 지역 중 북구청이 위치한 동은?

① 동명동
② 대의동
③ 서석동
④ 용봉동

60 다음 지역 중 남구에 속한 동이 아닌 것은?

① 방림동
② 양림동
③ 매월동
③ 월산동

61 다음 교육기관 중 북구청 인근에 위치하지 않은 것은?

① 광주체육고   ② 국제고교
③ 숭의과학기술고   ④ 광주예술고

62 다음 중 국립광주과학관이 위치한 곳은?

① 광산구 송정동   ② 서구 동천동
③ 북구 오룡동   ④ 남구 양림동

63 다음 중 동구 학동에 소재하지 않은 건물은?

① 남광주역   ② 광주중앙도서관
③ 전남대학교병원   ④ 조선대부속고교

64 다음 중 건물과 그 소재지가 잘못 연결된 것은?

① 북광주세무서 – 중흥동
② 동구청 – 서석동
③ 호남지방통계청 – 운림동
④ 전남지방병무청 – 학동

65 다음 중 동구에 소재한 대학교는?

① 광주대학교   ② 호남대학교
③ 조선대학교   ④ 방송통신대학교

66 다음 중 광주호호수생태원이 위치하는 곳은?

① 서구 풍암동   ② 남구 구동
③ 동구 대인동   ④ 북구 충효동

67 다음 중 위치하는 지역이 다른 하나는?

① 포충사   ② 운천저수지
③ 광주향교   ④ 국제비즈니스호텔W

68 김대중컨벤션센터역의 소재지로 옳은 것은?

① 서구 마륵동   ② 광산구 운수동
③ 남구 송하동   ④ 동구 지산동

69 김대중컨벤션센터역과 인접한 건물은?

① 조선대 부속고교
② 광주도시철도공사
③ 광주고용복지플러스센터
④ 광주화물터미널

70 전남지역의 신문사인 전남일보의 소재지로 옳은 것은?

① 남구 송하동   ② 북구 매곡동
③ 동구 대의동   ④ 서구 유촌동

71 첨단종합병원이 위치한 곳은?

① 광산구 쌍암동   ② 동구 대인동
③ 남구 양림동   ④ 남구 백운동

72 동구에 소재한 호텔이 아닌 것은?

① 아우라호텔   ② 벤틀리호텔
③ 호텔무등파크   ④ 신양파크호텔

73 광주공원과 인접해 있는 호텔은?

① 아우라호텔   ② 엠파이어관광호텔
③ 호텔더힐   ④ 탑클라우드호텔

74 농성역과 소재지가 다른 역은?

① 운천역   ② 쌍촌역
③ 녹동역   ④ 상무역

75 다음 중 호텔과 소재지의 연결이 옳지 않은 것은?

① 라마다플라자광주호텔 – 서구 치평동
② 호텔더힐 – 남구 백운동
③ 광주관광호텔 – 북구 오치동
④ 쌴타모 호텔 – 동구 불로동

76 국립아시아문화전당의 소재지로 옳은 것은?

① 동구 광산동   ② 광산구 우산동
③ 남구 구동   ④ 북구 용봉동

77 다음 중 5.18민주광장오거리 – 발산교앞으로 연결되는 도로는?

① 필문대로   ② 금남로
③ 사암로   ④ 무진대로

78 다음 중 5.18민주광장의 소재지로 옳은 것은?

① 북구 임동
② 동구 금남로1가
③ 서구 화정동
④ 남구 양림동

79 5.18민주광장의 인근 건물과 그 소재지가 옳게 짝지어 진 것은?

① 벤틀리호텔 – 광산구 본덕동
② 무등산주상절리대 – 북구 오치동
③ 롯데백화점 광주점 – 동구 대인동
④ 증심사 – 서구 금호동

80 다음 중 교육기관과 그 소재지가 잘못 연결된 것은?

① 광주대학교 – 북구 본촌동
② 호남대학교 – 광산구 서봉동
③ 광주교육대학교 – 북구 풍향동
④ 광주수피아여고 – 남구 양림동

81 다음 중 송정교의 구간으로 옳은 것은?

① 북구 오룡동 – 북구 신용동
② 북구 동림동 – 광산구 신창동
③ 서구 서창동 – 서구 서창동
④ 광산구 복룡동 – 광산구 황룡동

82 다음 중 서구에 위치하는 건물이 아닌 것은?

① 신세계백화점 광주점   ② 화담사
③ 호가정 (영산강 6경)   ④ 광주월드컵경기장

83 다음 도로 중 서방사거리 – 무진중학교오거리를 잇는 도로는?

① 상무대로   ② 빛고을대로
③ 중앙로   ④ 하남대로

84 다음 중 무등산의 소재지로 옳은 것은?

① 서구 풍암동   ② 북구 금곡동
③ 광산구 광산동   ④ 남구 백운동

85 무등산 서쪽 증심사가 위치하고 있는 곳은?

① 동구 운림동   ② 동구 서석동
③ 서구 상무동   ④ 서구 치평동

86 임진왜란 당시 의병을 일으킨 의병장 김덕령을 기리기 위한 사당은?

① 포충사   ② 화담사
③ 충민사   ④ 충장사

87 다음 중 장고분의 소재지로 옳은 것은?

① 북구 매곡동   ② 동구 광산동
③ 광산구 월계동   ④ 남구 양림동

88 롯데백화점 광주점이 위치한 곳은?

① 동구 학동   ② 동구 대인동
③ 북구 신안동   ④ 서구 광천동

89 다음 중 화담사와 가까운 전철역은?

① 소태역   ② 남광주역
③ 화정역   ④ 도산역

90 다음 중 동구 금남로1가에 위치하는 것은?

① 중외공원   ② KBC광주방송
③ 5.18민주광장   ④ 광주사직공원

91 다음 중 동구에 소재한 지하철역이 아닌 것은?

① 문화전당역   ② 소태역
③ 학동증심사입구역   ④ 농성역

92 광주전남지방병무청 인근에 있는 지하철역은?

① 양동시장역   ② 금남로5가역
③ 남광주역   ④ 돌고개역

93 다음 중 주요 버스 터미널과 그 소재지가 옳지 않게 짝지어진 것은?

① 광주종합버스터미널 – 서구 광천동
② 광주남부시외버스정류소 – 남구 진월동
③ 학동시외버스정류소 – 동구 학동
④ 소태역시외버스정류소 – 광산구 송정동

94 다음 중 서방사거리 – 남광주교차로를 연결하는 도로는?

① 필문대로   ② 금남로
③ 대남대로   ④ 양일로

95 다음 중 계수교차로 – 신룡교차로를 지나는 도로는?

① 필문대로   ② 빛고을대로
③ 남문로   ④ 무등로

96 다음 도로 중 중흥삼거리 – 용산교차로를 지나는 도로는?

① 대남로   ② 회재로
③ 중앙로   ④ 우치로

97 다음 지역 중 남구청이 위치한 동은?

① 남구 백운동   ② 남구 덕남동
③ 남구 봉선동   ④ 남구 진월동

98 다음 중 북구에 속하지 않는 동은?

① 충효동   ② 금곡동
③ 광천동   ④ 두암동

99 다음 지역 중 북부경찰서가 위치한 곳은?

① 본촌동   ② 오치동
③ 생용동   ④ 풍향동

정답
80 ①   81 ④   82 ③   83 ③   84 ②   85 ①   86 ④   87 ③   88 ②   89 ③   90 ③   91 ④   92 ③   93 ④   94 ①
95 ②   96 ④   97 ③   98 ③   99 ②

100 다음 중 북구 오룡동에 소재하지 않는 기관은?

① 광주지방보훈청   ② 광주과학기술원
③ 광주지방조달청   ④ 광주예술고

101 다음 중 광주지방국세청이 소재한 곳은?

① 광산구 송정동   ② 동구 지산동
③ 서구 농성동   ④ 북구 오룡동

102 다음 건물 중 광주과학기술원과 같은 행정 구역에 있는 공원은?

① 상무시민공원   ② 광주공원
③ 쌍암공원   ④ 광주호호수생태원

103 다음 중 광주동부교육지원청의 소재지는?

① 남구 봉선동   ② 북구 중흥동
③ 광산구 월계동   ④ 동구 계림동

104 다음 중 화훼관광단지가 소재한 곳으로 옳은 것은?

① 북구 생용동   ② 북구 운암동
③ 광산구 우산동   ④ 서구 치평동

105 다음 중 병천사의 소재지로 옳은 것은?

① 서구 금호동   ② 북구 문흥동
③ 남구 주월동   ④ 동구 지산동

106 북구에 소재한 병원으로 옳지 않은 것은?

① 광주병원   ② 일곡병원
③ 광주기독병원   ④ 현대병원

107 북구에 소재한 병원인 것은?

① 상무병원   ② 운암한국병원
③ 광주보훈병원   ④ 호남요양병원

108 북구에 위치하지 않는 대학교는?

① 전남대학교   ② 광주교육대학교
③ 광신대학교   ④ 광주대학교

109 광산구 서봉동에 위치한 대학교로 옳은 것은?

① 전남대학교   ② 조선대학교
③ 호남대학교   ④ 광주교육대학교

110 다음 중 광주택시운송사업조합 인근에 위치한 고등학교로 옳은 것은?

① 광주전자공고   ② 동성고등학교
③ 살레시오여고   ④ 조선대부속고등학교

111 다음 중 본촌일반산업단지가 소재한 곳으로 옳은 것은?

① 동구 학동   ② 북구 양산동
③ 서구 매월동   ④ 광산구 신가동

112 북구에 위치하는 언론기관으로 옳은 것은?

① KBC광주방송   ② CBS광주방송
③ 전남일보   ④ 무등일보

113 다음 중 광산구 쌍암동에 소재한 호텔이 아닌 것은?

① 피렌체관광호텔   ② 마이다스관광호텔
③ 탑클라우드호텔 광주점   ④ 노블스테이호텔

114 다음 중 서구 치평동에 소재한 호텔이 아닌 것은?

① 피렌체관광호텔   ② 호텔더힐
③ 라마다플라자광주호텔   ④ 호텔더메이

115 광주기아챔피언스필드의 소재지로 옳은 것은?

① 광산구 쌍암동   ② 남구 주월동
③ 북구 임동   ④ 서구 치평동

116 북구에 있는 지역 중 광주민속박물관과 같은 동에 위치하는 것은?

① 충장사   ② 광주국립박물관
③ 광주호호수생태원   ④ 광주비엔날레

117 북구에 소재한 중외공원의 소재지로 옳은 것은?

① 망월동   ② 운정동
③ 운암동   ④ 매곡동

118 다음 중 국립5.18민주묘지가 소재한 곳은?

① 북구 효령동   ② 북구 운정동
③ 서구 상무동   ④ 서구 치평동

119 북구에 위치한 문화유적이 아닌 것은?

① 충민사   ② 충장사
③ 포충사   ④ 경열사

120 다음 중 호텔무등파크의 소재지로 옳은 것은?

① 광산구 송정동   ② 서구 쌍촌동
③ 동구 지산동   ④ 남구 원산동

121 다음 도로 중 광산구 하남동 – 동운고가교차로에 이르는 도로명은?

① 하남대로   ② 사암로
③ 양일로   ④ 대남대로

정답   100 ④   101 ④   102 ④   103 ②   104 ③   105 ①   106 ③   107 ②   108 ④   109 ③   110 ②   111 ②   112 ④
113 ①   114 ②   115 ③   116 ④   117 ③   118 ②   119 ③   120 ③   121 ①

122 다음 도로 중 동운고가도로 – 농성교차로를 통과하는 도로는?

① 무등로
② 서암대로
③ 죽봉대로
④ 중앙로

123 다음 지역 중 서구청이 위치한 동은?

① 금호동
② 농성동
③ 풍암동
④ 쌍촌동

124 다음 지역 중 서구에 속한 동이 아닌 것은?

① 치평동
② 화정동
③ 마륵동
④ 중흥동

125 다음 중 서구에 속한 언론사로 옳은 것은?

① 전남일보
② 무등일보
③ KBS광주방송총국
④ TBN광주교통방송

126 다음 중 공원과 그 소재지의 연결이 옳지 않은 것은?

① 광주사직공원 – 남구 사동
② 중외공원 – 북구 운암동
③ 무등산국립공원 – 북구 금곡동
④ 상무시민공원 – 서구 쌍촌동

127 광주광역시 교육청이 위치한 곳은?

① 서구 화정동
② 서구 금호동
③ 남구 서동
④ 남구 월산동

128 다음 지역 중 영산강유역환경청이 위치한 곳은?

① 남구 사직동
② 남구 봉선동
③ 서구 동천동
④ 서구 유촌동

129 다음 중 호남지방통계청의 소재지로 옳은 것은?

① 북구 오룡동
② 서구 동천동
③ 북구 풍향동
④ 서구 치평동

130 다음 중 광주세무서의 소재지로 옳은 것은?

① 동구 호남동
② 서구 금호동
③ 북구 중흥동
④ 남구 양림동

131 서구에 위치하는 병원은?

① 광주고려요양병원
② 광주한국병원
③ 첨단종합병원
④ 천주의성요한병원

132 다음 중 대학교의 위치가 잘못 연결된 것은?

① 호남대학교 – 광산구 서봉동
② 전남대학교 – 북구 용봉동
③ 조선대학교 – 동구 서석동
④ 광주교육대학교 – 서구 쌍촌동

133 다음 중 서구에 소재한 고등학교로 옳은 것은?

① 동아여고
② 광주대동고교
③ 국제고교
④ 고려고교

134 다음 중 동구에 위치한 여자고등학교로 옳지 않은 것은?

① 전남여고
② 광주수피아여고
③ 살레시오여고
④ 조선대부속여고

135 다음 호텔 중 광산구 월계동에 소재하는 호텔로 옳은 것은?

① 라마다프라자 광주호텔
② 탑클라우드호텔 광주점
③ 더존비즈니스호텔
④ 호텔무등파크

136 다음 중 서구에 위치하는 백화점은?

① 신세계백화점
② 롯데백화점
③ NC백화점
④ 임팩트럭셔리몰

137 다음 지역 중 광주시립미술관의 소재지로 옳은 것은?

① 서구 상무동
② 서구 풍암동
③ 북구 생용동
④ 북구 운암동

138 다음 중 월봉서원의 소재지로 옳은 것은?

① 서구 광천동
② 동구 대인동
③ 광산구 광산동
④ 북구 오치동

139 다음 중 지하철역과 그 소재지가 옳지 않은 것은?

① 화정역 – 서구 화정동
② 남광주역 – 동구 월남동
③ 평동역 – 광산구 월전동
④ 돌고개역 – 서구 농성동

140 북구 임동 – 서구 양동을 잇는 주요 교량으로 옳은 것은?

① 극락교
② 학림교
③ 발산교
④ 용진교

정답
| 122 ③ | 123 ② | 124 ④ | 125 ③ | 126 ④ | 127 ① | 128 ④ | 129 ② | 130 ① | 131 ② | 132 ④ | 133 ② | 134 ② |
| 135 ③ | 136 ① | 137 ④ | 138 ③ | 139 ② | 140 ③ |

전라남도 지역 응시자용

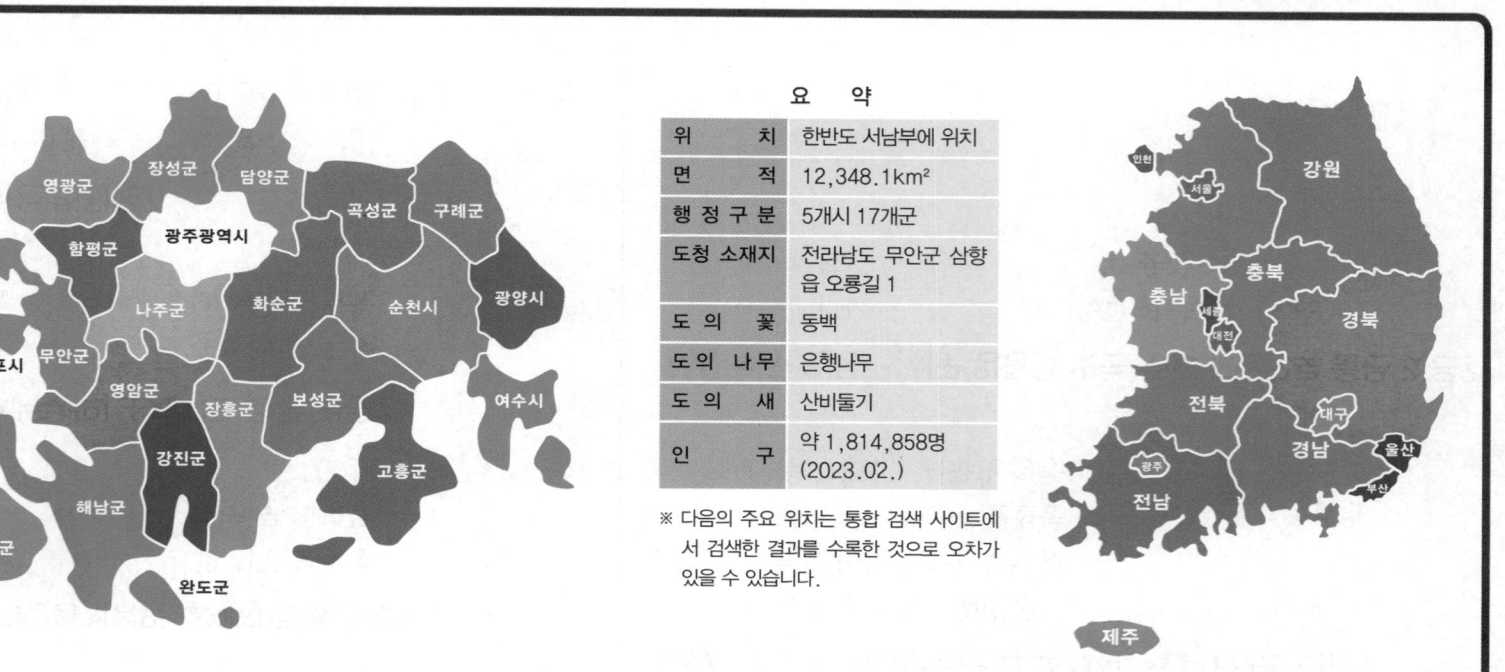

요 약

위 치	한반도 서남부에 위치
면 적	12,348.1km²
행 정 구 분	5개시 17개군
도청 소재지	전라남도 무안군 삼향읍 오룡길 1
도 의 꽃	동백
도 의 나무	은행나무
도 의 새	산비둘기
인 구	약 1,814,858명 (2023.02.)

※ 다음의 주요 위치는 통합 검색 사이트에서 검색한 결과를 수록한 것으로 오차가 있을 수 있습니다.

01. 지역별 주요 관공서 및 공공건물 위치

소재지		명 칭
강진군	강진읍	강진군청, 강진경찰서, 강진버스여객터미널
	군동면	강진소방서
	성전면	전남교통연수원
고흥군	고흥읍	고흥군청, 고흥경찰서, 고흥우체국, 고흥종합병원, 고흥공용버스터미널
	도양읍	국립소록도병원, 녹동버스공용정류장, 녹동항
	봉래면	나로우주센터 우주과학관
	풍양면	고흥소방서
곡성군	곡성읍	곡성군청, 곡성경찰서, 곡성우체국, 곡성교육지원청, 곡성버스터미널, 곡성역(KTX)
	오산면	심청효문화센터
	옥과면	전남과학대학교 곡성캠퍼스
광양시	광양읍	광양경찰서, 광양교육지원청, 광양보건대학교, 한려대학교, 광양문화예술회관, 광양운전면허시험장, 광양시립도서관, 광양시보건소, 광양터미널
	금호동	포스코광양제철소
	중 동	광양시청, 광양우체국, 광양사랑병원, 광양소방서
구례군	구례읍	구례군청, 구례경찰서, 구례우체국, 구례공공도서관, 구례병원, 구례공영버스터미널
나주시	경현동	나주소방서
	남평읍	광주가톨릭대학교
	다시면	고구려대학교
	대호동	동신대학교
	빛가람동	한국전력공사본사, 우정사업정보센터
	삼영동	전남운전면허시험장
	성북동	나주경찰서, 나주종합병원
	송월동	나주시청, 나주세무서, 나주우체국, 나주교육지원청, 나주역(KTX)
	중앙동	나주버스터미널

소재지		명 칭
담양군	담양읍	담양군청, 담양경찰서, 담양우체국, 담양공공도서관, 전남도립대학교, 담양사랑병원, 담양터미널, 담양고교, 담양소방서
목포시	대안동	목포세무서
	산정동	목포해양경찰서
	상 동	목포과학대학교, 목포한국병원, 목포기독병원, 목포종합버스터미널, 목포교육지원청
	석현동	목포가톨릭대학교, 국립목포병원, 목포중앙병원
	옥암동	목포지방해양수산청, 서해지방해양경찰청, 목포소방서
	용당동	목포시청, 목포시립도서관, 목포MBC, 목포경찰서
	용해동	목포문화예술회관, 목포대학교 목포캠퍼스, 국립해양문화재연구소
	죽교동	목포해양대학교
	항 동	목포연안여객터미널
	호남동	목포역(KTX)
무안군	망운면	무안국제공항
	무안읍	무안군청, 무안경찰서, 무안우체국, 무안공공도서관, 무안종합병원, 무안제일병원, 무안버스터미널, 초당대학교, 무안소방서
	삼향읍	전라남도청, 전라남도교육청, 전남경찰청
	청계면	목포대학교 도림캠퍼스
	해제면	도리포항
보성군	벌교읍	보성소방서
	보성읍	보성군청, 보성경찰서, 보성우체국, 보성공공도서관
순천시	가곡동	순천경찰서
	덕암동	순천역(KTX)
	덕월동	순천제일대학교, 순천청암대학교
	석현동	순천대학교, KBS순천방송국
	서면	순천소방서
	연향동	순천세무서, 순천한국병원, 순천우체국, 순천교육지원청, 전남동부보훈지청
	장천동	순천시청, 순천종합버스터미널

소재지		명 칭
순천시	조례동	순천성가롤로병원, 근로복지공단순천병원
	황전면	구례구역(KTX)
신안군	압해읍	신안군청
여수시	고소동	여수경찰서
	국 동	전남대학교 국동캠퍼스
	덕충동	여수엑스포역(KTX)
	둔덕동	전남대학교 여수캠퍼스대학본부
	문수동	여수해양경찰서
	봉계동	여수세무서
	소라면	덕양역
	여서동	한영대학교, 여수지방해양수산청
	율촌면	여수공항
	학 동	여수시청, 여수제일병원, 여수소방서
영광군	백수읍	영산선학대학교, 백수해안도로
	영광읍	영광군청, 영광경찰서, 영광우체국, 영광군립도서관, 영광소방서, 영광종합터미널
영암군	삼호읍	세한대학교 영암캠퍼스, 영암소방서
	영암읍	영암군청, 영암경찰서, 영암우체국, 영암교육지원청, 영암군보건소, 영암공공도서관, 영암한국병원, 영암여객자동차터미널
	학산면	동아보건대학교
완도군	완도읍	완도군청, 완도경찰서, 완도군보건의료원, 완도해양경찰서, 완도교육지원청, 완도공용버스터미널, 완도연안여객선터미널
	군외면	완도기상대
장성군	삼서면	육군보병학교
	장성읍	장성군청, 장성경찰서, 장성우체국, 장성공공도서관, 장성병원, 장성공용버스터미널, 장성소방서
장흥군	장흥읍	장흥군청, 장흥경찰서, 장흥우체국, 장흥공공도서관, 장흥종합병원, 장흥시외버스터미널, 장흥군보건소, 장흥소방서
진도군	임회면	국립남도국악원
	진도읍	진도군청, 진도경찰서, 진도우체국, 진도공공도서관, 진도공용터미널
함평군	대동면	함평소방서
	해보면	국군함평병원
	함평읍	함평군청, 함평경찰서, 함평우체국, 함평공공도서관, 함평성심병원, 함평공영터미널, 함평군보건소
해남군	해남읍	해남군청, 해남경찰서, 해남세무서, 해남우체국, 해남교육지원청, 해남종합병원, 해남종합버스터미널, 해남소방서
화순군	화순읍	화순군청, 화순경찰서, 화순우체국, 화순공공도서관, 화순군보건소, 화순군내버스터미널, 전남대학교 화순캠퍼스, 화순성심병원, 화순전남대학교병원, 화순고려병원, 화순중앙병원, 화순시외버스공용정류장

02. 문화유적·관광지

소재지		명 칭
강진군	강진읍	강진영랑생가, 프린스행복호텔
	군동면	금곡사
	대구면	고려청자박물관
	도암면	백련사, 백련사동백림, 다산초당(정약용 유배지)
	병영면	전라병영성지
	성전면	무위사, 백운동정원, 강진월출산다원

소재지		명 칭
고흥군	고흥읍	옥하리 홍교
	금산면	거금도
	도화면	발포해수욕장, 금강죽봉, 빅토리아호텔
	도양읍	소록도, 호텔썬비치
	동일면	덕양서원
	두원면	대전해수욕장
	봉래면	나로우주해수욕장, 나로비치호텔
	영남면	팔영산, 팔영산자연휴양림, 남열해돋이해수욕장, 고흥우주발사전망대
	점암면	능가사, 다도해해상국립공원 팔영산지구
	포두면	금탑사
	풍양면	천등산(비자나무숲)
곡성군	곡성읍	도림사, 도림사계곡, 청계동계곡
	목사동면	보성강
	오곡면	곡성섬진강기차마을(섬진강레일바이크), 심청한옥마을
	오산면	관음사
	옥과면	아산조방원미술관
	죽곡면	태안사, 압록유원지
광양시	광양읍	광양마로산성, 광양향교, 우산웰빙테마공원, 유당공원, 부르나호텔, 남일타운호텔
	금호동	백운플라자호텔
	다압면	금천계곡, 섬진강, 섬진강매화마을
	봉강면	성불사, 성불계곡
	옥룡면	백운산, 백운산자연휴양림, 중흥사
	중동	하버브릿지호텔, 호텔락희광양
	진상면	어치계곡
	태인동	배알도수변공원, 배알도해수욕장
구례군	간전면	용지동계곡, 중대리계곡
	광의면	천은사
	마산면	남악사, 화엄사, 화엄사계곡, 지리산스위스호텔
	문척면	사성암
	산동면	수락폭포, 구례산수유마을, 지리산온천랜드, 마리호텔
	토지면	연곡사, 피아골(연곡천계곡), 운조루, 노고단
나주시	과원동	금성관
	남평읍	드들강솔밭유원지
	다도면	나주호, 불회사, 중흥골드스파리조트
	반남면	반남고분군
	빛가람동	빛가람전망대, 빛가람호수공원, 호텔드림, 호텔코어, 홀리어스관광호텔, 마루오호텔, 웨스턴호텔, 레이크45호텔
	송월동	빛가람호텔, 나주씨티호텔
담양군	고서면	명옥헌원림
	금성면	금성산성, 대나무골테마공원, 담양호, 담양관광호텔
	가사문학면	소쇄원, 광주호, 식영정
	담양읍	한국대나무박물관, 메타세쿼이아 가로수길, 죽녹원, 담양관방제림, 부호텔, 코리아호텔
	용면	가마골, 추월산
목포시	달동	고하도, 외달도, 고하도이충무공기념비, 외달도해수욕장
	대안동	목포가족관광호텔
	대의동	노적봉
	만호동	목포진지, 목포오포대

목포시	보광동	마리나베이호텔, 에프원호텔	여수시	고소동	여수통제이공수군대첩비
	산정동	삼학도		공화동	호텔마띠유여수, 카멜리아호텔
	상동	평화광장, 샹그리아비치호텔, 폰타나비치관광호텔, 유토피아가족호텔		군자동	진남관
				화정면	사도
	상락동	백제관광호텔		남 면	금오도, 안도해수욕장
	옥암동	이코노미호텔 목포점, 알렉스호텔		남산동	장군도
	용해동	목포자연사박물관, 해양유물전시관, 남농기념관, 갓바위		덕충동	석천사, 여수충민사, 한옥호텔오동재, 와이오션관광호텔
	죽교동	유달산, 유달사, 관음사, 유달산조각공원, 달성공원, 목포시사, 목포해상케이블카 북항승강장, 신안비치호텔		돌산읍	돌산도, 향일암, 방죽포해수욕장, 여수해상케이블카, 라마다프라자여수호텔, 오션힐호텔, 헤이븐호텔, 노블호텔
				만흥동	만성리검은모래해변
	축복동	호텔몬다비		삼산면	거문도
무안군	망운면	조금나루해수욕장, 톱머리해수욕장, 무안비치호텔, 무안국제호텔		소라면	유월드루지테마파크, 유캐슬호텔
				수정동	오동도, 여수베네치아호텔&리조트, 유탑마리나호텔&리조트, 오동도호텔, HS관광호텔
	몽탄면	목우암, 법천사			
	무안읍	무안낙지골목		신월동	히든베이호텔
	삼향읍	초의선사탄생지		시전동	이충무공선소유적
	일로읍	무안회산백련지		중앙동	이순신광장, 호텔더엘
	해제면	도리포유원지		중흥동	흥국사
	현경면	홀통해수욕장		학동	베니키아호텔여수, 마린베이호텔, 비앤비치관광호텔
보성군	문덕면	대원사, 대원사티벳박물관	영광군	낙월면	송이도, 상낙월도, 하낙월도, 안마군도, 송이도해수욕장
	벌교읍	벌교홍교, 취송정, 보성여관(문화재, 숙박시설), 벌교소형관광호텔, 벌교비즈니스호텔, 태백산맥문학관		법성면	백제불교최초도래지, 법성포, 더원호텔, 팅커벨무인호텔
				불갑면	불갑사
	보성읍	보성녹차밭		염산면	백바위해수욕장
	웅치면	사자산, 제암산, 제암산자연휴양림		영광읍	글로리관광호텔, 태정호텔, 칼튼호텔
	조성면	호텔다향		홍농읍	가마미해수욕장
	회천면	율포솔밭해수욕장	영암군	군서면	도갑사, 왕인박사유적지, 월출산온천관광호텔
순천시	가곡동	유심천스포츠관광호텔		금정면	아크로컨트리호텔
	낙안면	낙안읍성민속마을		덕진면	영보정(전남기념물 제104호)
	대대동	순천만습지		삼호읍	영암국제자동차경주장, 영산재한옥호텔, 호텔현대바이라한, 그린관광호텔, 영산호
	별량면	동화사, 제석산			
	송광면	고인돌공원, 송광사, 조계산, 조계산도립공원		영암읍	월출산기찬랜드, 월출산국립공원
	승주읍	선암사, 선암사계곡	완도군	고금면	고금도, 옥천사
	연향동	호텔지뜨, 순천만S호텔, 배네치아호텔		금당면	금당도
	오천동	순천만국가정원		금일읍	평일도, 금일해당화해변
	장천동	순천로얄관광호텔, 포시즌팬트리 호텔어나더홈		보길면	보길도, 보죽산, 세연정, 중리해수욕장, 통리해수욕장
	조곡동	아이엠호텔		생일면	생일도
	조례동	에코그라드호텔, 노블레스호텔, 샤인호텔, 호텔루이		소안면	소안도
	주암동	주암호, 골프존카운티스테이순천호텔, 파인힐스호텔		신지면	신지도, 신지명사십리해수욕장
				완도읍	주도, 완도, 완도타워, 장도청해진유적, 완도정도리구계등, 다도해해상국립공원, 파크힐컴포트호텔, 코너레지던스호텔
	풍덕동	브라운호텔			
	해룡면	순천부영호텔			
신안군	도초면	도초도, 우이도, 성촌해변, 독목해변, 우이돈목해수욕장		약산면	약산도(조약도)
				청산면	청산도
	비금면	비금도	장성군	북이면	방장산자연휴양림
	안좌면	안좌도		북하면	남창계곡, 장성호, 백양사, 백양관광호텔, 은혜가족호텔, 백운각호텔
	암태면	암태도			
	압해읍	가란도, 압해도		삼계면	관수정
	임자면	임자도, 대광해수욕장		서삼면	축령산(삼나무편백숲)
	자은면	자은도		장성읍	호텔여기야
	증도면	증도, 엘도라도리조트, 우전해수욕장, 소금박물관		황룡면	필암서원, 홍길동테마파크, 황룡전적지
	팔금면	팔금도			
	하의면	하의도, 개도, 김대중대통령생가			
	흑산면	가거도, 다물도, 홍도, 흑산도, 흑산비치호텔, 남문펠리스호텔, 홍도탑아일랜드호텔			

장흥군	관산읍	천관사, 천관산자연휴양림
	안양면	수문해변
	용산면	탐진강
	유치면	수인산성, 보림사, 유치자연휴양림
	장평면	국사봉, 고산사
	장흥읍	정남진편백숲우드랜드, 장흥진송관광호텔
진도군	고군면	가계해변
	군내면	진도용장성, 진도타워, 신비의 바닷길
	임회면	남도진성, 국립진도자연휴양림
	의신면	운림산방
	조도면	관매도해수욕장, 상조도, 하조도, 관매도, 가사도, 동거차도, 서거차도
	지산면	세방낙조전망대
	진도읍	진도개테마파크
함평군	월야면	팔열부정각
	손불면	안악해수욕장
	함평읍	함평엑스포공원, 함나비축제, 돌머리해수욕장
	해보면	용천사
해남군	계곡면	흑석산자연휴양림, 가학산자연휴양림
	화원면	파인비치골프링크스
	문내면	명량대첩비, 우수영국민관광지, 우수영호텔
	삼산면	대흥사(대둔사), 두륜산온천가족호텔, 두륜산도립공원
	송지면	달마산, 미황사, 땅끝마을, 사구미해변, 송호해수욕장, 해남땅끝호텔
	해남읍	해남남도호텔, 해남관광호텔
	황산면	해남공룡박물관, 우항리공룡화석자연사유적지
화순군	사평면	사평폭포
	도곡면	도곡웰스파관광호텔, 미송온천호텔, 프라자호텔
	도암면	화학산, 운주사
	동복면	화순철옹산성
	백아면	화순공룡발자국화석지, 복조리마을, 백아산자연휴양림, 화순아쿠아나
	이서면	무등산편백자연휴양림, 안양산자연휴양림, 화순적벽
	이양면	쌍봉사
	한천면	한천자연휴양림
	화순읍	만연폭포, 세량제, 화순스테이호텔

03. 주요 도로

1 전라남도 경유 고속도로

명 칭	노선 번호	구 간
남해고속도로	10번	영암 – 순천 – 부산
광주대구고속도로	12번	광주 – 대구
무안광주고속도로	12번	광주 – 무안
서해안고속도로	15번	목포 – 서울
호남고속도로	25번	순천 – 천안
순천완주고속도로	27번	순천 – 완주
고창담양고속도로	253번	담양 – 고창

2 전라남도 주요 국도

명 칭	경유 구간 (기점 – 종점)
국도 1호선	목포 – 나주 – 장성 (목포 – 신의주)
국도 2호선	신안 – 목포 – 보성 – 광양 (신안 – 부산)
국도 13호선	완도 – 강진 – 광주 – 담양 (완도 – 금산)
국도 15호선	고흥 – 순천 – 곡성 – 담양 (고흥 – 담양)
국도 17호선	여천 – 순천 – 구례 (여수 – 용인)
국도 18호선	진도 – 해남 – 장흥 – 순천 – 구례 (진도 – 구례)
국도 22호선	영광 – 광주 – 화순 – 순천 (정읍 – 순천)
국도 23호선	강진 – 영암 – 함평 (강진 – 천안)
국도 24호선	신안 – 함평 – 담양 (신안 – 울산)
국도 27호선	고흥 – 보성 – 곡성 (고흥 – 군산)
국도 29호선	보성 – 광주 – 담양 (보성 – 서산)
국도 59호선	광양 – 하동 (광양 – 양양)
국도 77호선	여수 – 장흥 – 영광 (부산 – 인천)

04. 전라남도 주요 교통시설

1 주요 열차역

명 칭	위 치
목포역(KTX)	목포시 호남동
나주역(KTX)	나주시 송월동
여수엑스포역(KTX)	여수시 덕충동
광양항역	광양시 도이동
순천역(KTX)	순천시 덕암동
구례구역(KTX)	순천시 황전면
곡성역(KTX)	곡성군 곡성읍
장성역	장성군 장성읍
함평역	함평군 학교면
화순역	화순군 화순읍
보성역	보성군 보성읍

※ 주요 철도 노선 구간

노 선	구 간
전라선	여수엑스포역 – 익산역
호남선	목포역 – 서울 용산역

2 주요 공항

명 칭	위 치
무안국제공항	무안군 망운면
여수공항	여수시 율촌면

3 주요 여객터미널

명 칭	위 치
목포연안여객선터미널	목포시 항동
여수연안여객선터미널	여수시 교동
송공여객선터미널	신안군 압해읍
해남우수영여객선터미널	해남군 문내면
에이치엘해운 팽목터미널	진도군 임회면
도연안여객선터미널	완도군 완도읍
장흥노력항여객선터미널	장흥군 회진면
녹동신항여객선터미널	고흥군 도양읍

4 주요 항구

명 칭	위 치
법성포항	영광군 법성면
도리포항	무안군 해제면
계마항	영광군 홍농읍
녹동항	고흥군 도양읍
갈두항	해남군 송지면
잠두항	고흥군 도양읍
여수구항	여수시 중앙동
삼산항	장흥군 관산읍

5 주요 버스터미널

명 칭	위 치
목포종합버스터미널	목포시 상동
나주시외버스터미널	나주시 중앙동
여수종합버스터미널	여수시 오림동
광양버스터미널	광양시 광양읍
순천종합버스터미널	순천시 장천동
구례공영터미널	구례군 구례읍
곡성버스터미널	곡성군 곡성읍
담양공용버스터미널	담양군 담양읍
장성공용버스스터미널	장성군 장성읍
영광종합터미널	영광군 영광읍
함평공영터미널	함평군 함평읍
무안공용버스터미널	무안군 무안읍
지도여객자동차터미널	신안군 지도읍
영암여객자동차터미널	영암군 영암읍
진도공용터미널	진도군 진도읍
해남종합버스터미널	해남군 해남읍
강진버스터미널	강진군 강진읍
완동공용버스터미널	완도군 완도읍
장흥시외버스터미널	장흥군 장흥읍
화순시외버스터미널	화순군 화순읍
벌교버스공용터미널	보성군 벌교읍
고흥공용버스터미널	고흥군 고흥읍

6 주요 교량

명 칭	위 치
목포대교	목포시 죽교동
나주대교	나주시 금천면
이순신대교	여수시 묘도동
섬진교	광양시 다압면
칠산대교	영광군 염산면
무영대교	무안군 일로읍
천사대교	신안군 압해읍
압해대교	신안군 압해읍
신항교	목포시 달동
진도대교	진도군 군내면
남창교	해남군 북평면
가우도망호출렁다리	강진군 도암면
고금대교	완도군 고금면
장보고대교	완도군 신지면

회진대교	장흥군 회진면
보성대교	보성군 벌교읍
소록대교	고흥군 도양읍
거금대교	고흥군 금산면

7 주요 터널

명 칭	위 치
갓바위터널	목포시 상동
세지터널	나주시 세지면
마래터널	여수시 만흥동
초남터널	광양시 광양읍
해룡터널	순천시 해룡면
천마터널	구례군 산동면
대덕터널	담양군 대덕면
문수산터널	장성군 서삼면
밀재터널	영광군 묘량면
함평나비터널	함평군 학교면
몽탄1터널	무안군 몽탄면
구시터널	해남군 화산면
밤재터널	강진군 성전면
제암터널	장흥군 장동면
용두터널	화순군 춘양면
초암산터널	보성군 겸백면
금진터널	고흥군 금산면

1 다음 중 강진군청의 위치로 옳은 것은?
① 강진읍　　　　　　② 성전면
③ 마량면　　　　　　④ 도암면

2 다음 지역들 중 강진군에 속하지 않은 지역은?
① 대구면　　　　　　② 두원면
③ 신전면　　　　　　④ 성전면

3 다음 중 강진경찰서의 소재지로 옳은 것은?
① 대구면　　　　　　② 강진읍
③ 군동면　　　　　　④ 도암면

4 다음 중 포스코광양제철소의 소재지로 옳은 것은?
① 광양시 금호동　　　② 나주시 대호동
③ 목포시 옥암동　　　④ 무안군 무안읍

5 강진군에 소재한 관광지가 아닌 것은?
① 백련사 동백림　　　② 강진영랑생가
③ 천은사　　　　　　④ 무위사

6 다음 중 실학자 다산 정약용이 유배지(다산초당)가 위치한 지역은?
① 강진군 도암면　　　② 장흥군 장평면
③ 완도군 보길면　　　④ 해남군 송지면

7 다음 주요 국도 중 강진 – 영암 – 함평 구간을 지나는 국도로 옳은 것은?
① 국도 22호선　　　② 국도 23호선
③ 국도 27호선　　　④ 국도 17호선

8 다음 중 순천시청의 소재지로 옳은 것은?
① 장천동　　　　　　② 가곡동
③ 덕월동　　　　　　④ 연향동

9 다음 지역 중 고흥군에 속하지 않은 지역으로 옳은 것은?
① 봉래면　　　　　　② 성전면
③ 점암면　　　　　　④ 도화면

10 다음 중 강진군에 위치한 것으로 옳은 것은?
① 심청효문화센터　　② 녹동항
③ 전남교통연수원　　④ 고구려대학교

11 다음 중 고흥군에 위치한 관광 명소가 아닌 것은?
① 팔영산　　　　　　② 능가사
③ 덕양서원　　　　　④ 다산초당

12 다음 중 고흥군에 소재하지 않은 해수욕장은?
① 발포해수욕장　　　② 대전해수욕장
③ 배알도해수욕장　　④ 나로우주해수욕장

13 다음 중 목포해양대학교의 소재지로 옳은 것은?
① 고흥군 도양읍　　　② 고흥군 영남면
③ 목포시 죽교동　　　④ 해남군 송지면

14 다음 지역 중 국립소록도병원의 소재지로 옳은 것은?
① 고흥군 도양읍　　　② 고흥군 영남면
③ 완도군 신지도　　　④ 해남군 송지면

15 다음 중 호텔드림, 호텔코어, 홀리어스관광호텔이 위치한 지역으로 옳은 것은?
① 고흥군 도양읍　　　② 고흥군 영남면
③ 완도군 신지도　　　④ 나주시 빛가람동

16 다음 지역 중 곡성군청이 위치한 곳은?
① 옥과면　　　　　　② 죽곡면
③ 곡성읍　　　　　　④ 오산면

17 다음 중 곡성군에 속한 지역으로 옳지 않은 것은?
① 목사동면　　　　　② 도화면
③ 죽곡면　　　　　　④ 오곡면

18 다음 기관 중 무안군 삼향읍에 위치하지 않는 기관은?
① 전라남도청　　　　② 전라남도교육청
③ 전남경찰청　　　　④ 전남도립대학교

19 다음 중 곡성군에 소재한 관광 명소가 아닌 것은?

① 도림사계곡   ② 청계동계곡
③ 금천계곡   ④ 압록유원지

20 다음 중 문화 유적과 그 소재지가 잘못 짝지어진 것은?

① 전라병영성지 – 강진군 병영면
② 능가사 – 고흥군 점암면
③ 동화사 – 순천시 풍덕동
④ 법천사 – 무안군 몽탄면

21 다음 중 심청효문화센터가 소재한 지역으로 옳은 것은?

① 화순군 이양면   ② 곡성군 오산면
③ 영암군 삼호읍   ④ 구례군 간전면

22 다음 중 동아보건대학교의 소재지로 옳은 것은?

① 여수시 여서동   ② 영암군 학산면
③ 완도군 군외면   ④ 곡성군 고달면

23 다음 중 여수시에 소재한 것으로 옳지 않은 것은?

① 덕양역   ② 한영대학교
③ 전남대학교 국동캠퍼스   ④ 육군보병학교

24 다음 중 고흥 – 보성 – 곡성을 경유하는 국도로 옳은 것은?

① 국도 13호선   ② 국도 17호선
③ 국도 23호선   ④ 국도 27호선

25 다음 중 담양을 경유하는 국도로 옳지 않은 것은?

① 국도 18호선   ② 국도 24호선
③ 국도 15호선   ④ 국도 29호선

26 광양시청이 위치한 곳은?

① 태인동   ② 중동
③ 금호동   ④ 옥룡면

27 다음 지역 중 광양시가 아닌 것은?

① 옥룡면   ② 태인동
③ 문척면   ④ 다압면

28 다음 중 구례군 산동면에 있는 관광지가 아닌 것은?

① 어치계곡   ② 수락폭포
③ 구례산수유마을   ④ 지리산온천랜드

29 다음 중 한려대학교의 소재지로 옳은 것은?

① 여수시 학동   ② 구례군 구례읍
③ 나주시 삼영동   ④ 광양시 광양읍

30 다음 중 목포자연사박물관 인근에 위치한 건물이 아닌 것은?

① 국립해양문화재연구소
② 남농기념관
③ 이코노미호텔 목포점
④ 목포대학교 도림캠퍼스

31 다음 중 광양시에 위치한 관광명소가 아닌 것은?

① 백운산자연휴양림   ② 화엄사계곡
③ 중흥사   ④ 성불사

32 다음 중 목포시에 위치한 호텔이 아닌 것은?

① 홀리어스관광호텔   ② 에프원호텔
③ 샹그리아비치호텔   ④ 알렉스호텔

33 다음 중 만성리검은모래해변이 위치한 곳은?

① 완도군 소안면   ② 영암군 금정면
③ 여수시 만흥동   ④ 신안군 임자면

34 다음 중 여수시에 위치한 여수세무서의 소재지로 옳은 것은?

① 둔덕동   ② 고소동
③ 봉계동   ④ 학동

35 다음 중 구례군에 속해 있지 않은 지역은?

① 산동면   ② 토지면
③ 광의면   ④ 금성면

36 구례군 구례읍에 소재하지 않는 것은?

① 구례구역(KTX)   ② 구례경찰서
③ 구례우체국   ④ 구례공공도서관

37 다음 중 보성군 보성읍에 소재한 건물이 아닌 것은?

① 보성공공도서관   ② 보성군청
③ 보성소방서   ④ 보성우체국

38 무안군에 위치한 관광명소가 아닌 것은?

① 법천사   ② 갓바위
③ 톱머리해수욕장   ④ 홀통해수욕장

39 다음 지역 중 지리산 노고단이 위치해 있는 지역은?

① 구례군 토지면　　　　② 나주시 다도면
③ 목포시 상동　　　　　④ 신안군 증도면

40 다음 중 여천 – 순천 – 구례를 경유하는 국도로 옳은 것은?

① 국도 17호선　　　　　② 국도 18호선
③ 국도 19호선　　　　　④ 국도 24호선

41 나주시청이 위치한 동은?

① 성북동　　　　　　　② 송월동
③ 삼영동　　　　　　　④ 중앙동

42 다음 지역 중 나주시에 속하지 않는 곳은?

① 다시면　　　　　　　② 낙안면
③ 반남면　　　　　　　④ 남평읍

43 다음 순천시에 속한 지역 중 순천역(KTX)이 위치한 지역은?

① 송광면　　　　　　　② 연향동
③ 덕암동　　　　　　　④ 승주읍

44 드들강솔밭유원지가 위치한 곳은?

① 나주시 다시면　　　　② 나주시 동강면
③ 나주시 노안면　　　　④ 나주시 남평읍

45 다음 중 전남운전면허시험장의 소재지로 옳은 것은?

① 보성군 벌교읍　　　　② 목포시 용해동
③ 나주시 삼영동　　　　④ 광양시 금호동

46 다음 중 전남에 있는 유명 호텔과 소재지가 잘못 짝지어진 것은?

① 무안국제호텔 – 무안군 망운면
② 순천로얄관광호텔 – 순천시 조곡동
③ 이코노미호텔 목포점 – 목포시 옥암동
④ 나주씨티호텔 – 나주 송월동

47 다음 중 빛가람호수공원 인근에 위치하지 않은 것은?

① 동신대학교　　　　　② 반남고분군
③ 나주호　　　　　　　④ 육군보병학교

48 다음 중 나주시에 위치한 명소로 옳지 않은 것은?

① 빛가람호수공원　　　② 나주호
③ 고인돌 공원　　　　　④ 금성관

49 다음 중 백제불교최초도래지의 위치로 옳은 것은?

① 영광군 법성면　　　　② 신안군 암태면
③ 완도군 신지면　　　　④ 영암군 덕진면

50 다음 지역 중 고인돌공원의 소재지로 옳은 것은?

① 광양시 봉강면　　　　② 순천시 송광면
③ 영광군 불갑면　　　　④ 나주시 반남면

51 다음 도로 중 완도를 경유하는 도로로 옳은 것은?

① 국도 2호선　　　　　② 국도 13호선
③ 국도 23호선　　　　　④ 국도 59호선

52 다음 중 담양군청이 위치한 곳으로 옳은 것은?

① 금성면　　　　　　　② 남면
③ 담양읍　　　　　　　④ 고서면

53 다음 중 순천만국가정원의 소재지로 옳은 것은?

① 오천동　　　　　　　② 별량면
③ 주암면　　　　　　　④ 대대동

54 다음 중 장성군청 인근에 소재하는 것은?

① 담양경찰서　　　　　② 육군보병학교
③ 담양공공도서관　　　④ 담양소쇄원

55 다음 중 한국 대나무박물관이 위치한 지역으로 옳은 것은?

① 무안군 일로읍　　　　② 나주시 다시면
③ 담양군 담양읍　　　　④ 장성군 북하면

56 다음 중 담양군에 소재한 관광명소가 아닌 것은?

① 메타세쿼이아 가로수길　② 목포시사
③ 죽녹원　　　　　　　④ 명옥헌원림

57 다음 중 유달산조각공원 부근에 소재하지 않는 것은?

① 고하도 이충무공기념비　② 백제관광호텔
③ 제암산　　　　　　　④ 남농기념관

58 다음 중 광양 – 하동을 경유하는 국도의 명칭으로 옳은 것은?

① 국도 59호선　　　　　② 국도 13호선
③ 국도 24호선　　　　　④ 국도 33호선

59 다음 중 용천사가 위치한 곳으로 옳은 것은?

① 완도군 생일면　　　　② 해남군 황산면
③ 함평군 해보면　　　　④ 장흥군 용산면

정답　39 ①　40 ①　41 ②　42 ②　43 ③　44 ④　45 ③　46 ②　47 ④　48 ③　49 ①　50 ②　51 ②　52 ③　53 ①
54 ②　55 ③　56 ②　57 ③　58 ①　59 ③

60 다음 중 목포시에 속하지 않은 지역으로 옳은 것은?

① 달동　　　　　　　② 상락동
③ 조곡동　　　　　　④ 죽교동

61 다음 중 목포해상케이블카 북항승강장이 위치하는 지역은?

① 축복동　　　　　　② 보광동
③ 상동　　　　　　　④ 죽교동

62 다음 중 전라선의 총 구간으로 옳게 짝지어진 것은?

① 목포역 – 서울 용산역　　② 여수엑스포역 – 익산역
③ 광양항역 – 함평역　　　　④ 구례구역 – 서울 용산역

63 다음 중 호남선의 총 구간으로 옳게 짝지어진 것은?

① 목포역 – 서울 용산역　　② 여수엑스포역 – 익산역
③ 나주역 – 익산역　　　　　④ 곡성역 – 서울 용산역

64 다음 중 만연폭포의 소재지로 옳은 것은?

① 장성군 서삼면　　　② 화순군 화순읍
③ 진도군 임회면　　　④ 함평군 월야면

65 다음 중 국립목포병원의 소재지로 옳은 것은?

① 옥암동　　　　　　② 상락동
③ 대안동　　　　　　④ 석현동

66 다음 중 여수시에 속하는 섬이 아닌 것은?

① 사도　　　　　　　② 송이도
③ 금오도　　　　　　④ 장군도

67 다음 중 국도 27호가 경유하는 구간으로 옳은 것은?

① 여천 – 순천 – 구례　　② 목포 – 나주 – 장성
③ 고흥 – 보성 – 곡성　　④ 여수 – 장흥 – 영광

68 다음 고속 도로 중 남해고속도로의 기점과 종점으로 옳은 것은?

① 담양 – 고창　　　　② 목포 – 서울
③ 순천 – 천안　　　　④ 영암 – 순천 – 부산

69 다음 중 화순군 백아면에 있는 관광지로 옳지 않은 것은?

① 운주사　　　　　　② 화순공룡발자국화석지
③ 복조리마을　　　　④ 백아산자연휴양림

70 다음 중 장흥군에 속하는 지역으로 옳은 것은?

① 학산면　　　　　　② 망운면
③ 유치면　　　　　　④ 의신면

71 다음 중 무안군 무안읍에 소재하지 않는 것은?

① 무안국제공항　　　② 무안경찰서
③ 초당대학교　　　　④ 무안우체국

72 다음 중 전남교통연수원이 위치한 지역으로 옳은 것은?

① 여수시 봉계동　　　② 강진군 성전면
③ 순천시 석현동　　　④ 나주시 다시면

73 다음 중 한국전력공사 본사가 위치하는 지역으로 옳은 것은?

① 무안군 삼향읍　　　② 나주시 빛가람동
③ 장성군 삼서면　　　④ 목포시 옥암동

74 다음 중 영암군청 인근에 위치한 건물이 아닌 것은?

① 국립남도국악원　　② 영암한국병원
③ 동아보건대학교　　④ 영암군 보건소

75 다음의 해수욕장과 그 위치가 잘못 짝지어진 것은?

① 톱머리해수욕장 – 무안군 망운면
② 대광해수욕장 – 신안군 비금면
③ 율포솔밭해수욕장 – 보성군 회천면
④ 외달도해수욕장 – 목포시 달동

76 다음 중 무안낙지골목의 소재지로 옳은 것은?

① 망운면　　　　　　② 현경면
③ 무안읍　　　　　　④ 몽탄면

77 다음 중 신안군에 속해있는 섬이 아닌 것은?

① 도초도　　　　　　② 압해도
③ 우이도　　　　　　④ 장군도

78 다음 중 선암사계곡의 소재지로 옳은 것은?

① 순천시 승주읍　　　② 보성군 문덕면
③ 목포시 상락동　　　④ 담양군 가사문학면

79 다음 중 보성군에 소재하지 않는 지역은?

① 벌교읍　　　　　　② 문덕면
③ 별량면　　　　　　④ 웅치면

80 다음 중 담양군 가사문학면에 위치한 것으로 옳은 것은?

① 한국대나무박물관　　② 담양호
③ 소쇄원　　④ 가마골

81 다음 중 보성군에 소재한 관광명소가 아닌 것은?

① 선암사　　② 취송정
③ 제암산자연휴양림　　④ 대원사

82 다음 중 보성녹차밭 인근에 위치한 것으로 옳지 않은 것은?

① 태백산맥문학관　　② 제암산
③ 백제관광호텔　　④ 율포솔밭해수욕장

83 다음 중 신안 – 목포 – 보성 – 광양을 경유하는 국도로 옳은 것은?

① 국도 2호선　　② 국도 13호선
③ 국도 18호선　　④ 국도 23호선

84 다음 지역 중 함평역의 소재지로 옳은 것은?

① 학교면　　② 월야면
③ 손불면　　④ 해보면

85 다음 중 순천시에 속하지 않는 지역은?

① 가곡동　　② 낙안면
③ 송광면　　④ 망운면

86 다음 중 순천경찰서가 위치한 지역으로 옳은 것은?

① 덕월동　　② 가곡동
③ 매곡동　　④ 승주읍

87 다음 중 순천청암대학교의 소재지로 옳은 것은?

① 연향동　　② 황전면
③ 덕월동　　④ 장천동

88 다음의 기관 중 순천시 연향동에 위치하지 않은 것은?

① 순천시청　　② 순천우체국
③ 전남동부보훈지청　　④ 순천세무서

89 다음 문화유적 중 순천시에 소재하지 않는 것은?

① 송광사　　② 백양사
③ 선암사　　④ 동화사

90 다음 중 해남군의 관광명소로 옳지 않은 것은?

① 공룡화석자연사유적지　　② 세량제
③ 미황사　　④ 명량대첩비

91 다음 중 영광 – 광주 – 화순 – 순천을 경유하는 국도는?

① 국도 2호선　　② 국도 17호선
③ 국도 15호선　　④ 국도 22호선

92 다음 중 목포에서 서울로 이어지는 고속도로의 명칭은?

① 광주대구고속도로　　② 서해안고속도로
③ 호남고속도로　　④ 순천완주고속도로

93 다음 중 전라남도청의 소재지로 옳은 것은?

① 영광군 백수읍　　② 나주시 빛가람동
③ 무안군 삼향읍　　④ 순천시 서면

94 다음 중 신안군에 속하지 않은 지역은?

① 비금면　　② 자은면
③ 임자면　　④ 몽탄면

95 다음 중 흑산도와 홍도가 소재한 지역으로 옳은 것은?

① 목포시 상락동　　② 해남군 문내면
③ 신안군 흑산면　　④ 완도군 신지면

96 다음 주요 교량 중 완도군에 위치한 교량은?

① 천사대교　　② 장보고대교
③ 이순신대교　　④ 거금대교

97 다음 중 신안군에 위치한 호텔이 아닌 것은?

① 남문펠리스호텔　　② 베니키아호텔
③ 흑산비치호텔　　④ 엘도라도리조트

98 다음 중 여수시청이 소재한 지역으로 옳은 것은?

① 학동　　② 고소동
③ 덕충동　　④ 둔덕동

99 다음 중 여수시에 속한 지역으로 옳은 것은?

① 석현동　　② 용당동
③ 소라면　　④ 군외면

100 다음 중 여수해양경찰서가 위치한 지역으로 옳은 것은?

① 만흥동　　② 문수동
③ 봉계동　　④ 여서동

101 다음 중 여수종합버스터미널이 위치한 곳으로 옳은 것은?

① 고소동　　② 학동
③ 오림동　　④ 중흥동

정답

80 ③　81 ①　82 ③　83 ①　84 ①　85 ④　86 ②　87 ③　88 ①　89 ②　90 ②　91 ④　92 ②　93 ③　94 ④
95 ③　96 ②　97 ②　98 ①　99 ③　100 ②　101 ③

102 다음 중 여수시에 위치한 해수욕장이 아닌 것은?

① 방죽포해수욕장 ② 대광해수욕장
③ 안도해수욕장 ④ 만성리검은모래해변

103 다음 중 여수에 소재한 이충무공선소유적이 있는 곳은?

① 시전동 ② 학동
③ 신기동 ④ 신월동

104 다음 중 해남우수영여객선터미널의 소재지로 옳은 것은?

① 장흥군 회진면 ② 여수시 교동
③ 고흥군 도양읍 ④ 해남군 문내면

105 다음 중 영광군청 인근에 위치하지 않은 것은?

① 백수해안도로 ② 소안도
③ 영광소방서 ④ 불갑사

106 다음 중 영광군에 속한 지역이 아닌 곳은?

① 금정면 ② 염산면
③ 홍농읍 ④ 낙월면

107 다음 중 전남기념물 104호 영보정의 소재지로 옳은 것은?

① 신안군 자은면 ② 여수시 삼산면
③ 영암군 덕진면 ④ 완도군 보길면

108 다음 중 완도타워와 소재지가 다른 하나는?

① 파크힐컴포트호텔 ② 주도
③ 장도청해진유적 ④ 도갑사

109 다음 중 수락폭포 인근에 위치한 것으로 옳은 것은?

① 불갑사 ② 나로우주해수욕장
③ 송이도 ④ 지리산온천랜드

110 다음 중 장성공공도서관의 소재지로 옳은 것은?

① 황룡면 ② 북이면
③ 장성읍 ④ 서삼면

111 다음 중 나비축제가 열리는 지역으로 옳은 것은?

① 함평군 ② 목포시
③ 영암군 ④ 순천시

112 다음 중 영암군에 속한 지역으로 옳은 것은?

① 팔금면 ② 두원면
③ 삼호읍 ④ 금당면

113 다음 중 함평군에 위치한 관광지로 옳은 것은?

① 진도개테마파크 ② 안악해수욕장
③ 탐진강 ④ 운주사

114 다음 중 영암군에 소재한 왕인박사유적지가 위치한 곳은?

① 금정면 ② 군서면
③ 영암읍 ④ 덕진면

115 다음 중 고려시대 도선국사가 창건한 도갑사가 위치한 곳은?

① 해남군 옥천면 ② 해남군 황산면
③ 영암군 군서면 ④ 영암군 영암읍

116 다음 중 보성군 벌교읍에 소재한 명소가 아닌 것은?

① 보성여관 ② 취송정
③ 태백산맥문학관 ④ 보성녹차밭

117 다음 중 송공여객선터미널 인근에 위치하는 것은?

① 상낙월도 ② 이순신광장
③ 가란도 ④ 진남관

118 다음 중 장흥노력항여객선터미널의 소재지로 옳은 것은?

① 회진면 ② 관산읍
③ 장흥읍 ④ 유치면

119 다음 중 두륜산도립공원의 위치로 옳은 것은?

① 무안군 몽탄면 ② 해남군 삼산면
③ 목포시 용해동 ④ 담양군 고서면

120 다음 중 영광군 낙월면에 위치하지 않는 것은?

① 안마군도 ② 백바위해수욕장
③ 하낙월도 ④ 송이도해수욕장

정답 102 ② 103 ① 104 ④ 105 ② 106 ① 107 ③ 108 ④ 109 ④ 110 ③ 111 ① 112 ③ 113 ② 114 ②
115 ③ 116 ④ 117 ③ 118 ① 119 ② 120 ②

전라북도 주요지리 요점정리

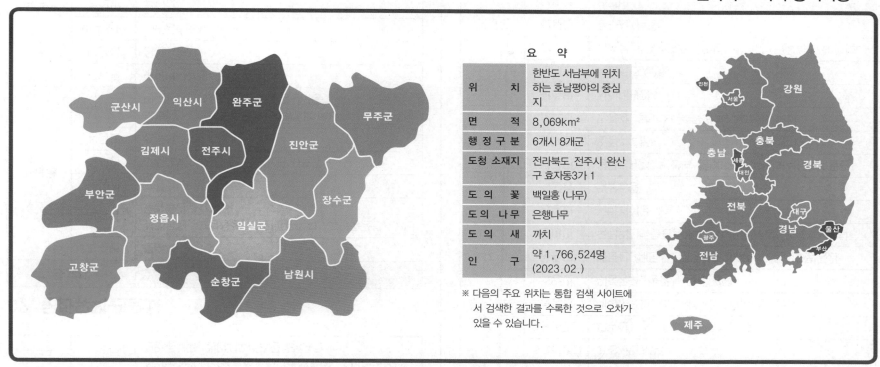

요 약	
위 치	한반도 서남부에 위치하는 호남평야의 중심지
면 적	8,069km²
행 정 구 분	6개시 8개군
도청 소재지	전라북도 전주시 완산구 효자동3가 1
도 의 꽃	백일홍 (나무)
도 의 나무	은행나무
도 의 새	까치
인 구	약 1,766,524명 (2023.02.)

※ 다음의 주요 위치는 통합 검색 사이트에서 검색한 결과를 수록한 것으로 오차가 있을 수 있습니다.

01. 지역별 주요 관공서 및 공공건물 위치

소재지		명칭
고창군	고창읍	고창군청, 고창경찰서, 고창우체국, 고창종합병원, 전북대학교고창캠퍼스, 고창공용버스터미널, 고창소방서
군산시	개정동	군산간호대학교
	경암동	군산경찰서, 군산시외버스터미널
	금동	군산해양경찰서
	문화동	군산성신병원
	미룡동	군산대학교
	미장동	군산세무서
	소룡동	군산지방해양수산청, 군산항여객선터미널
	오룡동	서해대학
	오식도동	새만금개발청
	임피면	호원대학교
	사정동	군산소방서
	지곡동	군산의료원
	조촌동	군산시청, 군산교육지원청, 전주지방법원 군산지원, 오성의료재단
	옥서면	군산공항
김제시	교동	김제중앙병원, 김제문화예술회관, 김제소방서
	백구면	전북농업마이스터대학
	백학면	한국폴리텍대학 김제캠퍼스
	서암동	김제시청
	신풍동	김제역(KTX), 김제경찰서, 익산세무서 김제지서, 전주지방법원 김제시법원
	요촌동	김제공용버스터미널, 김제시립도서관, 김제교육지원청, 김제우체국
남원시	고죽동	남원의료원
	도통동	남원시청, 남원고속버스터미널
	동충동	남원공용버스터미널
	산곡동	전라북도인재개발원

소재지		명칭
남원시	식정동	남원소방서
	신정동	남원역(KTX)
	월락동	남원의료원응급의료센터
	하정동	남원우체국
	향교동	남원경찰서, 남원세무서
무주군	무주읍	무주군청, 무주경찰서, 무주우체국, 무주공공도서관, 무주공용버스터미널
	설천면	국립태권도원
부안군	부안읍	부안군청, 부안우체국, 부안군립도서관, 혜성병원, 부안성모병원, 부안군보건소
	행안면	부안경찰서, 부안효요양병원, 부안제일고교, 부안소방서, 부안해양경찰서
순창군	순창읍	순창군청, 순창경찰서, 순창공공도서관, 순창공용버스정류장, 순창우체국, 순창소방서
완주군	봉동읍	완주경찰서, 백제예술대학교
	상관면	한일장신대학교
	삼례읍	완주우체국, 우석대학교 전주캠퍼스, 완주소방서
	용진읍	완주군청
익산시	남중동	익산시청
	마동	전북대학교 특성화캠퍼스, 익산교육지원청
	모현동	익산경찰서, 익산우체국, 수사랑병원
	신동	익산병원, 익산시보건소, 원광대학교, 원광대학교병원
	신용동	원광보건대학교
	어양동	한국폴리텍대학 익산캠퍼스
	여산면	육군부사관학교
	영등동	익산세무서
	창인동	익산역(KTX)
	팔봉동	익산소방서
	평화동	익산공용버스터미널
임실군	신평면	예원예술대학교
	임실읍	임실군청, 임실경찰서, 임실우체국, 임실공용터미널, 임실군보건의료원

소재지		명칭
장수군	장수읍	장수군청, 장수경찰서, 장수우체국, 장수공용버스터미널
전주시	덕진구	
		금암동 : 전북은행본점, 전북대학교병원, 전주고속버스터미널, 전북대학교, 전주덕진소방서
		덕진동 : 한국소리문화의전당, 원광대학교 전주한방병원
		만성동 : 전주지방법원, 전주지방검찰청, JTV전주방송, 국민연금공단본부
		산정동 : 전주고려병원
		용정동 : CBS전북방송
		우아동 3가 : 대자인병원, 전주역(KTX)
		인후동 : 고용노동부전주지청, 동전주우체국, 전북지방조달청
		중동 : 새만금지방환경청
		진북동 : 덕진구청, 전주교육지원청, 북전주세무서, 한국은행전북본부, 전북도민일보
		팔복동 : 전주덕진경찰서
	완산구	남노송동 : 전북지방병무청
		동서학동 : 전주교육대학교
		삼천동2가 : 전주일보
		서노송동 : 전주시청
		전동 : 전주완산경찰서
		중동 : 농촌진흥청
		중화산동 : 전주MBC, 전주기전대학, 예수대학교, 전주예수병원, 예수병원, 전주병원, 우석대학교 부속한방병원, 전주시립도서관
		태평동 : 한국방송통신대학교 전북지역대학
		효자동 : 전라북도청, 완산구청, 전주대학교, 전북경찰청, 전주세무서, 전주우체국, 전북교육청, 전북지방우정청, 전주비전대학교, 한국토지주택공사 전북지역본부, 전주완산소방서, KBS전주방송총국, 전주상공회의소
정읍시	수성동	정읍시청, 정읍교육지원청
	시기동	전북과학대학교
	연지동	정읍공용버스터미널, 정읍역(KTX), 정읍우체국
	장명동	정읍경찰서
	하북동	정읍소방서
진안군	진안읍	진안군청, 진안경찰서, 진안군의료원, 진안군보건소, 진안우체국, 진안시외버스공용정류장

02. 문화유적·관광지

소재지		명칭
고창군	고수면	문수사
	고창읍	석정온천, 고창읍성, 고인돌유적지, 고인돌공원, 고인돌박물관
	공음면	고창청보리밭
	상하면	구시포해수욕장, 상하농원, 구시포항
	심원면	선운산
	아산면	도솔산, 선운산도립공원, 선운사, 도솔계곡, 삼인리동백나무숲, 고창고인돌, 도솔암장사송
군산시	구암동	구암역사공원
	나운동	은파유원지
	비응도동	새만금방조제
	성산면	오성산
	옥구읍	옥구향교대성전, 자천대
	옥도면	고군산군도, 무녀도, 방축도, 비안도, 선유도, 신시도, 야미도, 어청도, 연도, 장자도, 망주봉, 선유도해수욕장

소재지		명칭
군산시	장미동	근대산업유산예술창작벨트, 근대역사박물관, 옛군산세관
	해망동	월명공원
김제시	교동	성산공원
	금산면	금산사, 모악랜드, 모악산도립공원
	부량면	벽골제
	죽산면	아리랑문학마을, 아리랑문학관
남원시	갈치동	남원자연휴양림
	산곡동	교룡산, 남원교룡산성
	산내면	반야봉, 달궁계곡, 뱀사골계곡, 실상사
	어현동	춘향테마파크
	운봉읍	지리산허브밸리, 바래봉, 황산대첩비지
	주천면	구룡계곡, 용담사, 스위트호텔남원
	천거동	광한루원
	향교동	만인의총
무주군	무풍면	대덕산, 덕유산자연휴양림
	설천면	덕유산, 구천동계곡, 연화폭포, 나제통문, 무주덕유산리조트, 반디랜드, 태권도원
	안성면	칠연계곡, 칠연의총, 용추폭포
	적상면	적성산, 적상산성, 안국사, 머루와인동굴
부안군	변산면	변산, 변산의상봉, 직소폭포, 적벽강, 채석강, 하섬, 격포항, 궁항, 송포항, 수성당, 변산해수욕장, 변산반도국립공원, 고사포해수욕장, 상록해수욕장, 소노벨변산(리조트)
	상서면	개암사
	위도면	위도, 상왕등도, 하왕등도
	진서면	내소사, 곰소염전, 곰소항
순창군	구림면	회문산, 회문산자연휴양림, 만일사
	동계면	귀암정
	복흥면	낙덕정, 전북산림박물관
	순창읍	홀어머니산성(대모산성), 석장승, 순창전통고추장민속마을
	팔덕면	강천산, 강천사, 강천산계곡, 강천산군립공원
완주군	경천면	화암사
	고산면	고산자연휴양림
	구이면	모악산
	동상면	대아수목원, 대아저수지, 대아자연휴양림
	소양면	위봉폭포, 송광사, 아원고택
	운주면	대둔산, 대둔사, 대둔산케이블카, 대둔산도립공원
익산시	금마면	국립익산박물관, 미륵사지, 익산토성, 미륵사지석탑
	망성면	나바위성당
	석왕동	익산쌍릉
	왕궁면	왕궁리유적, 익산보석문화축제, 익산보석문화박물관
	웅포면	입점리고분
	춘포면	만경강, 달빛소리수목원, 수파크관광농원
임실군	관촌면	사선대관광지
	삼계면	세심자연휴양림
	성수면	성수산, 성수산자연휴양림, 상이암, 임실치즈테마파크
	신평면	진구사지석등
	오수면	의견비
	운암면	옥정호, 국사봉전망대
	임실읍	임실치즈마을

소재지		명칭
장수군	계남면	장안산
	계북면	토옥동계곡
	번암면	방화동가족휴가촌, 방화동자연휴양림, 지지계곡
	장계면	논개생가
	장수읍	금강, 합미성, 논개사당, 덕산계곡, 팔성사, 장안산군립공원, 뜬봉샘생태공원
	천천면	와룡산, 타루비, 와룡자연휴양림, 신광사
전주시	덕진구 덕진동	전주동물원, 전주덕진공원
	덕진구 반월동	한국도로공사수목원
	덕진구 장동	전주월드컵경기장
	완산구 고사동	라마다호텔전주, 베니키아전주한성호텔, NC웨이브 전주점, 전주관광호텔
	완산구 교동	전주향교, 자만벽화마을, 오목대
	완산구 남노송동	전주한옥마을
	완산구 서신동	롯데백화점 전주점
	완산구 서노송동	베스트웨스턴플러스전주호텔
	완산구 전동	남부시장, 전동성당, 풍남문
	완산구 중앙동	전주풍패지관
	완산구 중화산동	다가공원
	완산구 풍남동	경기전, 라한호텔전주
	완산구 효자동	국립전주박물관, 그랜드힐스턴호텔
정읍시	내장동	내장산, 내장사, 금선계곡, 원적계곡, 내장산국립공원, 내장산케이블카, 우화정
	덕천면	도계서원, 황토현전적지
	수성동	충무공원
	시기동	정읍사공원
	이평면	전봉준고택
	장명동	정읍향교
	칠보면	무성서원, 칠보물테마유원지
	태인면	피향정, 태인향교
진안군	마령면	마이산, 마이산도립공원, 금당사, 마이산탑사, 수선루
	백운면	백운동계곡
	성수면	풍혈냉천, 원불교만덕산성지
	정천면	운장산, 운장산자연휴양림
	주천면	구봉산, 운일암반일암계곡

03. 주요 도로

1 전라북도 경유 고속도로

명 칭	노선 번호	구 간 (경유 구간)
호남고속도로	25번	논산JC – 서순천IC (익산, 전주, 김제, 정읍)
서해안고속도로	15번	금천IC – 죽림JC (군산, 김제, 부안, 고창)
순천완주고속도로	27번	완주JC – 동순천IC (익산, 전주, 임실, 남원)
익산포항고속도로	20번	익산JC – 장수JC (익산, 완주, 진안, 장수)
대전통영고속도로	35번	남이JC – 통영IC (무주, 장수)
광주대구고속도로	12번	옥포JC – 고서JC (순창, 남원)

2 전라북도 주요 국도

명 칭	구 간 (경유 구간)
국도 1호선	목포 – 신의주 (정읍, 김제, 전주)
국도 17호선	여천 – 용인 (남원, 임실, 전주, 완주)
국도 21호선	남원 – 이천 (남원, 순창, 정읍, 김제, 완주, 전주, 익산, 군산)
국도 22호선	고창 – 순천 (고창, 정읍)
국도 23호선	강진 – 천안 (고창, 부안, 김제, 익산)
국도 26호선	군산 – 대구 (군산, 익산, 김제, 전주, 완주, 진안, 장수)
국도 27호선	고흥 – 군산 (순창, 임실, 완주, 전주, 익산, 군산)
국도 30호선	부안 – 대구 (부안, 김제, 정읍, 임실, 진안, 무주)

04. 전라북도 주요 교통시설

1 주요 철도 노선 구간

명 칭	경유 구간
장항선	군산, 대야, 익산
호남선	익산, 김제, 정읍
전라선	익산, 삼례, 전주, 임실, 남원

2 주요 공항

명 칭	위 치
군산 공항	군산시 옥서면

3 주요 터미널

명 칭	위 치
전주 터미널	전주시 덕진구 금암동
군산 터미널	군산시 경암동
익산 터미널	익산시 평화동
정읍 터미널	정읍시 연지동
김제 터미널	김제시 요촌동
남원 터미널	고속 터미널 : 남원시 도통동
	시외 터미널 : 남원시 동충동
완주 터미널	완주군 삼례읍
	완주군 고산면
	대둔산 터미널 : 완주군 운주면
부안 터미널	부안군 부안읍
고창 터미널	고창군 고창읍
순창 터미널	순창군 순창읍
임실공용터미널	임실군 임실읍
무주 터미널	무주군 무주읍
	무주군 안성면
진안 터미널	진안군 진안읍
장수 터미널	장수군 장수읍

1 다음 지역 중 고창군청의 소재지로 옳은 것은?

① 상하면   ② 고수면
③ 아산면   ④ 고창읍

2 다음 지역 중 고창군에 속하지 않는 지역은?

① 심원면   ② 옥도면
③ 고수면   ④ 공음면

3 다음 중 완주군 삼례읍에 위치하지 않은 건물은?

① 완주소방서   ② 백제예술대학교
③ 완주우체국   ④ 우석대학교 전주캠퍼스

4 다음 중 고인돌박물관이 소재하는 지역으로 옳은 것은?

① 남원시 운봉읍   ② 군산시 해망동
③ 고창군 고창읍   ④ 부안군 상서면

5 다음의 해수욕장과 그 소재지가 옳게 짝지어진 것은?

① 변산해수욕장 – 부안군 변산면
② 구시포해수욕장 – 고창군 고수면
③ 선유도해수욕장 – 군산시 나운동
④ 상록해수욕장 – 부안군 위도면

6 다음의 계곡과 그 소재지가 옳게 짝지어진 것은?

① 금선계곡 – 정읍시 시기동 ② 원적계곡 – 정읍시 내장동
③ 도솔계곡 – 고창군 심원면 ④ 백운동계곡 – 진안군 주천면

7 다음 중 금천IC – 죽림JC를 통과하는 고속도로의 명칭으로 옳은 것은?

① 서해안고속도로   ② 호남고속도로
③ 중앙고속도로   ④ 남해고속도로

8 다음 중 강진 – 천안으로 이어지는 주요 간선도로는?

① 국도 13호선   ② 국도 17호선
③ 국도 21호선   ④ 국도 23호선

9 다음 중 군산시청이 위치한 지역으로 옳은 것은?

① 개정동   ② 조촌동
③ 경암동   ④ 나운동

10 다음 중 군산시에 속하지 않는 지역은?

① 미룡동   ② 소룡동
③ 도통동   ④ 오룡동

11 다음 중 남원 소방서의 소재지로 옳은 것은?

① 향교동   ② 식정동
③ 월락동   ④ 고죽동

12 다음 중 남원역(KTX)이 위치한 지역으로 옳은 것은?

① 산곡동   ② 동충동
③ 도통동   ④ 신정동

13 다음 대학교와 그 소재지가 잘못 짝지어진 것은?

① 한국폴리텍대학 익산캠퍼스 – 익산시 모현동
② 전북대학교 특성화캠퍼스 – 익산시 마동
③ 예원예술대학교 – 임실군 신평면
④ 백제예술대학교 – 완주군 봉동읍

14 다음 중 군산시에 소재한 명소가 아닌 것은?

① 월명공원   ② 미륵사지
③ 은파유원지   ④ 망주봉

15 다음 중 임실치즈마을의 소재지로 옳은 것은?

① 오수면   ② 임실읍
③ 삼계면   ④ 성수면

16 다음 중 익산시의 문화유적과 그 소재지가 잘못 짝지어진 것은?

① 입점리고분 – 웅포면   ② 왕궁리유적 – 왕궁면
③ 미륵사지 – 금마면   ④ 익산쌍릉 – 망성면

17 다음 중 전주동물원의 소재지로 옳은 것은?

① 진안군 성수면   ② 전주시 완산구 중앙동
③ 전주시 덕진구 덕진동   ④ 익산시 춘포면

18 다음 중 춘향테마파크가 위치한 지역으로 옳은 것은?

① 무주군 무풍면   ② 남원시 어현동
③ 고창군 공음면   ④ 김제시 금산면

정답   1 ④   2 ②   3 ②   4 ③   5 ①   6 ②   7 ①   8 ④   9 ②   10 ③   11 ②   12 ④   13 ①   14 ②   15 ②   16 ④
17 ③   18 ②

19 다음 중 고창, 부안, 김제, 익산을 경유하며, 강진 – 천안으로 이어지는 국도는?

① 국도 1호선　　　　② 국도 4호선
③ 국도 26호선　　　　④ 국도 23호선

20 다음 중 완주JC – 동순천IC로 연결되는 고속도로의 명칭으로 옳은 것은?

① 호남고속도로　　　　② 순천완주고속도로
③ 광주대구고속도로　　④ 인천포항고속도로

21 다음 중 김제시청이 위치한 곳으로 옳은 것은?

① 교동　　　　　　② 서암동
③ 명덕동　　　　　④ 신풍동

22 다음 지역 중 김제시에 속한 지역으로 옳은 것은?

① 식정동　　　　　② 미장동
③ 백구면　　　　　④ 신용동

23 다음 중 김제경찰서의 소재지로 옳은 것은?

① 신풍동　　　　　② 서암동
③ 요촌동　　　　　④ 교동

24 다음 중 고창군 고창읍에 위치하지 않는 문화 유적은?

① 고인돌박물관　　　② 은파유원지
③ 고창읍성　　　　　④ 고인돌공원

25 다음 중 김제시에 소재하지 않는 관광지로 옳은 것은?

① 아리랑문학마을　　② 모악랜드
③ 문수사　　　　　　④ 금산사

26 다음 중 남원자연휴양림 인근에 위치하지 않는 것은?

① 옥구향교대성전　　② 반야봉
③ 용담사　　　　　　④ 춘향테마파크

27 다음 중 주요 완주 터미널이 위치하지 않는 지역은?

① 삼례읍　　　　　② 운주면
③ 고산면　　　　　④ 상관면

28 다음 중 남원시청의 소재지로 옳은 것은?

① 광치동　　　　　② 도통동
③ 하정동　　　　　④ 동충동

29 다음 중 남원시에 속하는 지역으로 옳은 것은?

① 석왕동　　　　　② 진서면
③ 동충동　　　　　④ 설천면

30 다음 중 전주시 완산구에 소재하는 것이 아닌 것은?

① 전북은행본점　　② 전주대학교
③ 전주일보　　　　④ 전주시청

31 다음 중 수사랑병원의 위치로 옳은 것은?

① 무주군 설천면　　② 익산시 모현동
③ 덕진구 산정동　　④ 완주군 용진읍

32 다음 중 전북산림박물관에서 가장 먼 곳에 위치한 것은?

① 귀암정　　　　　　② 강천사
③ 순창전통고추장민속마을　④ 전주지방법원

33 다음 중 계곡과 그 소재지가 잘못 짝지어진 것은?

① 뱀사골계곡 – 남원시 산내면
② 구룡계곡 – 남원시 주천면
③ 구천동계곡 – 무주군 설천면
④ 칠연계곡 – 무주군 적상면

34 다음 중 서해대학의 소재지로 옳은 것은?

① 완주군 구이면　　② 장수군 번암면
③ 군산시 오룡동　　④ 순창군 동계면

35 다음 중 광한루의 소재지로 옳은 것은?

① 남원시 하정동　　② 남원시 천거동
③ 정읍시 내장동　　④ 순창군 복흥면

36 다음 지역 중 광주대구고속도로가 경유하는 전북 지역은?

① 김제　　　　　　② 무주
③ 남원　　　　　　④ 익산

37 다음 국도 중 정읍, 김제, 전주를 경유하는 국도는?

① 국도 22호선　　② 국도 17호선
③ 국도 24호선　　④ 국도 1호선

38 다음 중 무주군청이 위치한 곳은?

① 무풍면　　　　　② 무주읍
③ 안성면　　　　　④ 설천면

39 다음 중 군산시 옥도면에 소재하지 않는 섬은?

① 장자도　　　　　② 비안도
③ 신시도　　　　　④ 상왕등도

40 다음 중 무주군 무주읍에 소재하는 것은?

① 무주경찰서　　　② 용추폭포
③ 덕유산 리조트　　④ 나제통문

41 다음 관광 명소 중 그 소재지가 다른 하나는?

① 구천동계곡　　　　　　② 안국사
③ 직소폭포　　　　　　　④ 칠연계곡

42 다음 중 석정온천의 소재지로 옳은 것은?

① 익산시 석왕동　　　　　② 김제시 금산면
③ 부안군 변산면　　　　　④ 고창군 고창읍

43 다음 고속도로 중 익산JC – 장수JC 까지 연결되는 고속도로는?

① 익산포항고속도로　　　② 대전통영고속도로
③ 광주대구고속도로　　　④ 서해안고속도로

44 다음 국도 중 남원, 임실, 전주, 완주를 경유하는 주요 간선도로는?

① 국도 30호선　　　　　　② 국도 17호선
③ 국도 26호선　　　　　　④ 국도 1호선

45 다음 중 상록해수욕장이 위치한 지역으로 옳은 것은?

① 군산시 비응도동　　　　② 고창군 심원면
③ 임실군 오수면　　　　　④ 부안군 변산면

46 다음 중 부안군에 속하지 않는 지역은?

① 상서면　　　　　　　　② 상관면
③ 위도면　　　　　　　　④ 진서면

47 다음의 기관과 그 소재지가 잘못 연결된 것은?

① 순창군청 – 순창군 순창읍
② 부안소방서 – 부안군 부안읍
③ 무주공공도서관 – 무주군 무주읍
④ 고창경찰서 – 고창군 고창읍

48 다음 중 부안군 부안읍에 소재하지 않는 기관은?

① 부안우체국　　　　　　② 부안군보건소
③ 부안군립도서관　　　　④ 부안경찰서

49 다음 중 원광보건대학교의 소재지로 옳은 것은?

① 전주시 완산구 중도　　② 장수군 장수읍
③ 완주군 용진읍　　　　　④ 익산시 신용동

50 다음 중 새만금지방환경청 인근 지역에 위치하지 않는 것은?

① 전북도민일보　　　　　② 전주교육지원청
③ 전주역(KTX)　　　　　④ 전북과학대학교

51 다음 중 군산 – 대구로 연결되는 주요 간선도로로 옳은 것은?

① 국도 23호선　　　　　　② 국도 21호선
③ 국도 17호선　　　　　　④ 국도 26호선

52 다음 고속도로 중 정읍시를 통과하는 고속도로로 옳은 것은?

① 호남고속도로　　　　　② 서해안고속도로
③ 대전통영고속도로　　　④ 익산포항고속도로

53 다음 중 정읍시청이 위치한 곳으로 옳은 것은?

① 하북동　　　　　　　　② 시기동
③ 수성동　　　　　　　　④ 장명동

54 다음 중 순창군에 위치하는 것과 그 소재지가 옳게 짝지어진 것은?

① 순창전통고추장민속마을 – 삼계면
② 귀암정 – 동계면
③ 석장승 – 구이면
④ 강천산군립공원 – 계북면

55 다음 중 전주완산경찰서의 소재지로 옳은 것은?

① 서노송동　　　　　　　② 전동
③ 중화산동　　　　　　　④ 태평동

56 다음 중 예원예술대학교 인근에 위치한 것으로 옳은 것은?

① 임실공용터미널　　　　② 선운산도립공원
③ 호원대학교　　　　　　④ 군산간호대학교

57 다음 중 전북의 무주군과 장수군을 경유하는 고속도로로 옳은 것은?

① 광주대구고속도로　　　② 서해안고속도로
③ 대전통영고속도로　　　④ 호남고속도로

58 다음 중 전주시를 경유하는 국도가 아닌 것은?

① 국도 21호선　　　　　　② 국도 23호선
③ 국도 27호선　　　　　　④ 국도 1호선

59 다음 중 전주시청의 소재지로 옳은 것은?

① 완산구 서노송동　　　　② 덕진구 진북동
③ 덕진구 인후동　　　　　④ 완산구 효자동

60 다음 지역 중 완주군에 속하지 않는 지역은?

① 소양면　　　　　　　　② 동상면
③ 웅포면　　　　　　　　④ 고산면

61 다음 중 임실군에 소재한 관광명소로 옳지 않은 것은?

① 국사봉전망대　　　② 진구사지석등
③ 의견비　　　　　　④ 토옥동계곡

62 다음의 대학교 중 완주군에 위치하지 않는 대학교는?

① 우석대학교　　　　② 백제예술대학교
③ 전북과학대학교　　④ 한일장신대학교

63 다음 중 장수군에 소재하지 않는 것은?

① 방화동자연휴양림　② 전동성당
③ 신광사　　　　　　④ 합미성

64 다음 중 익산시에 소재한 기관과 그 소재지가 잘못 짝지어진 것은?

① 익산소방서 - 팔봉동　② 익산우체국 - 모현동
③ 원광대학교 - 신동　　④ 익산시청 - 신용동

65 다음 중 완주군에 위치하는 관광명소로 옳지 않은 것은?

① 지지계곡　　　　　② 위봉폭포
③ 고산자연휴양림　　④ 아원고택

66 다음 중 군산, 익산, 김제, 전주, 완주, 진안, 장수를 경유하는 국도는?

① 국도 1호선　　　　② 국도 26호선
③ 국도 22호선　　　　④ 국도 30호선

67 다음 중 무성서원의 소재지로 옳은 것은?

① 무주군 설천면　　　② 완주군 용진읍
③ 정읍시 칠보면　　　④ 익산시 석왕동

68 다음 중 전주시 완산구에 소재하는 관광명소들이 아닌 것은?

① 전주한옥마을　　　② 국립전주박물관
③ 자만벽화마을　　　④ 전주동물원

69 다음 중 익산보석문화축제, 익산보석문화박물관이 소재하는 지역은?

① 춘포면　　　　　　② 석왕동
③ 금마면　　　　　　④ 왕궁면

70 전북의 기념물 중 타루비의 소재지로 옳은 것은?

① 장수군 계북면　　　② 정읍시 칠보면
③ 장수군 천천면　　　④ 정읍시 수성동

71 다음 중 원불교만덕산성지의 위치로 옳은 것은?

① 익산시 신동　　　　② 진안군 성수면
③ 장수군 장계면　　　④ 군산시 미룡동

72 다음 중 논개의 생가가 위치한 지역으로 옳은 것은?

① 전주시 덕진구　　　② 군산시 옥구읍
③ 정읍시 정천면　　　④ 장수군 장계면

73 다음 중 육군부사관학교 인근에 있지 않은 것은?

① 미륵사지　　　　　② 만경강
③ 와룡자연휴양림　　④ 나바위성당

74 다음 중 순창 터미널이 있는 지역으로 옳은 것은?

① 팔덕면　　　　　　② 순창읍
③ 구림면　　　　　　④ 동계면

75 다음 중 황토현전적지의 소재지로 옳은 것은?

① 정읍시 덕천면　　　② 전주시 완산구
③ 익산시 석왕동　　　④ 무주군 적상면

76 다음 중 강천산군립공원 소재지로 옳은 것은?

① 고창군 심원면　　　② 임실군 오수면
③ 순창군 팔덕면　　　④ 완주군 동상면

77 다음 중 자천대가 있는 지역으로 옳은 것은?

① 임실군 관천면　　　② 무주군 설천면
③ 고창군 아산면　　　④ 군산시 옥구읍

78 다음 중 라마다호텔전주, 베니키아전주한성호텔이 있는 지역으로 옳은 것은?

① 장수군 번암면
② 전주시 완산구 고사동
③ 진안군 주천면
④ 전주시 덕진구 덕진동

79 다음 중 장안산군립공원이 있는 곳으로 옳은 것은?

① 남원시 산곡동　　　② 무주군 무풍면
③ 장수군 장수읍　　　④ 완주군 경천면

80 다음 중 백제예술대학교의 소재지로 옳은 것은?

① 정읍시 시기동　　　② 남원시 금지면
③ 임실군 성수면　　　④ 완주군 봉동읍

81 다음 중 모악랜드, 모악산도립공원이 있는 소재지로 옳은 것은?

① 무주군 안성면 　② 무안군 진서면
③ 김제시 금산면 　④ 군산시 장미동

82 다음 중 전주시 덕진구에 소재하지 않는 병원은?

① 전주병원 　② 전주고려병원
③ 전북대학교병원 　④ 대자인병원

83 다음 중 남원 − 이천을 연결하는 국도는?

① 국도 17호선 　② 국도 30호선
③ 지방도 21호선 　④ 지방도 26호선

84 다음 중 우리나라 문화재인 벽골제의 소재지로 옳은 것은?

① 고창군 상하면 　② 순창군 동계면
③ 김제시 부량면 　④ 무주군 적상면

85 다음 중 장수군에 속하지 않는 지역으로 옳은 것은?

① 계남면 　② 번암면
③ 금마면 　④ 장계면

86 다음의 기관과 그 소재지가 옳지 않게 짝지어진 것은?

① 장수경찰서 − 장수읍 　② 임실공용터미널 − 임실읍
③ 순창소방서 − 순창읍 　④ 부안경찰서 − 부안읍

87 다음 중 전주시 덕진구에 소재하는 기관으로 옳지 않은 것은?

① 전북지방우정청 　② 전주교육지원청
③ 고용노동부전주지청 　④ 전북지방조달청

88 다음 중 장수군에 위치한 계곡이 아닌 것은?

① 토옥동계곡 　② 지지계곡
③ 덕산계곡 　④ 구천동계곡

89 다음 장수군의 지역 중 논개사당이 위치한 지역으로 옳은 것은?

① 운봉읍 　② 장수읍
③ 천천면 　④ 계북면

90 다음 중 무주와 장수 지역을 경유하고 남이JC − 통영IC로 연결되는 고속도로는?

① 남해고속도로 　② 익산포항고속도로
③ 호남고속도로 　④ 대전통영고속도로

91 다음 중 홀어머니산성이라고 불리는 대모산성의 소재지로 옳은 것은?

① 장수군 장수읍 　② 고창군 고창읍
③ 순창군 순창읍 　④ 임실군 임실읍

92 다음 중 지리산허브밸리의 소재지로 옳은 것은?

① 남원시 운봉읍 　② 군산시 해망동
③ 무주군 무풍면 　④ 완주군 구이면

93 다음 중 남원교룡산성이 위치한 지역으로 옳은 것은?

① 익산시 망성면 　② 남원시 산곡동
③ 완주군 경천면 　④ 군산시 비응도동

94 다음 중 전라북도에 위치한 공원과 그 소재지가 옳게 짝지어진 것은?

① 내장산국립공원 − 정읍시 내장동
② 월출산국립공원 − 영암군 영암읍
③ 변산반도국립공원 − 부안군 진서면
④ 다도해해상국립공원 − 완도군 소안면

95 다음 중 새만금개발청의 소재지로 옳은 것은?

① 정읍시 하북동 　② 김제시 서암동
③ 완주군 삼례읍 　④ 군산시 오식도동

96 다음 중 정읍교육지원청의 소재지로 옳은 것은?

① 연지동 　② 시기동
③ 하북동 　④ 수성동

97 다음 중 전북과학대학교의 소재지로 옳은 것은?

① 무주군 설천면 　② 익산시 어양동
③ 정읍시 시기동 　④ 전주시 완산구 중동

98 다음 중 방화동가족휴가촌 인근에서 찾을 수 있는 관광지는?

① 사선대관광지 　② 타루비
③ 대둔산도립공원 　④ 국사봉전망대

99 다음 중 완주군에 위치한 산으로 옳은 것은?

① 회문산 　② 모악산
③ 성수산 　④ 장안산

100 다음 중 임실치즈테마파크의 소재지로 옳은 것은?

① 관촌면 　② 임실읍
③ 오수면 　④ 성수면

101 다음 중 남원세무서 인근에 위치하는 것은?

① 나바위성당　　　　② 성산공원
③ 만인의총　　　　　④ 남부시장

102 다음 중 남부시장의 위치로 옳은 것은?

① 군산시 나운동　　　② 무주군 안성면
③ 전주시 완산구 전동　④ 전주시 덕진구 반월동

103 다음 중 전주시에 소재하는 호텔로 옳지 않은 것은?

① 스위트호텔　　　　② 라마다호텔
③ 그랜드힐스턴호텔　④ 라한호텔

104 다음 중 전주시 완산구 중화산동에 위치하는 방송기관으로 옳은 것은?

① JTV전주방송　　　② KBS전주방송총국
③ 전주MBC　　　　　④ CBS전북방송

105 다음 명소 중 전주시에 소재한 관광 명소가 아닌 것은?

① 전주풍패지관　　　② 칠보물테마유원지
③ 전주월드컵경기장　④ 자만벽화마을

106 다음 중 익산시에 있는 대학교와 그 소재지가 잘못 짝지어진 것은?

① 한국폴리텍대학 익산캠퍼스 – 창인동
② 원광보건대학교 – 신용동
③ 원광대학교 – 신동
④ 전북대학교 특성화캠퍼스 – 마동

107 다음 중 채석강의 소재지로 옳은 것은?

① 김제시 죽산면　　　② 무주군 안성면
③ 남원시 향교동　　　④ 부안군 변산면

108 다음 중 북전주세무서의 소재지로 옳은 것은?

① 전주시 완산구 효자동　② 전주시 덕진구 우아동3가
③ 전주시 덕진구 진북동　④ 전주시 완산구 중동

109 다음 중 농촌진흥청의 소재지로 옳은 것은?

① 전주시 덕진구 팔복동　② 전주시 완산구 중동
③ 전주시 완산구 동서학동　④ 전주시 덕진구 산정동

110 다음 중 전주시 덕진구에 있는 동전주우체국의 소재지로 옳은 것은?

① 만성동　　　　　　② 용정동
③ 중동　　　　　　　④ 인후동

111 다음 중 완주군청의 소재지로 옳은 것은?

① 상관면　　　　　　② 용진읍
③ 봉동읍　　　　　　④ 삼례읍

112 다음 중 진안군에 있는 관광명소가 아닌 것은?

① 수선루　　　　　　② 무성서원
③ 운장산자연휴양림　④ 마이산도립공원

113 다음 중 달빛소리수목원의 소재지로 옳은 것은?

① 진안군 정천면　　　② 정읍시 장명동
③ 익산시 춘포면　　　④ 장수군 번암면

114 다음 중 정읍사공원의 소재지로 옳은 것은?

① 정읍시 수성동　　　② 정읍시 시기동
③ 정읍시 칠보면　　　④ 정읍시 내장동

115 다음 중 위봉폭포와 아원고택이 있는 위치로 옳은 것은?

① 진안군 주천면　　　② 익산시 석왕동
③ 임실군 오수면　　　④ 완주군 소양면

116 다음 중 전봉준선생고택지가 있는 지역으로 옳은 것은?

① 완주군 경천면　　　② 남원시 산곡동
③ 장성군 북하면　　　④ 정읍시 이평면

117 다음 중 진안군청의 소재지로 옳은 것은?

① 백운면　　　　　　② 진안읍
③ 성수면　　　　　　④ 정천면

118 다음 지역 중 군산 공항이 위치한 지역으로 옳은 것은?

① 옥구읍　　　　　　② 해망동
③ 옥서면　　　　　　④ 장미동

119 다음 지역 중 김제 터미널이 있는 지역은?

① 교동　　　　　　　② 부량면
③ 요촌동　　　　　　④ 죽산면

120 다음 중 진안 터미널의 소재지로 옳은 것은?

① 백운면　　　　　　② 마령면
③ 주천면　　　　　　④ 진안읍

정답　101 ③　102 ③　103 ①　104 ③　105 ②　106 ①　107 ④　108 ③　109 ②　110 ④　111 ②　112 ②　113 ③
114 ②　115 ④　116 ④　117 ②　118 ③　119 ③　120 ④

제주도 지역 응시자용

추자면 / 우도면

요 약	
위 치	대륙(러시아, 중국)과 해양(일본, 동남아)을 연결하는 요충지이며 천혜의 자연경관이 수려한 세계적인 휴양 관광지
면 적	1,848km²
행정구분	2행정시 7개읍 5개면 31개동
도청 소재지	제주특별자치도 제주시 연동
도 의 꽃	참꽃
도 의 나무	녹나무
도 의 새	제주큰오색딱따구리
인 구	약 677,090명 (2023.02.)

※ 다음의 주요 위치는 통합 검색 사이트에서 검색한 결과를 수록한 것으로 오차가 있을 수 있습니다.

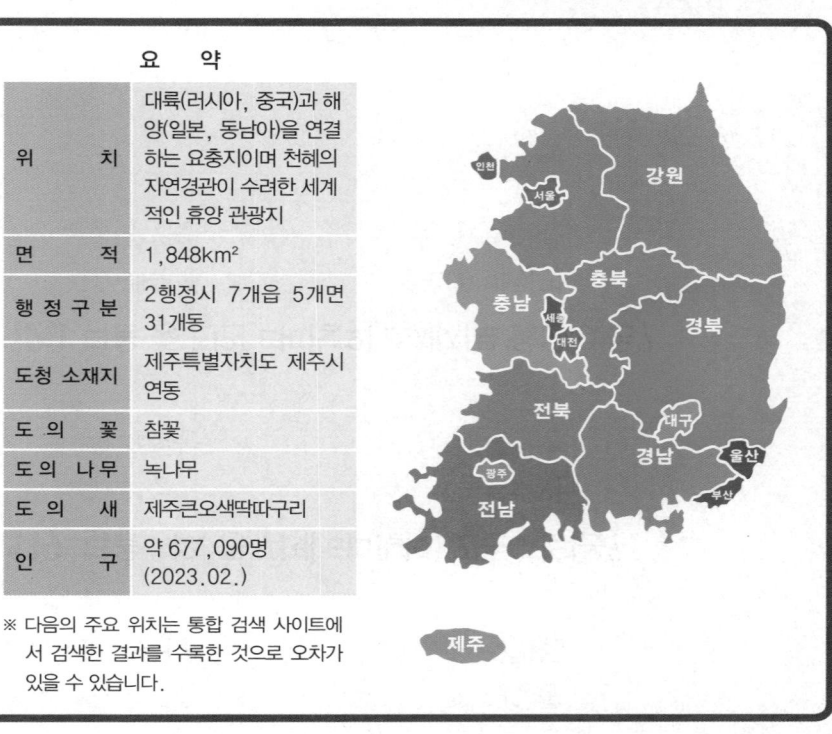

01. 지역별 주요 관공서 및 공공건물 위치

소재지		명 칭
서귀포시	강정동	제주해군기지
	대정읍	대정고교, 대정여고, 모슬포항, 알뜨르비행장
	동홍동	서귀포의료원, 서귀포고등학교
	법환동	서귀포경찰서, 서귀포시청 제2청사, 서귀포소방서, 서귀포시외버스터미널
	상효동	서귀포산업과학고교
	서귀동	제주자치경찰단 서귀포자치경찰대, 서귀포항
	서호동	서귀포해양경찰서, 국토교통인재개발원, 국립기상과학원, 공무원연금공단, 국세공무원교육원, 한국국제교류재단
	서홍동	서귀포시청 제1청사, 서귀포예술의전당
	중문동	제주국제컨벤션센터
	토평동	서귀포시교육지원청
	표선면	표선고교, 제주해안경비단
제주시	건입동	제주여상, 제주해양경찰서, 제주해양관리단, 제주항연안여객터미널, 우당도서관
	구좌읍	세화고교
	노형동	도로교통공단 제주지부, 제주일본국총영사관, 제주고교, 제주제일고교, 한국방송통신대학교 제주지역대학, 제주한라대학교, 제주도개인택시운송사업조합
	도남동	KBS제주방송국, 정부제주지방합동청사, 제주지방병무청, 제주세무서, 제주지방조달청, 제주지방우정청, 국립제주검역소, 제주특별자치도보훈청, 제주지방노동위원회, 제주상공회의소, 국립농산물품질관리원 제주지원, 중화인민공화국주제주총영사관, 제주도전세버스운송사업조합
	도련동	한국교통안전공단 제주본부, 제주자동차검사소
	봉개동	대기고교, 제주4·3평화재단
	삼도동	제주한국병원, LH제주지역본부, 대한노인회제주도연합회
	삼양동	한국농어촌공사 제주지역본부, 한국중부발전 제주본부

소재지		명 칭
제주시	아라동	제주의료원, 제주대학교병원, 제주여고, 제주대학교 아라캠퍼스, 한국폴리텍대학 제주캠퍼스, 제주지방해양경찰청, 제주자치경찰단, 제주도 인재개발원, TBN제주교통방송
	애월읍	제주서부경찰서, 제주운전면허시험장, 제주관광대학교
	연 동	제주특별자치도청, 제주특별자치도의회, 제주특별자치도교육청, 제주경찰청, 제주한라병원, 제주관광공사, MBC제주문화방송, 남녕고교, KCTV제주방송
	영평동	신성여고, 제주국제대학교, 제주국제자유도시개발센터(JDE)
	오라동	제주과학고교, 제주종합경기장, 제주시외버스터미널, 제주교도소, 제주연구원, 제주아트센터, 한라도서관, 탐라도서관, JIBS제주방송, 제주도버스운송사업조합
	용담동	제주국제공항, 제주사대부고, 대한적십자사 제주지사, 산림조합중앙회 제주지역본부, 제주출입국외국인청, 한국공항공사 제주지역본부
	월평동	제주중앙고교, 영주고교
	일도동	제주지방기상청, 제주특별자치도문예회관
	이도동	제주시청, 제주지방법원, 제주지방검찰청, 제주시교육지원청, 제주동부경찰서, 제주소방서, 제주한마음병원, 제주중앙여고, 제주도택시운송사업조합, 삼성혈이호동 중앙병원, 국민건강보험공단 제주지사, 제주도선거관리위원회, 한국감정원 제주지점
	이호동	제주중앙병원
	조천읍	제주특별자치도개발공사, 제주특별자치도상하수도본부, 제주세계자연유산센터
	한경면	한국뷰티고등학교
	한림읍	제주서부소방서, 서부보건소
	화북동	오현고교, 제주대학교 사라캠퍼스

02. 문화유적·관광지

소재지		명칭
서귀포시	강정동	서건도, 엉또폭포, 강창학공원, 켄싱턴리조트서귀포, 스위트메이서귀포호텔
	남원읍	제주코코몽에코파크, 큰엉해안경승지, 쇠소깍, 금호리조트제주, 휴애리자연생활공원, 큰엉해안경승지, 사라오름, 물영아리오름, 제주신영영화박물관
	대정읍	송악산, 마라도, 가파도, 김정희유배지, 하모해수욕장, 초콜릿박물관, 제주곶자왈도립공원
	대포동	약천사, 거린사슴전망대, 아프리카박물관, 서귀포자연휴양림
	동흥동	정방폭포, 솔오름전망대, 서복공원
	법환동	서제주월드컵경기장
	보목동	섶섬
	상예동	히든클리프호텔&네이쳐
	상효동	돈내코유원지
	색달동	한라산1100고지, 갯깍주상절리대, 중문색달해수욕장, 박물관은살아있다, 테디베어뮤지엄 제주점, 여미지식물원, 퍼시픽랜드, 믿거나말거나박물관, 제주신라호텔, 롯데호텔제주, 더본호텔, 스위트호텔제주, 한국콘도제주, 더쇼어호텔
	서귀동	새섬, 문섬, 이중섭미술관, 이중섭거리, 자구리공원, 칠십리음식특화거리, 아랑조을거리 하논성당길, 데이즈호텔, 오션펠리트호텔, 퍼스트70호텔, 디아일랜드블루호텔, 엠스테이호텔, 카사로마호텔
	서호동	고근산, 라마다양코르이스트호텔, 체이슨호텔더리드
	서홍동	외돌개, 황우지해안, 선녀탕, 천지연폭포, 새연교, 서귀포잠수함, 서귀포칠십리공원
	성산읍	미천굴, 섭지코지, 혼인지, 성산일출봉, 신양섭지해수욕장, 일출랜드, 한화아쿠아플라넷제주, 휘닉스제주섭지코지, 브라운스위트제주호텔&리조트, 골든튤립제주성산호텔, 빛의벙커
	신효동	감귤박물관
	안덕면	산방산, 산방굴사, 용머리해안, 사계해안, 화순금모래해수욕장, 오설록티뮤지엄, 소인국테마파크, 신화테마파크, 카멜리아힐(수목원), 메리어트관제주신화월드호텔&리조트, 랜딩관제주신화월드호텔, 신화관제주신화월드호텔&리조트, 세계자동차&피아노박물관, 제주항공우주박물관, 제주조각공원
	중문동	대포주상절리, 천제연폭포, 제주중문관광단지, 제주부영호텔&리조트, 씨에스호텔&리조트
	천지동	천지연폭포
	토평동	한라산, 소정방폭포, 서귀포KAL호텔, 제이앤비가족호텔, 제주힐링타운호텔
	표선면	영주산, 백약이오름, 따라비오름, 표선해수욕장, 제주민속촌, 제주허브동산, 성읍민속마을, 제주조랑말타운, 해비치호텔&리조트, 대명샨인빌리조트, 붉은오름자연휴양림, 베니스랜드
	하원동	서귀포자연휴양림캠핑장
	회수동	제주WE호텔
제주시	건입동	만덕관, 산지등대, 국립제주박물관, 사라봉공원, 탑동광장
	구좌읍	토끼섬, 만장굴, 김녕사굴, 비자림, 안돌오름, 아부오름, 다랑쉬오름, 용눈이오름, 당처물동굴, 종달리해변, 평대해변, 김녕해수욕장, 월정해수욕장, 세화해수욕장, 하도해수욕장, 김녕미로공원, 메이즈랜드, 제주레일바이크, 제주해녀박물관
	노형동	신비의 도로, 제주매직월드, 엘리펀시아, 노형미리내공원, 베스트웨스턴제주호텔, 엠버호텔센트럴, 노형호텔
	도남동	시민복지타운광장
	봉개동	제주절물자연휴양림, 노루생태관찰원, 제주4.3평화공원
	삼도동	관덕정, 제주목관아, 라마다프라자제주호텔, 오리엔탈호텔, 제주팰리스호텔, 오션스위트제주호텔, 르네상스호텔

소재지		명칭
제주시	삼양동	불탑사, 삼양동선사유적지, 삼양해수욕장, 블랙샌즈호텔
	아라동	산천단, 관음사
	애월읍	무수천, 새별오름, 항파두리항몽유적지, 한담해안로, 곽지해수욕장, 렛츠런파크제주, 고스트타운, 테디베어사파리, 제주공룡랜드, 제주불빛정원, 베니키아호텔제주, 마레보리조트, 제주토비스콘도, 동양콘도, 루스톤빌라앤호텔
	연동	제주러브랜드, 한라수목원, 제주도립미술관, 수목원테마파크, 삼무공원, 롯데시티호텔제주, 메종글래드호텔, 제주썬호텔, 제주마리나관광호텔, 제주로얄호텔, 신라스테이제주, 하워드존슨제주호텔, 호텔에어시티, 어반아일랜드, 그레이스관광호텔, 하와이관광호텔, 호텔더원
	오등동	호텔난타
	오라동	방선문, 라관광호텔, 골든파크호텔
	용강동	한라생태숲, 제주마방목지
	용담동	용두암, 용연계곡, 제주향교, 용연구름다리, 용담레포츠공원, 서문공설시장, 제주퍼시픽호텔, 제주노블레스관광호텔, 팜파스호텔 제주
	우도면	우도, 우도봉, 동안경굴, 산호해수욕장, 검멀레해수욕장, 하고수동해수욕장, 우도등대
	일도동	신산공원, 제주도민속자연사박물관, 국수문화거리, 동문시장, 탑팰리스호텔
	이도동	삼성혈, 오현단, 제주특별자치도민속자연사박물관, 제주교육박물관, 제주KAL호텔, 하니관광호텔, 라마다제주씨티홀, 호텔샬롬제주
	이호동	이호테우해수욕장
	조천읍	원당봉, 산굼부리, 동백동산, 사려니숲길, 삼다수숲길, 거문오름, 항일기념관, 제주돌문화공원, 북촌돌하르방공원, 선녀와나무꾼테마공원, 교래자연휴양림, 함덕해수욕장, 에코랜드테마파크, 션샤인호텔, 대명리조트제주, 라마다제주함덕호텔
	추자면	추자도
	한경면	수월봉, 차귀도, 방림원, 고산리유적, 산양곶자왈, 신창풍차해안도로, 생각하는정원, 제주유리의성, 저지문화예술인마을, 제주현대미술관
	한림읍	비양도, 쌍용굴, 협재굴, 금오름, 한림공원, 협재해수욕장, 금능해수욕장, 재암민속마을, 아열대식물원, 그리스신화박물관, 더마파크, 라온호텔앤리조트, 에코그린리조트, 켄싱턴리조트 제주, 블랙스토리리조트
	해안동	어승생악, 아흔아홉골, 제주아트리움공연장, 제주해군호텔
	회천동	한화리조트 제주

03. 주요 도로

1 주요 도로

명칭	구간
번영로 (국지도 97호)	• 제주시 건입동 국립박물관교차로 – 봉개교차로 – 남조로교차로 – 대천교차로 – 성읍교차로 – 표선교차로
비자림로 (지방도 1112호)	• 제주시 구좌읍 평대리 – 송당사거리 – 대천교차로 – 교래사거리 – 제주시 봉개동 516도로교차로
제2산록도로 (지방도 1115호)	• 한라산 산록을 가로지르는 두 번째 도로 • 제주시 한경면 용당교차로 – 방림원 – 금악교차로 – 이시돌삼거리 – 제1~제9산록교 – 서귀포시 상효동
제1산록도로 (지방도 1117호)	• 한라산의 산록을 가로지르는 도로 • 제주시 애월읍 어음교차로 – 어승생삼거리 – 노루생이삼거리 – 관음사휴게소 – 아라동 산록도로 입구 교차로
남조로 (지방도 1118호)	• 서귀포시 남원읍 – 수망교차로 – 제동목장입구교차로 – 대흘리교차로 – 뱅듸왓교차로 – 제주시 조천읍 조천리
서성로 (지방도 1119호)	• 서귀포시 남원읍 서성로입구교차로 – 위미교차로 – 수망교차로 – 가시리사거리 – 성읍민속마을교차로 – 서귀포시 성산읍 고성교차로

516도로 (지방도 1131호)	• 5 · 16 군사 정변 때 만들어진 도로 • 제주시 광양사거리 – 제주대사거리 – 516도로교차로 – 성판악휴게소 – 숲터널 – 서성로입구교차로 – 토평사거 리 – 비석거리교차로
일주도로 (지방도 1132호)	• 제주도 해안을 따라 한 바퀴를 일주하는 도로 • 제주시 – 함덕 - 김녕 – 세화 – 성산 – 표선 – 남원 – 서귀포 – 안덕 – 대정 – 한경 – 한림 – 애월 – 제주
평화로 (지방도 1135호)	• 제주시 무수천사거리 – 렛츠런파크교차로 – 새별오름 – 광평교차로 – 동광나들목 – 안성교차로
중산간도로 (지방도 1136호)	• 제주도 내륙 지방을 순환하는 도로 • 제주시 아라 – 광령 – 한림 – 금악 – 대정 – 안덕 – 중 문 – 서귀포 혁신도시 – 의귀 – 성읍 – 성산 – 구좌 – 대흘 – 봉개 – 제주시 아라
1100도로 (지방도 1139호)	• 한라산 해발 1,100m 고지를 통과하는 도로 • 서귀포시 중문 – 회수사거리 – 거린사슴전망대 – 한라산 1100고지 – 어승생삼거리 – 신비의 도로 – 노형오거리 – 제주시 오라동
애조로 (국도대체우회도로)	• 제주시 애월읍 – 제주서부경찰서 – 광령1리교차로 – 해 안교차로 – 연동교차로 – 달무교차로 – 동샘교차로 – 봉 개동 – 제주시 조천읍

② 주요 간선 도로

명 칭	구 간
남성로	남문사거리 – 제주종합경기장교차로 연결 도로
동광로	국립제주박물관교차로 – 광양로터리 구간 도로
동문로	중앙로터리 – 건입동 6호광장 연결 도로
서광로	광양로터리 – 신제주입구 연결 도로
서문로	중앙로터리 – 서문로터리 연결 도로
연북로	제주시 연동 – 화북동 연결 도로
연삼로	제주시 연동 – 삼양동 연결 도로
중앙로	탑동사거리 – 제주대학교입구 연결 도로

04. 올레길 코스

명 칭	구 간
1코스	시흥초등학교 – 종달리사무소 – 해맞이해안로 – 시흥해녀의집 – 오조해녀의집 – 성산포항 – 성산일출봉 – 광치기해변
1-1코스	천진항(A) – 홍조단괴해빈 – 하우목동항(B) – 하고수동해수욕장 – 우도봉 입구 – 천진항(A)
2코스	광치기해변 – 식산봉 – 오조마을회관 – 대수산봉정상 – 혼인지 – 온평포구
3코스-A	온평포구 – 통오름정상 – 김영갑갤러리 – 신풍신천바다목장 – 배 고픈다리 – 표선해수욕장
3코스-B	온평포구 – 용머리동산 – 신산환해장성 – 주어동포구 – 신풍신천 바다목장 – 배고픈다리 – 표선해수욕장
4코스	표선해수욕장 – 해양수산연구원 – 해병대길 – 덕돌포구 – 태흥2리 체육공원 – 남원포구
5코스	남원포구 – 큰엉입구 – 국립수산과학원 – 위미동백나무군락지 – 넙빌레 – 망장포 – 쇠소깍다리
6코스	쇠소깍다리 – 제지기오름입구 – 구두미포구 – 검은여쉼터 – 소라 의성 – 서귀포 매일올레시장입구 – 제주올레여행자센터
7코스	제주올레여행자센터 – 칠십리 시공원 – 외돌개주차장 – 법환포구 – 올레요7쉼터 – 월령포구 – 월평아왜낭목쉼터
7-1코스	서귀포버스터미널앞 – 엉또폭포 – 고근산 정상 – 하논분화구 – 걸 매생태공원 – 제주올레여행자센터
8코스	월평아왜낭목쉼터 – 약천사 – 대포포구 – 주상절리광광안내소 – 베릿내오름입구 – 논짓물 – 대평포구
9코스	대평포구 – 볼레낭길 – 월라봉전망대쉼터 – 진모루동산 – 창고천 다리 – 화순금모래해수욕장

10코스	제주올레공식안내소 – 사계포구 – 송악산주차장 – 송악산전망대 – 섯밀오름화장실 – 하모해수욕장 – 하모체육공원
10-1코스	상동포구 – 냇골챙이앞 – 가파초등학교 – 개엄주리코지 – 큰옹진 물 – 가파치안센터
11코스	하모체육공원 – 대정여고 – 모슬봉정상 – 정남주마리아성지 – 신 평사거리 – 정개왓광장 – 무릉외갓집
12코스	무릉외갓집 – 신도생태연못 – 산경도예 – 신도포구 – 수월봉육각 정 – 엉알길 – 자구내포구 – 용수포구
13코스	용수포구 – 용수저수지 – 특전사숲길 – 고사리숲길 – 낙천의자공 원 – 뒷동산아리랑길 – 저지오름입구 – 저지예술정보화마을
14코스	저지예술정보화마을 – 큰소낭숲길 – 무명천산책길입구 – 월령선인 장자생입구 – 일성콘도 – 금능해수욕장 – 한림항
14-1코스	저지예술정보화마을 – 강정동산 – 저지곶자왈 – 문도지오름출구 – 저지상수원 – 오설록녹차밭
15-A코스	한림항 – 수원농로 – 영새생물 – 선운정사 – 납읍숲길 – 납읍리난 대림화장실 – 고내봉입구 – 고내포구
15-B코스	한림항 – 수원농로 – 제주한수풀해녀학교 – 금성천정자 – 하이클 래스제주 – 애월초등학교뒷길 – 고내포구
16코스	고내포구 – 남두연대 – 애월해안도로 – 구엄체험마을 – 수산봉정 상 – 예원동복지회관 – 항파두리코스모스정자 – 광령1리사무소
17코스	광령1리사무소 – 무수천트멍길 – 외도월대 – 이호테우해수욕장 – 어영소공원 – 용연다리 – 간세라운지/관덕정분식
18코스	간세라운지/관덕정분식 – 사라봉정상 – 별도봉산책길 – 화북포구 – 삼양해수욕장 – 닭모루 – 연북정 – 조천만세동산
18-1코스	상추자항 – 추자등대 – 묵리슈퍼 – 신양항 – 돈대산정상 – 영흥쉼 터 – 상추자항
19코스	조천만세동산 – 신흥리백사장 – 함덕해안도로 – 너븐숭이4.3기념 관 – 동복리마을운동장 – 김녕농로 – 김녕서포구
20코스	김녕서포구 – 김녕해안도로 – 하수처리장앞 – 해맞이해안도로 – 월정해수욕장 – 행원포구 – 한동해안도로 – 제주해녀박물관
21코스	제주해녀박물관 – 낮물밭길 – 별방진 – 석다원 – 해맞이해안도로 – 토끼섬 – 하도해수욕장 – 지미봉정상 – 종달바당

05. 주요 교통시설

소재지		명 칭
제주시	건입동	제주항연안여객터미널, 제주항국제여객터미널
	봉개동	제주어린이교통공원
	오라동	제주시버스터미널
	용담동	제주국제공항
	한림읍	한림항 (비양도 여객선)
	구좌읍	종달항 (우도 여객선)
서귀포시	법환동	서귀포버스터미널
	대정읍	운진항 (가파도, 마라도 여객선), 산이수동항 (마라도 여 객선), 모슬포항 (구 가파도, 마라도 여객선)
	성산읍	성산포항 (우도 여객선, 전라남도 고흥군 녹동항 여객선)
	서귀동	서귀포항

06. 주요 섬

소재지		명 칭
제주시	유인 섬	추자도, 우도, 비양도
	무인 섬	차귀도, 다려도, 토끼섬
서귀포시	유인 섬	마라도, 가파도
	무인 섬	섶섬, 문섬, 범섬, 새섬, 형제섬, 지귀도

1 다음 지역 중 서귀포시청 제1청사의 소재지로 옳은 것은?

① 법환동　　　　　② 서홍동
③ 토평동　　　　　④ 강정동

2 다음 중 행정구역상 서귀포시에 속하지 않는 지역은?

① 남원읍　　　　　② 성산읍
③ 조천읍　　　　　④ 안덕면

3 다음 중 서귀포시 법환동에 소재하지 않는 것은?

① 서귀포경찰서　　　　　② 서귀포시청 제2청사
③ 서귀포시외버스터미널　　④ 서귀포의료원

4 다음 중 서귀포해양경찰서가 위치하는 곳으로 옳은 것은?

① 상효동　　　　　② 하효동
③ 토평동　　　　　④ 서호동

5 다음 중 서귀포시교육지원청이 위치한 곳은?

① 대정읍　　　　　② 색달동
③ 토평동　　　　　④ 동홍동

6 다음 중 서귀포시 안덕면에 소재한 자연명소로 옳지 않은 것은?

① 사계해안　　　　　② 산방산
③ 용머리해안　　　　④ 영주산

7 다음 중 제주국제대학교가 위치한 곳으로 옳은 것은?

① 제주시 영평동　　　② 제주시 삼도동
③ 서귀포시 대포동　　④ 서귀포시 하원동

8 다음 중 색달동에 소재하지 않는 호텔은?

① 롯데호텔제주　　　② 엠스테이호텔
③ 제주신라호텔　　　④ 스위트호텔제주

9 다음 중 서귀포KAL호텔의 소재지로 옳은 것은?

① 토평동　　　　　② 상예동
③ 대정읍　　　　　④ 성산읍

10 다음 중 소인국테마파크, 신화테마파크가 위치한 지역으로 옳은 것은?

① 서귀포시 안덕면　　② 제주시 삼도동
③ 서귀포시 색달동　　④ 제주시 한림읍

11 다음 중 엉또폭포의 위치로 옳은 것은?

① 제주시 해안동　　　② 서귀포시 서홍동
③ 서귀포시 강정동　　④ 제주시 용담동

12 다음 중 서귀포시 서귀동에 위치하지 않는 호텔은?

① 카사로마호텔　　　　② 스위트메이서귀포호텔
③ 퍼스트70호텔　　　　④ 디아일랜드블루호텔

13 다음 중 제주관광대학교의 소재지로 옳은 것은?

① 제주시 월평동　　　② 제주시 애월읍
③ 서귀포시 중문동　　④ 서귀포시 천지동

14 다음 중 제주지방기상청의 소재지로 옳은 것은?

① 제주시 도련동　　　② 서귀포시 서호동
③ 제주시 일도동　　　④ 서귀포시 중문동

15 다음 올레길 코스 중 가파초등학교를 지나는 코스는?

① 14-1코스　　　　② 10-1코스
③ 9코스　　　　　　④ 15-A코스

16 다음 중 서귀포시 토평동에 위치한 폭포는?

① 원앙폭포　　　　② 천지연폭포
③ 소정방폭포　　　④ 정방폭포

17 다음 중 서귀포산업과학고교와 소재지가 같은 것은?

① 동백동산　　　　② 제주국제대학교
③ 관덕정　　　　　④ 돈내코유원지

18 다음 중 퍼시픽랜드의 소재지로 옳은 것은?

① 제주시 추자면　　② 서귀포시 색달동
③ 제주시 오라동　　④ 서귀포시 안덕면

정답 1 ② 　2 ③ 　3 ④ 　4 ④ 　5 ③ 　6 ④ 　7 ① 　8 ② 　9 ① 　10 ① 　11 ③ 　12 ② 　13 ② 　14 ③ 　15 ② 　16 ③
17 ④ 　18 ②

19 다음 중 서귀포시 안덕면에 위치하지 않는 것은?
① 제주조각공원　② 제주조랑말타운
③ 산방굴사　④ 오설록티뮤지엄

20 다음 코스 중 상추자항에서 시작해, 묵리슈퍼, 신양항, 돈대산정상을 지나는 코스는?
① 18-1코스　② 4코스
③ 6코스　④ 13코스

21 다음 중 제주신화월드호텔이 위치한 곳은?
① 안덕면　② 토평동
③ 호근동　④ 중문동

22 다음 중 오설록티뮤지엄이 소재지로 옳은 것은?
① 서귀포시 성산읍　② 서귀포시 안덕면
③ 제주시 삼양동　④ 제주시 한림읍

23 테디베어뮤지엄 제주점이 소재한 곳은?
① 제주시 노형동　② 제주시 봉개동
③ 서귀포시 남원읍　④ 서귀포시 색달동

24 다음 중 서귀포시 성산읍에 소재하지 않는 것은?
① 일출랜드　② 섭지코지
③ 감귤박물관　④ 미천굴

25 다음 중 서귀포버스터미널앞에서 시작하여 엉또폭포, 고근산 정상으로 이어지는 것은?
① 2코스　② 4코스
③ 8코스　④ 7-1코스

26 다음 중 제주민속촌이 위치하는 곳은?
① 서귀포시 표선면　② 서귀포시 대정읍
③ 제주시 삼양동　④ 제주시 오라동

27 다음 중 제주시 이도동에 위치하지 않은 기관은?
① 제주특별자치도청　② 제주지방법원
③ 제주시교육지원청　④ 제주시청

28 다음 중 서귀포시 대정읍에 소재한 항구가 아닌 것은?
① 모슬포항　② 한림항
③ 산이수동항　④ 운진항

29 다음 중 동문시장이 위치한 지역은?
① 서귀포시 표선면　② 서귀포시 대정읍
③ 제주시 일도동　④ 제주시 이도동

30 다음 중 제주시에 소재한 호텔과 그 소재지가 잘못 연결된 것은?
① 제주로얄호텔 – 연동
② 골든파크호텔 – 이도동
③ 르네상스호텔 – 삼도동
④ 제주노블레스관광호텔 – 용담동

31 다음 중 서귀포시에 소재한 고등학교로 옳지 않은 것은?
① 대정고교　② 세화고교
③ 대정여고　④ 표선고교

32 다음 중 제주4·3평화재단의 소재지로 옳은 것은?
① 서귀포시 토평동　② 서귀포시 상효동
③ 제주시 연동　④ 제주시 봉개동

33 다음 중 제주도택시운송사업조합의 위치로 옳은 것은?
① 제주시 영평동　② 서귀포시 서호동
③ 제주시 이도동　④ 서귀포시 중문동

34 다음 중 제주시에 속한 섬이 아닌 것은?
① 비양도　② 토끼섬
③ 추자도　④ 가파도

35 다음 중 북촌돌하르방공원의 소재지로 옳은 것은?
① 서귀포시 상효동　② 제주시 조천읍
③ 서귀포시 신효동　④ 제주시 우도면

36 다음 중 어승생악 인근에 위치한 것으로 옳은 것은?
① 신산공원
② 제주특별자치도민속자연사박물관
③ 제주아트리움공연장
④ 한라수목원

37 다음 중 제주에 소재한 산의 위치와 그 지역이 잘못 짝지어진 것은?
① 산방산 – 서귀포시 안덕면
② 송악산 – 서귀포시 대정읍
③ 고근산 – 서귀포시 서홍동
④ 한라산 – 서귀포시 토평동

38 다음 중 성읍민속마을과 소재지가 같지 않은 것은?

① 서귀포자연휴양림   ② 제주조랑말타운

③ 따라비오름   ④ 백약이오름

39 다음 중 신비의 도로가 있는 곳으로 옳은 것은?

① 제주시 용암동   ② 서귀포시 남원읍

③ 서귀포시 법환동   ④ 제주시 노형동

40 다음 중 관음사, 산천단이 소재한 지역으로 옳은 것은?

① 제주시 도남동   ② 제주시 아라동

③ 서귀포시 동홍동   ④ 서귀포시 서홍동

41 다음 중 제주시 도남동에 위치한 기관은?

① 제주한국병원   ② 제주도인재개발원

③ 국립제주검역소   ④ LH제주지역본부

42 다음 중 제주국제공항이 소재하는 곳으로 옳은 것은?

① 서귀포시 중문동   ② 서귀포시 동홍동

③ 제주시 용담동   ④ 제주시 노형동

43 다음 중 제주어린이교통공원이 소재한 곳은?

① 제주시 봉개동   ② 서귀포시 대정읍

③ 서귀포시 법환동   ④ 제주시 구좌읍

44 다음 중 제주동부경찰서가 소재한 곳은?

① 제주시 일도동   ② 제주시 이도동

③ 서귀포시 동홍동   ④ 서귀포시 법환동

45 다음 중 종달항이 위치한 지역으로 옳은 것은?

① 제주시 애월읍   ② 제주시 용담동

③ 제주시 구좌읍   ④ 제주시 한림읍

46 다음 중 도로교통공단 제주지부가 위치한 곳은?

① 서귀포시 색달동   ② 서귀포시 서홍동

③ 제주시 도남동   ④ 제주시 노형동

47 다음 중 제주운전면허시험장이 위치한 곳은?

① 제주시 일도동   ② 제주시 애월읍

③ 서귀포시 성산읍   ④ 서귀포시 강정동

48 다음 중 제주관광공사의 소재지로 옳은 것은?

① 서귀포시 동홍동   ② 제주시 용담동

③ 제주시 연동   ④ 서귀포시 토평동

49 다음 주요 간선 도로 중에 중앙로터리 – 건입동 6호광장 연결 도로로 이어지는 것은?

① 중앙로   ② 동문로

③ 서문로   ④ 연삼로

50 다음 중 제주시 연동 – 삼양동 연결 도로로 이어지는 간선 도로는?

① 남성로   ② 서광로

③ 연삼로   ④ 중앙로

51 다음 중 제주해양경찰서의 소재지로 옳은 것은?

① 제주시 건입동   ② 제주시 노형동

③ 서귀포시 토평동   ④ 서귀포시 서홍동

52 다음 중 제주시 노형동에 위치하지 않는 것은?

① 제주한라대학교   ② 사라봉공원

③ 제주매직월드   ④ 베스트웨스턴제주호텔

53 다음 지역 중 제주세무서가 위치한 곳은?

① 서귀포시 서홍동   ② 서귀포시 중문동

③ 제주시 도남동   ④ 제주시 삼도동

54 다음 중 제주상공회의소가 소재한 곳은?

① 제주시 연동   ② 제주시 도남동

③ 서귀포시 서호동   ④ 서귀포시 성산읍

55 다음 중 제주출입국외국인청의 소재지로 옳은 것은?

① 제주시 용담동   ② 서귀포시 중문동

③ 제주시 한경면   ④ 서귀포시 표선면

56 다음 중 KBS제주방송국이 위치한 지역으로 옳은 것은?

① 제주시 건입동   ② 제주시 아라동

③ 제주시 연동   ④ 제주시 도남동

57 다음 중 제주지방노동위원회 인근에 소재하지 않은 것은?

① 제주지방우정청

② 한국중부발전 제주본부

③ 국립농산물품질관리원 제주지원

④ 제주상공회의소

58 다음 중 메이즈랜드 인근에 있지 않는 것은?

① 당처물동굴   ② 아부오름

③ 김녕해수욕장   ④ 엘리펀시아

정답   **38** ①   **39** ④   **40** ②   **41** ③   **42** ④   **43** ①   **44** ②   **45** ③   **46** ④   **47** ②   **48** ③   **49** ②   **50** ③   **51** ①   **52** ②

53 ③   **54** ②   **55** ①   **56** ④   **57** ②   **58** ④

59 다음 중 제주해녀박물관이 위치한 곳은?

① 제주시 조천읍　　② 제주시 구좌읍
③ 서귀포시 중문단지 내　④ 서귀포시 성산읍

60 다음 중 제주시 아라에서 시작하는 제주도 내륙 지방 순환
도로는?

① 애조로　　② 중산간도로
③ 516도로　　④ 평화로

61 다음 중 주제주 일본국 총영사관이 위치한 곳은?

① 제주시 연동　　② 제주시 노형동
③ 서귀포시 안덕면　④ 제주시 한림읍

62 다음 중 이중섭미술관의 소재지로 옳은 것은?

① 서귀포시 중문동　② 제주도 영평동
③ 서귀포시 서귀동　④ 제주시 노형동

63 다음 중 서귀포칠십리공원이 위치한 지역으로 옳은 것은?

① 서홍동　　② 서호동
③ 천지동　　④ 토평동

64 다음 중 한국방송통신대학 제주지역대학이 소재한 곳은?

① 서귀포시 중문동　② 서귀포시 법환동
③ 제주시 노형동　　④ 제주시 도남동

65 다음 중 제주한라대학교가 위치한 곳으로 옳은 것은?

① 서귀포시 하원동　② 서귀포시 상예동
③ 제주시 도남동　　④ 제주시 노형동

66 다음 중 JIBS제주방송의 소재지로 옳은 것은?

① 제주시 건입동　　② 제주시 도두동
③ 제주시 오라동　　④ 제주시 이도동

67 다음 중 서귀포시 성산읍에 위치하는 호텔은?

① 골든튤립제주성산호텔　② 씨에스호텔&리조트
③ 디아일랜드블루호텔　　④ 더쇼어호텔

68 다음 중 메종글래드제주가 소재한 곳은?

① 제주시 건입동　　② 제주시 삼도동
③ 제주시 이도동　　④ 제주시 연동

69 다음 중 항파두리항몽유적지가 위치한 곳은?

① 서귀포시 중문관광단지　② 서귀포시 상효동
③ 제주시 애월읍　　④ 제주시 용담동

70 다음 중 제주시에 위치한 제주목관아가 소재지로 옳은
것은?

① 삼도동　　② 연동
③ 한림읍　　④ 애월읍

71 다음 중 제주절물자연휴양림의 소재지로 옳은 것은?

① 노형동　　② 애월읍
③ 조천읍　　④ 봉개동

72 다음 중 대포주상절리가 위치한 지역은?

① 서귀포시 대포동　② 제주시 삼도동
③ 서귀포시 중문동　④ 제주시 연동

73 다음 중 제주시 연동에 소재한 종합병원인 것은?

① 제주한라병원　　② 제주중앙병원
③ 한마음병원　　④ 제주한국병원

74 다음 중 서귀포시청 제2청사가 위치하는 곳은?

① 서귀동　　② 법환동
③ 중문동　　④ 표선면

75 다음 중 국민건강보험공단 제주지사의 소재지로 옳은
것은?

① 용담동　　② 한경면
③ 이도동　　④ 오라동

76 다음 중 제주대학교병원이 위치한 곳은?

① 서귀포시 법환동　② 서귀포시 표선면
③ 제주시 아라동　　④ 제주시 애월읍

77 다음 중 서귀포시에 있는 제주해안경비단 인근에 위치
한 것은?

① 라관광호텔　　② 무수천
③ 성읍민속마을　　④ 제주마방목지

78 다음 중 제주의 관광명소와 그 소재지가 옳지 않은 것은?

① 삼성혈 – 제주시 이도동
② 삼무공원 – 제주시 연동
③ 천제연폭포 – 서귀포시 중문동
④ 세계자동차&피아노박물관 – 서귀포시 회수동

79 다음 중 서귀포시에 위치한 강창학공원의 소재지로 옳
은 것은?

① 법환동　　② 보목동
③ 성산읍　　④ 강정동

정답

59 ②　60 ②　61 ②　62 ③　63 ①　64 ③　65 ④　66 ③　67 ①　68 ④　69 ③　70 ①　71 ④　72 ③　73 ①
74 ②　75 ③　76 ③　77 ③　78 ④　79 ④

80 다음 중 제주도민속자연사박물관이 위치하는 곳은?

① 제주시 일도동　　　② 서귀포시 토평동
③ 제주시 건입동　　　④ 서귀포시 도순동

81 다음 중 렛츠런파크제주의 위치로 옳은 것은?

① 제주시 구좌읍　　　② 제주시 애월읍
③ 서귀포시 표선면　　④ 서귀포시 안덕면

82 다음 중 용머리해안의 소재지는?

① 제주시 연동　　　　② 제주시 아라동
③ 서귀포시 안덕면　　④ 서귀포시 회수동

83 다음 중 삼성혈 인근에 위치한 관광명소로 옳은 것은?

① 제주민속촌　　　　② 오현단
③ 제주허브동산　　　④ 감귤박물관

84 다음 중 용두암이 있는 지역으로 옳은 것은?

① 제주시 건입동　　　② 제주시 노형동
③ 제주시 용담동　　　④ 제주시 조천읍

85 다음 중 한국폴리텍대학 제주캠퍼스의 올바른 소재지는?

① 제주시 아라동　　　② 제주시 도련동
③ 서귀포시 동홍동　　④ 서귀포시 색달동

86 다음 중 한라수목원이 위치하는 곳은?

① 서귀포시 상효동　　② 서귀포시 대정읍
③ 제주시 해안동　　　④ 제주시 연동

87 다음 중 북촌돌하르방공원 인근에 위치하지 않은 것은?

① 선녀와나무꾼테마공원　　② 붉은오름자연휴양림
③ 함덕해수욕장　　　　　　④ 대명리조트제주

88 다음 중 광양로터리 – 신제주입구 연결 도로로 이어지는 주요간선도로는?

① 연삼로　　　　　　② 서광로
③ 연북로　　　　　　④ 중앙로

89 다음 중 신산공원과 그 소재지가 동일한 것은?

① 검멀레해수욕장　　② 호텔난타
③ 탑팰리스호텔　　　④ 이호테우해수욕장

90 다음 중 제주시에 위치한 제주향교의 소재지는?

① 용담동　　　　　　② 애월읍
③ 한림읍　　　　　　④ 조천읍

91 다음 줄 한림공원 소재지로 옳은 것은?

① 서귀포시 신효동　　② 제주시 한경면
③ 서귀포시 대포동　　④ 제주시 한림읍

92 다음 중 서귀포소방서 인근에 있는 관광명소로 옳은 것은?

① 하고수동해수욕장　　② 서제주월드컵경기장
③ 고스트타운　　　　　④ 원당봉

93 다음 중 대기고등학교의 소재지로 옳은 것은?

① 서귀포시 대정읍　　② 서귀포시 성산읍
③ 제주시 구좌읍　　　④ 제주시 봉개동

94 다음 건물 중 세화고교 인근에 위치한 것은?

① 감귤박물관　　　　② 제주해녀박물관
③ 카멜리아힐　　　　④ 여미지식물원

95 다음 중 제주국제컨벤션센터가 위치한 곳은?

① 제주시 화북동　　　② 제주시 한림읍
③ 서귀포시 중문동　　④ 서귀포시 표선면

96 다음 중 제주사대부고가 위치하는 곳은?

① 서귀포시 표선면　　② 서귀포시 안덕면
③ 제주시 용담동　　　④ 제주시 한림읍

97 다음 지역 중 제주운전면허시험장 인근에 위치한 것은?

① 혼인지　　　　　　② 제주허브동산
③ 제주WE호텔　　　　④ 동양콘도

98 다음 중 대정여고의 소재지로 옳은 것은?

① 서귀포시 하원동　　② 서귀포시 대정읍
③ 제주시 노형동　　　④ 제주시 월평동

99 다음 중 제주자동차검사소의 소재지로 옳은 것은?

① 제주시 도련동　　　② 제주시 연동
③ 서귀포시 서홍동　　④ 서귀포시 표선면

100 다음 중 대한노인회제주도연합회가 위치한 곳은?

① 제주시 삼도동　　　② 제주시 아라동
③ 서귀포시 서홍동　　④ 서귀포시 상효동

101 다음 중 제주항연안여객터미널과 제주항국제여객터미널의 소재지는?

① 제주시 삼도동　　　② 서귀포시 법환동
③ 제주시 건입동　　　④ 서귀포시 상효동

정답
80 ①　81 ②　82 ③　83 ②　84 ③　85 ①　86 ④　87 ②　88 ②　89 ③　90 ①　91 ④　92 ②　93 ④　94 ②
95 ③　96 ③　97 ④　98 ②　99 ①　100 ①　101 ③

102 다음 중 우도로 가는 여객선을 탈 수 있는 항은?

① 성산포항　　　　　　② 모슬포항
③ 한림항　　　　　　　④ 운진항

103 다음 중 서귀포시에 속하는 섬이 아닌 것은?

① 마라도　　　　　　　② 비양도
③ 범섬　　　　　　　　④ 형제섬

104 다음 중 함덕해수욕장의 소재지로 옳은 것은?

① 제주시 애월읍　　　　② 제주시 조천읍
③ 서귀포시 성산읍　　　④ 서귀포시 표선면

105 다음 중 서귀포시에 위치한 해수욕장이 아닌 것은?

① 신양섭지해수욕장　　　② 화순금모래해수욕장
③ 표선해수욕장　　　　　④ 삼양해수욕장

106 다음 중 어반아일랜드의 소재지로 옳은 것은?

① 제주시 연동　　　　　② 서귀포시 천지동
③ 서귀포시 하원동　　　④ 제주시 용강동

107 다음 중 신라스테이제주의 소재지와 같은 것은?

① 한라생태숲　　　　　② 삼다수숲길
③ 제주도립미술관　　　④ 제주공룡랜드

108 다음 중 구좌읍에 소재하지 않는 오름은?

① 새별오름　　　　　　② 용눈이오름
③ 다랑쉬오름　　　　　④ 안돌오름

109 다음 중 제주시에 속하지 않는 동굴은?

① 동안경굴　　　　　　② 협재굴
③ 쌍용굴　　　　　　　④ 미천굴

110 다음 중 제주항공우주박물관의 소재지로 옳은 것은?

① 제주시 화북동　　　　② 서귀포시 안덕면
③ 제주시 한경면　　　　④ 서귀포시 중문동

111 다음 중 아랑조을거리 하논성당길이 위치한 곳은?

① 제주시 도련동　　　　② 제주시 한림읍
③ 서귀포시 남원읍　　　④ 서귀포시 서귀동

112 다음 중 방림원의 소재지로 옳은 것은?

① 제주시 화북동　　　　② 제주시 한경면
③ 서귀포시 남원읍　　　④ 서귀포시 중문동

113 다음 주요 도로 중 제주도 해안을 따라 한 바퀴를 일주하는 지방도는?

① 지방도 1118호　　　② 지방도 1132호
③ 지방도 1135호　　　④ 지방도 1139호

114 제1산록도로라 불리며, 제주시 애월읍부터 아라동까지 이어지는 지방도는?

① 지방도 1136호　　　② 지방도 1115호
③ 지방도 1117호　　　④ 지방도 1139호

115 다음 중 제주해군호텔의 소재지는?

① 서귀포시 토평동　　　② 서귀포시 보목동
③ 제주시 해안동　　　　④ 제주시 오등동

116 다음 중 시민복지타운광장 인근에 있지 않은 것은?

① 노루생태관찰원　　　② 르네상스호텔
③ 관음사　　　　　　　④ 아프리카박물관

117 다음 중 서귀포시에 있는 갯깍주상절리대의 소재지로 옳은 것은?

① 보목동　　　　　　　② 안덕면
③ 색달동　　　　　　　④ 법환동

118 다음 중 제주시에 있는 제주교도소의 위치는?

① 도련동　　　　　　　② 노형동
③ 오라동　　　　　　　④ 화북동

119 다음 중 한경면에 위치한 해안도로는?

① 신창풍차해안도로　　② 한동해안도로
③ 해맞이해안도로　　　④ 함덕해안도로

120 다음 코스 중 고내포구에서 시작해 애월해안도로, 광령1리사무소로 이어지는 것은?

① 9코스　　　　　　　② 16코스
③ 13코스　　　　　　　④ 20코스

정답
102 ①　103 ②　104 ②　105 ④　106 ①　107 ③　108 ①　109 ④　110 ②　111 ④　112 ②　113 ②　114 ③
115 ③　116 ④　117 ③　118 ③　119 ①　120 ②

한번에 끝내주기
택시운전 자격시험 총정리문제
(광주 · 전라 · 제주)

발 행 일 2025년 1월 10일 개정3판 1쇄 발행
　　　　　 2025년 2월 10일 개정3판 2쇄 발행

저　　자 대한교통안전연구회

발 행 처   크라운출판사
　　　　　 http://www.crownbook.com

발 행 인 李尙原
신고번호 제 300-2007-143호
주　　소 서울시 종로구 율곡로13길 21
공 급 처 02) 765-4787, 1566-5937
전　　화 02) 745-0311~3
팩　　스 02) 743-2688, (02) 741-3231
홈페이지 www.crownbook.co.kr
I S B N 978-89-406-4907-7 / 13550

특별판매정가 12,000원